高等学校通识课系列教材

气象学与气候学基础

主　编　黄建武

副主编　胡　琼　涂振发　程　波　方　建　许丽丽

WUHAN UNIVERSITY PRESS
武汉大学出版社

图书在版编目(CIP)数据

气象学与气候学基础/黄建武主编;胡琼等副主编. —武汉:武汉大学出版社,2022.8
高等学校通识课系列教材
ISBN 978-7-307-23051-4

Ⅰ.气… Ⅱ.①黄… ②胡… Ⅲ.①气象学—高等学校—教材 ②气候学—高等学校—教材 Ⅳ.P4

中国版本图书馆 CIP 数据核字(2022)第 065914 号

责任编辑:鲍 玲 责任校对:李孟潇 版式设计:马 佳

出版发行:**武汉大学出版社** (430072 武昌 珞珈山)
 (电子邮箱:cbs22@whu.edu.cn 网址:www.wdp.com.cn)
印刷:武汉图物印刷有限公司
开本:787×1092 1/16 印张:15.25 字数:362 千字 插页:1
版次:2022 年 8 月第 1 版 2022 年 8 月第 1 次印刷
ISBN 978-7-307-23051-4 定价:40.00 元

前　言

　　本书编者都是华中师范大学城市与环境科学学院的教师，他们为学院地理专业的本科生讲授专业主干课程"气象学与气候学"。

　　气象与人类的生产生活息息相关。近年来，为了使更多学生了解气象与人类活动之间的关系，掌握基本的气象知识，走近气象科学，提升科学素养，提高保护地球环境的意识，课程组教师为全校其它专业的本科生开设了通识选修课程"气象漫谈"（1学分）、通识核心课程"气象的奥秘"（2学分），每学期选课人数众多。

　　本书就是为对气象学感兴趣的非气象专业、非地理专业的大学生编写的，特别适合作为大学通识课程教材。本书共十章，包含大气物理学、天气学、气候学和实验四个方面的内容。本书难度适中、图文并茂，也适合读者自学。

　　本书第一、二、三、五、八章由黄建武编写；第四、九章由胡琼编写；第六章由方建编写；第七章由程波编写；第十章由涂振发和许丽丽编写；全书由黄建武教授统一修改、定稿。本书插图由硕士研究生朱升、朱洪明、张谦、刘鸣欣绘制。

　　由于编者水平有限，错漏之处在所难免，希望读者批评指正。

编　者

2021年11月于华中师范大学

目　　录

第一章 引　论

地球的外部包围着一层深厚而连续的气体圈层，构成了大气圈。我们人类就生活在这个大气圈底部的下垫面上。大气中风云变幻，时刻影响着人类的生产、生活，因而气象学是人们最迫切需要了解、认识的，也是最基本的知识。气象学是一门古老而又年轻的科学，它有极其悠久的历史，从它萌芽一直发展到今天，人们不断用最新的科学技术来研究它，而且自觉地在生产、生活中广泛地应用它。气象学已经发展为具有众多分支学科的大气科学体系。

第一节　基本概念

一、气象、天气、气候

气象，是大气中的冷热、干湿、风、云、雨、雪、霜、雾、雷电等各种物理现象和物理过程的总称。

天气，是指某一地区在某一瞬间或某一短时间内大气状态（如气温、湿度、压强等）和大气现象（如风、云、雾、降水等）的综合。

气候，是指在太阳辐射、大气环流、下垫面性质和人类活动长时间相互作用下，在某一时段内大量天气过程的综合。它不仅包括该地多年来经常发生的天气状况，而且还包括某些年份偶尔出现的极端天气状况。

二、天气系统和气候系统

（一）天气系统

天气系统是指引起天气变化和分布的高压、低压和高压脊、低压槽等具有典型特征的大气运动系统。

（二）气候系统

气候系统是一个包括大气圈、水圈、陆地表面、冰雪圈和生物圈在内的，能够决定气候形成、气候分布和气候变化的统一的物理系统。太阳辐射是这个系统的能源。在太阳辐射的作用下，气候系统内部产生一系列的复杂过程，这些过程在不同时间和不同空间尺度上有着密切的相互作用，各个组成部分之间，通过物质交换和能量交换，紧密地结合成一个复杂的、有机联系的气候系统（见图1-1）。

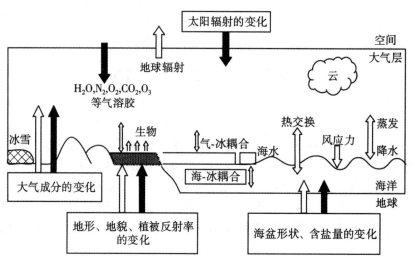

图 1-1　气候系统示意图

　　大气圈，是气候系统的主体部分，也是最容易变化的部分。例如，当外界热量输入（主要是太阳辐射）发生变化后，通过各种热量输送和交换过程，能在一个月时间内重新调整对流层温度的分布。

　　水圈，包括海洋、湖泊、江河、地下水和地表上的一切液态水，其中海洋在气候形成和变化中最重要。海洋约占地球表面积的 71%。到达海洋表面的太阳辐射大部分被吸收，由于海洋的热容量很大，所以它是一个巨大的能量储存库。洋流把大量的热量从赤道地区向极地地区输送，从而在全球能量平衡中起了很大作用。上层海洋与大气或海冰的相互作用时间尺度为几个月到几年，而深层海洋的热量调节时间为世纪尺度。

　　陆地表面，根据不同的海拔高度和起伏形势，可分为山地、高原、平原、丘陵和盆地等类型。它们以不同的规模错综分布在各大洲之上，构成崎岖复杂的下垫面。在此下垫面上又因岩石、沉积物和土壤等性质的不同，其对气候的影响更是复杂多样。

　　冰雪圈，由全球冰体和积雪组成，包括大陆冰原、高山冰川、海冰和地面雪盖等。冰川和冰原的体积变化与海平面高度的变化有很大关系。由于冰雪具有很大的反射率，在冰雪覆盖下，地表（包括海洋和陆地）与大气间的热量交换被阻止，因此冰雪对地表热量平衡有很大影响。

　　生物圈，包括陆地和海洋中的植物，在空气中、海洋和陆地生活的动物，也包括人类本身。生物对气候的变化都很敏感，而且反过来又影响着气候。生物对于大气和海洋的二氧化碳平衡、气溶胶粒子的产生，以及其它与气体成分和盐类有关的化学平衡等都有很重要的作用。植物可以随着温度、辐射和降水的变化而发生自然变化，变化的时间尺度为一个季节到数千年不等，而且植物又反过来影响地面的粗糙度及反射率、蒸发、蒸腾和地下水循环。由于动物需要得到适当的食物和栖息地，所以动物群体的变化也反映了气候的变化。人类活动既深受气候影响，又通过诸如农牧业、工业生产及城市建设等不断改变土地、水等的利用状况，从而改变地表的物理特性以及地表与大气之间的物质和能量交换，对气候产生影响。

三、气象学及主要分支学科

气象学（也称为"大气科学"）是研究大气中各种物理现象和物理过程，探讨其演变规律和变化，并直接或间接用于指导生产实践即为人类服务的科学。

随着科学的发展、技术的进步以及人类生产和生活的需要，气象学形成了许多分支学科：大气物理学（狭义的"气象学"）、天气学、气候学、动力气象学、大气化学、大气环境学、大气探测学、灾害气象学、应用气象学、全球变化学等。

二十四节气、七十二候、四季

我国"气候"一词是从"二十四节气"和"七十二候"而来的。

二十四节气和七十二候，是我国最早结合天文、气象、物候知识指导农事活动的历法。以五日为候，三候为气（节气），六气为时（季节），四时为岁，一年二十四节气共七十二候。各候均与一个物候现象相应，称候应。其中植物候应有植物的幼芽萌动、开花、结实等；动物候应有动物的始振、始鸣、交配、迁徙等；非生物候应有始冻、解冻、雷始发声等。七十二候"候应"的依次变化，反映了一年中气候变化的一般情况。

二十四节气是指二十四个特定节令，分别为立春、雨水、惊蛰、春分、清明、谷雨、立夏、小满、芒种、夏至、小暑、大暑、立秋、处暑、白露、秋分、寒露、霜降、立冬、小雪、大雪、冬至、小寒、大寒。每两个节气之间约间隔半个月，每个月有两个节气。

二十四节气科学地揭示了天文气象变化的规律，它将天文、农事、物候和民俗实现了巧妙的结合，衍生了大量与之相关的岁时节令文化，成为中华民族传统文化的重要组成部分。在国际气象界，二十四节气被誉为"中国的第五大发明"。2016 年 11 月 30 日，二十四节气被正式列入联合国教科文组织人类非物质文化遗产代表作名录。

季节划分是研究天气气候特点及其变化规律的重要课题，由于季节划分标准各异，因而所划分出的季节时段和长短不一。

传统季节：是以二十四节气中的"四立"作为四季的始点，以二分和二至作为中点的。如春季以立春为始点，春分为中点，立夏为终点。四季轮换，反映了物候、气候等多方面的变化规律。这是一种传统的，常见的方法。

统计季节：以每年的 3—5 月为春季，6—8 月为夏季，9—11 月为秋季，12—次年 2 月为冬季。

天文季节（欧美）：强调四季的气候意义，是以二分二至日作为四季的起始点的，如春季以春分为起始点，以夏至为终止点。这种四季比我国传统划分的四季分别迟了一个半月。

气象季节：为了准确地反映各地的实际气温变化情况，我国现划分四季采用学者张宝堃的方法，用"候平均气温"划分。规定：5 天滑动平均气温大于或等于 22℃

的时期为夏季，小于或等于10℃的时期为冬季，介于10~22℃之间的为春季或秋季。这样划分出来的四季同各地物候现象大体相符，对农业生产有实际意义。这种四季划分法，比较适用于四季气温变化分明的中纬度温带地区。

第二节　气象学发展简史

气象学是一门古老而又年轻的科学，其发展历史源远流长，可以粗略地分为以下四个阶段。

一、定性描述和知识积累阶段

从远古时代开始一直到16世纪这一漫长时期，是古代气象知识的积累期。这个时期，气象学和天文学不分家，由于人类生活和生产的需要，进行了一些气象观测，积累了一些感性认识和经验，对某些天气现象做出了一定的解释。在这个时期，我国和古希腊走在世界前列。

早在夏代，我国先民已有观象授时之说，设有"天地四时之官"；相传为夏代遗书的《夏小正》，按照十二月的顺序，详细记载了星象、物候、气象变化。殷商时期，人们开始自觉观察、认识并记载各种气象，甲骨卜辞中风、云、雨、雪、雹、雾、霰、霜、雷、电、虹等气候现象，是世界最早的气象记录之一（见图1-2）。至周秦，人们已更加成熟地解释气象、预报气象和记录气象，《周易》《尚书》《诗经》《左传》《国语》《孙子兵法》《庄子》《孟子》《管子》《吕氏春秋》《尔雅》《黄帝内经》等文献，都记载有大量物候知识和气象信息。如《尔雅》解释雾霾、风雨、雪霜天气："地气之发，天不应曰雾"；"风而雨土为霾"；"甘雨时降，万物以嘉，谓之醴泉"；"雨霓为霄雪"等。《黄帝内经》解释云雨天气："地气上为云，天气下为雨；雨出地气，云出天气。"《诗经》预报雨雪天气："如彼雨雪，先集维霰"；"天将阴雨，鹳鸣于至"。《吕氏春秋》解释"八风"为："东北曰炎风，东方曰滔风，东南曰熏风，南方曰巨风，西南曰凄风，西方曰飀风，西北曰厉风，北方曰寒风。"

汉唐时期，人们对气象的认知更趋于理性、科学和客观。汉代人阐明了二十四节气及七十二物候，发明了湿度计、风速器等气象仪器（见图1-3）；提出了"梅雨""信风"等气象名称，并科学解释了雷电、降水等季节性气候现象；出现了《易飞候》《四民月令》《论衡·变动篇》《淮南子·本经训》等文献。如《淮南子》指出："悬羽与炭，而知燥湿之气"；"风雨之变，可以音律知之"。《论衡》提出："天且雨，琴弦缓。"据《西京杂记》记载：汉代长安灵台相风铜乌"有千里风则动"；"气上薄为雨，下薄为雾，风其噫也，云其气也，雷其相击之声也，电其相击之光也"。此后，两晋盛行"相风木鸟"等测风仪器；北魏贾思勰的《齐民要术》载有"天气新晴，是夜必霜"等气象谚语，并提及熏烟防霜、积雪杀虫等方法；《正光历》将七十二气候列入历书；南朝宗懔的《荆楚岁时记》提出冬季"九九"为一年最冷时期；隋代杜台卿的《玉烛宝典》辑录隋以前节气、政令、农事、风土、典故等文献，保留了不少农业气象佚文。至唐代，创造了相风

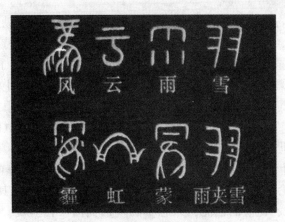

图 1-2　甲骨文中的气象①

旌、占风铎、占雨石等气象仪器，区分了十级风力和二十四方位风向，解释了日晕、彩虹、光象等气候现象，诞生了《观象玩占》《乙巳占》《相雨书》等气象经典，涌现出裴行俭、李淳风、李愬等气象学家，并将气象知识更加广泛地应用于生产、生活、军事、政治等重要领域。

图 1-3　秦汉时代的相风铜乌（中国北极阁气象博物馆展品）②

---

① 国家气象信息中心-中国气象数据网：中华五千年，历史长河中留下哪些"气象印记"？https：//baijiahao. baidu. com/s？id=16796728754945246208wfr=spider&for=pc.

② 搜狐网：【文史知识】古代的气象预报神器，https：//www. sohu. com/a/224896419_612398.

宋元时期是我国古代科技发展的黄金时代，气象知识和研究蓬勃发展。宋元气象学的科学化趋势更加鲜明，不仅解释了梅雨、龙卷风、季风、雷阵雨等特殊性、区域性气候现象，首创了雨量、雪量等观测技术（见图1-4），而且对大气光象、雷电霜雾等气候现象的认知更为科学、合理，对天气的预报方法也更加多样、准确。例如，朱熹的《朱子语类》论述雷电："阴气凝聚，阳在内者不得出，则奋击而为雷霆，阳气伏于阴气之内不得出，故爆开而为雷也。"沈括的《梦溪笔谈》解释彩虹："虹乃雨中日影也，日照雨则有之。"陈长方的《步里客谈》记述梅雨天气："江淮春夏之交多雨，其俗谓之梅雨也，盖夏至前后各半月。"叶梦得《避暑录话》论述江南"过云雨"（雷阵雨）、"龙桂"（龙卷风）。苏洵的《辨奸论》预报风雨："月晕而风，楚润而雨。"尤其是沈括的《梦溪笔谈·异事篇》对气象、物候的创见，朱思本的《广舆图·占验篇》对天、云、风、日、虹、雾、电等航海气象之"占验"，堪称典范。

图1-4　宋代"测雨器"圆罂①

在古希腊，气象学的萌芽也很早，公元前4世纪大哲学家亚里士多德所著《气象学》一书（约在公元前350年）综合论述了水、空气和地震等问题，粗浅地解释了风、云、雨、雪、雷、雹等天气现象。现在气象学的外文名字就是从亚里士多德的原书名演变而来。"气候"一词也出于希腊文 Κλιμα。古希腊人认为，地球上由于受到太阳光线倾斜角度的不同，才产生气候的差异，并建立了关于热带、温带和寒带的概念。

二、定量观测和定量研究阶段

16世纪中至19世纪末，气象学产生了一次飞跃。这一阶段内，各种近代气象观测仪器纷纷被发明，地面气象观测台、观测站相继建立，形成了地面气象观测网，并因无线电技术的发明，研究者开始绘制地面天气图。气象学研究开始由单纯定性地描述进入定量分析阶段。在此阶段，气象学与天文学逐渐分离，成为独立的学科。

1593年意大利学者伽利略发明温度表，1643年意大利学者托里拆利发明气压表，1783年索修尔发明毛发湿度表。有了这些仪器就为建立气象台站提供了必要的条件。

---

① 搜狐网：【文史知识】古代的气象预报神器（sohu.com），http：//www.sohu.com/a/224896419_612398.

1653 年在意大利北部首先建立气象台,此后其它国家亦相继建立地面气象观测站,开始积累气象资料。随着无线电报的发明和应用,气象观测的结果很快传达到各地,为绘制天气图创造了条件。1826 年第一张天气图诞生之后,各国开始陆续绘制天气图。有了天气图这个工具,气象学的发展大大向前跨进了一步。

这一时期气象学的主要研究成果有关于海平面上风压关系定律、气旋模式和结构、大气中光电现象和云雨形成的初步解释、大气环流的若干现象解释等。从 19 世纪开始,陆续出版了一些较有质量的气候图,如世界年平均气温分布图、世界月平均气压分布图、世界年降水量分布图等。德国学者汉恩于 1883 年开始陆续出版了《气候学手册》三大卷,这是气候学上最早的巨著。

明清时期,气象学呈现出由传统向近代转变的趋势,初露近代气象学的曙光。其中,明代雨量观测、航海气象、天气预报等技术日益精进,“南北寒暑”“昼夜长短”“蜃气楼台”等理论认知不断深化,农业气象谚语广泛传播,气象云图等推广使用。在官方,“月奏雨泽”成为常制。明清之际,西方科技的传入为气象科学带来了新技术和新观点。传教士将西方当时比较先进的温度计、湿度计引入中国,清人还仿制了冷热计、燥湿器;利用《三光图》等云图预报天气;出现了炮击雹云、消除冰雹的技术。梁章钜《农候杂占》分四卷,从天文、地理、人事、时令、草木、虫鱼等角度,论述了预测天气变化、解释气候现象、把握气象规律的理论;游艺《天经或问》分图序、天、地三卷,全面阐释了天地变化的情势,解答了气象变化的规则,一定程度上突破了适应性、经验性气象知识的局限,是近世少见的气象原理之作。

三、基础理论创立阶段

20 世纪的前 50 年,不但进行地面气象观测,也进行高空直接观测(风筝、载人气球及火箭等),从而进入定量试验阶段。此阶段,气象学几大基础理论创立。

在第一次世界大战期间,由于相邻国家气象资料无法获得,挪威建立了比较密集的气象网。挪威学者贝坚克尼父子等根据物理学和流体力学的理论,通过长期的天气分析实践,创立了气旋形成的锋面学说,从而为进行 1~2 天的天气预报奠定了物理基础。

20 世纪 30—40 年代,由于要求能早期预报出灾害性天气,再加上有了无线电探空和高空测风的普遍发展,能够分析出较好的高空天气图。瑞典学者罗斯贝等研究大气环流,提出了长波理论。它既为进行 2~4 天的天气预报奠定了理论基础,同时也使气象学由两度空间真正发展为三度空间的科学。

在 20 世纪 30 年代,贝吉龙·芬德生在研究雨的形成中,发现云中有冰晶与过冷却水滴共存最有利于降雨的形成,从而提出了降雨学说。1947 年又发现干冰和碘化银落入过冷却水滴中可以产生大量冰晶,这就为人工影响冷云降水提供了思路。进一步研究还发现在热带暖云中由于大、小水滴碰并也可导致降雨,这又为人工影响暖云降水奠定了理论基础。由此人类开始从认识自然进入人工影响局部天气时代。

在气候学方面也有长足的进展:创立了气候型的概念和几种气候分类法,如柯本、桑氏威特、阿里索夫等各具特色的气候分类法。1930—1940 年间,柯本和他的学生盖格尔出版了五卷《气候学手册》,着重从动力学角度研究气候的形成和变化,发展了动力气候学。

在这一阶段，我国气象学也有一定进展。竺可桢（见图 1-5）在 1927 年创立了气象研究所，次年在南京北极阁建立气象台。此后 20 余年中，在国内陆续建立了 40 多个气象站和 100 多个雨量站，开展了少数城市的高空探测、天气预报和无线电广播等业务，开始出版中国气候文献。1941 年在重庆成立中央气象局。但在半殖民地半封建的旧社会，气象事业很难发展。

图 1-5 我国气象学奠基人竺可桢（1890—1974 年）①

四、数值模拟和遥感技术综合运用阶段

20 世纪 50 年代以后，由于各种新技术特别是电子计算机、雷达、激光、遥感和人造卫星等的使用，大大促进了气象学的发展。

自 1950 年诺伊曼和查尼等利用计算机制作了第一张数值天气预报图后，数值天气预报方法已逐渐成为各国日常业务预报的一种不可缺少的极其重要的工具。1960 年 4 月美国发射了第一颗气象卫星，开创了从宇宙空间观测全球大气的时代，大气观测试验已从局部的专业试验发展为全球的综合性试验。

气候研究更加广泛、更加综合、更加精确，气候变化成为当今的研究热点。1974 年，世界气象组织与世界科学联盟在瑞典斯德哥尔摩召开气候的物理基础及其模拟的国际讨论会，着重研究了气候形成的物理机制和气候与人类的关系，并提出了气候系统的概念和世界气候计划。1988 年，世界气象组织和联合国环境规划署成立了政府间气候变化专门委员会。1992 年，在里约热内卢召开的"世界环境与发展大会"上提出了《世界气候框架公约》。通过气候模式来研究不同时间尺度气候的可预报性问题，已取得丰硕成果。

这个阶段，我国气象事业发展迅速。出版了大量气候图集和气候资料，全国和各地都进行了气候区划。竺可桢的《中国近五千年来气候变迁的初步研究》享誉世界。到 2018 年，全国气象观测站点达到 67069 个，地面天气测报网已经建成，高空气象探测网也基本形成，气候观测站网初具规模，各类站网的现代化程度不断提高。遍布全国、具有世界先进水平的新一代多普勒天气雷达、沙尘暴监测、自动气象站、L 波段探空雷达、全球定位

---

① 中国气象局政府门户网站：竺可桢成长故事，2014 年 3 月 13 日。

系统探空站、风廓线仪、三维闪电定位仪及地基 GPS/MET 观测站网等，大大提高了我国气象综合探测系统的现代化水平。中期数值天气预报技术和卫星气象在业务上的应用是我国天气预报水平显著提高的一个新的里程碑。我国气象科学工作者积极参与政府间气候变化专门委员会等国际活动，在气象学许多领域取得了可喜成绩。我国是世界上第三个同时拥有地球静止轨道气象卫星和太阳同步轨道气象卫星的国家，也是世界上在轨气象卫星数量最多、种类最全的国家。目前我国已先后成功发射了 19 颗风云气象卫星，现有 7 颗在轨稳定运行，形成了包含风云一号、风云二号、风云三号和风云四号卫星（图 1-6）在内的风云卫星家族。风云卫星是目前世界上在轨数量最多、种类最全的气象卫星星座，我国已为 123 个国家和地区提供风云卫星资料和产品。经过几十年的发展，中国气象科技在航天事业的支持下，实现了新的重大跨越，并迈入强国行列。

图 1-6　风云四号 A 星①

世界气象日

世界气象日，又称为"国际气象日"，是世界气象组织成立的纪念日，时间在每年的 3 月 23 日，是世界气象组织为了纪念该组织的成立和《国际气象组织公约》生效日（1950 年 3 月 23 日）而设立的。

世界气象组织的前身是国际气象组织，它是在 1873 年第一届国际气象大会上创建的非政府机构。1947 年在华盛顿召开有 45 个国家和 30 个地区气象组织机构负责人参加的会议，决定把国际气象组织改组为政府间组织——世界气象组织，并且通过了《世界气象组织公约》，1950 年 3 月 23 日《世界气象组织公约》正式生效，这标志着世界气象组织的成立。该组织的宗旨是促进设置气象台、站、网方面的国际合

---

① 新浪新闻：风云四号 A 星在轨测试近一年　上海航天交出亮丽成绩单，https://news. sina. com. cn/o/2017-11-20/doc-ifynwxum6858105. shtml.

作，以进行气象、水文及与气象有关的地球物理观测；促进建立气象情报快速交换系统，促进气象观测的标准化；推广气象学应用于航空、航海、水利、农业和人类其它活动；促进气象部门与水文部门间密切合作；鼓励并协调对气象及有关领域内的研究和培训。

1951 年，联合国大会通过决议，将世界气象组织作为联合国的一个专门机构。1960 年，世界气象组织决定把 3 月 23 日定为"世界气象日"，要求世界气象组织的成员国届时举行各种方式的庆祝活动。为使庆祝"世界气象日"的活动更具有实际意义，世界气象组织执行理事会每年选定一个宣传主题，号召世界各成员国以多种方式开展宣传活动，以提高世界各地的公众对与自己密切相关的气象问题的重要性的认识。每一个主题都集中反映了人类关注的与气象有关的问题。主题的选择主要围绕气象工作的内容、主要科研项目以及世界各国普遍关注的问题。例如，1961 年的主题是"气象对国民经济的作用"，1972 年的主题是"气象与人类环境"，1985 年的主题是"气象与公众安全"，1996 年的主题是"气象为体育服务"，2003 年的主题是"关注我们未来的气候"，2020 年的主题是"气候与水"。

世界气象组织成立以来，成员国已发展到一百六十多个，工作也取得了许多成就。中国是 1947 年《世界气象组织公约》签字国之一，1972 年 2 月 24 日加入世界气象组织，中国香港和中国澳门是地区会员，自 1973 年起，中国一直是该组织执行理事会成员。

第二章　大气的基本特征

地球大气中，存在着各种不同的物理过程和物理现象，这些过程和现象的发生发展是与大气本身的性质密切联系的。因此在讨论这些过程和现象之前，有必要先了解大气的组成、结构及其基本的物理性质。

第一节　大气的组成与结构

一、大气的组成

过去，人们认为地球大气是很简单的，直到19世纪末才知道大气是由多种气体组成的混合体，还包含一些悬浮着的固体杂质和液体微粒。

（一）干洁空气

大气中除了水汽、液体和固体杂质以外的整个混合气体，称为干洁空气，简称干空气。它的主要成分是氮、氧、氩、二氧化碳等，此外，还有少量氖、氦、氪、氢、臭氧等稀有气体（见表2-1）。这些气体在自然界的温度和压力下总是呈气体状态。

由于大气中存在着空气的垂直运动、水平运动、湍流运动和分子扩散，不同高度、不同地区的空气才能进行交换和混合，因而，从地面直到90km高度，干洁空气主要成分的比例基本上不变，因此可以作为分子量为28.966的"单一气体"来处理。在90km以上，大气的主要成分仍然是氮和氧，但约从80km开始由于紫外线的照射，氧和氮已有不同程度的离解，在100km以上，氧分子已几乎全部离解为氧原子，到250km以上，氮也基本上都解离为氮原子。

表 2-1　　　　　　　　　干洁空气的主要成分（25km以下）

气体成分	分子式	分子量	所占体积（100%）	所占质量（100%）
氮	N_2	28.016	78.09	75.52
氧	O_2	32.000	20.95	23.15
氩	Ar	39.944	0.93	1.28
二氧化碳	CO_2	44.010	0.038	0.05
臭氧	O_3	48.000	1.0×10^{-8}	—
干洁空气	—	28.966	100	100

氮是大气中含量最多的成分。大气中的氮能够稀释氧，使氧不致太浓，氧化作用不过于激烈。大量的氮可以通过豆科植物的根瘤菌固定到土壤中，成为植物体内不可缺少的养料。

氧是大气中含量仅次于氮的气体，是一切生命所必需的，因为动物和植物都要进行呼吸，都要在氧化作用中得到热能来维持生命。氧还决定着有机物质的燃烧、腐败及分解过程。植物的光合作用又向大气放出氧并吸收二氧化碳。

大气中二氧化碳含量受植物的光合作用、动物的呼吸作用、有机物质的燃烧与腐烂以及海水对二氧化碳的吸收作用的影响，是绿色植物光合作用中不可缺少的物质。在人类活动影响加剧的情况下，大气中二氧化碳的含量逐年递增。二氧化碳对太阳短波辐射的吸收很少，但能强烈吸收地面长波辐射，同时又向地面和周围大气放射长波辐射，致使从地面辐射的热量不易散失到大气中，对地面起到了保温作用。

臭氧，在大气中的含量极少，而且分布是随高度而变化的。在近地面层臭氧含量很少，从 10km 高度开始逐渐增加，在 12～15km 以上含量增加得特别显著，在 20～30km 高度处达最大值（此层称臭氧层），再往上则逐渐减少，到 55km 高度上就极少了。臭氧能大量吸收太阳紫外线，使臭氧层增暖，影响大气温度的垂直分布，从而对地球大气环流和气候的形成起重要作用。同时它还形成一个"臭氧保护层"，使到达地表的对生物有杀伤力的短波辐射（波长小于 0.3μm）强度大大降低，从而保护着地表生物和人类。由于人类活动（如大量使用化肥和氟利昂的产生）对高空光化学过程的影响会引起臭氧含量的变化，能使平流层的臭氧遭到破坏，因此 20 世纪 70 年代以来，全球臭氧层浓度减少的趋势日益明显，南极上空尤为显著，形成了"南极臭氧空洞"。臭氧层的破坏可能会引起一系列不利于人类的气候生物效应。

（二）水汽

大气中的水汽来自江、河、湖、海及潮湿物体表面的水分蒸发和植物的蒸腾作用，并借助空气的垂直交换向上输送，因此，空气中的水汽含量随高度的增加而减少。观测表明，在 1.5～2km 高度上，空气中水汽含量已减少为地面的一半；在 5km 高度，减少为地面的 1/10；再向上含量就更少了。大气中水汽含量虽不多，但它是天气变化中的一个重要角色。在大气温度变化的范围内，它可以凝结或凝华为水滴或冰晶，成云致雨，落雪降雹，成为淡水的主要来源。水的相变和水分循环不仅把大气圈、海洋、陆地和生物圈紧密地联系在一起，而且对大气运动的能量转换和变化，以及对地面和大气温度都有重要的影响。

（三）大气气溶胶粒子

大气中还悬浮着多种固体微粒和液体微粒，统称大气气溶胶粒子。它们大多集中于大气的底层。固体微粒有的来源于自然界，如火山喷发的烟尘，被风吹起的土壤微粒，海水飞溅扬入大气后而被蒸发的盐粒，细菌、微生物、植物的孢子花粉，流星燃烧所产生的细小微粒和宇宙尘埃等；有的是由于人类活动，如燃烧物质排放至空气中的大量烟粒等。这些多种多样的固体杂质，有许多可以成为水汽凝结的核心，对云、雾的形成起重要作用。

同时固体微粒能散射、漫射和吸收一部分太阳辐射，也能减少地面长波辐射的外逸，对地面和空气温度有一定影响，并会使大气的能见度变坏。液体微粒是指悬浮于大气中的水滴和冰晶等水汽凝结物。它们常聚集在一起，以云、雾的形式出现，不仅使能见度变坏，还能减弱太阳辐射和地面辐射，对气候有很大的影响。

(四) 大气污染物质

由于工业和交通运输业的发展，在废气得不到充分处理和利用的情况下，许多污染物质被排放到大气中。人们已经注意到的污染物有100多种，其中对人类影响较大的有粉尘、一氧化碳、二氧化硫、一氧化氮、硫化氢、碳氢化合物和氨。它们的含量虽微，但对人类和气候环境都有一定的影响。研究表明，大气污染是影响天气气候的重要因素之一。大气污染会使大气的辐射性质发生改变，进而使大气环流发生改变，最终导致天气气候发生变化。通过降水等形式，污染物从空中降落到地面，又污染了地表水、地下水、土壤和生物体，对人类影响很大。

二、大气的垂直结构

大气总质量约为 5.3×10^{15} t，相当于地球质量的百万分之一。大气质量的主要部分集中在低层，10km 以下占75%，20km 以下占95%，只有5%的大气散布在20km以上的高空中。大气密度随高度的增加而递减并逐渐趋于稀薄，向星际空间过渡且无明确的分界线。如果按照大气中极光出现的最大高度，大气上界可以定为1200km；如果按照星际气体密度（1个中性气体质点/cm³）的高度来估计，大气上界为2000~3000km。观测证明，大气在垂直方向上的物理性质有显著差异。根据气温的垂直分布、大气扰动程度、电离现象等特征，一般将大气分为对流层、平流层、中间层、暖层和散逸层（又称外层或逃逸层）（见图2-1）。

(一) 对流层

对流层是地球大气中最低的一层。它的高度因纬度和季节而异，在低纬度地区平均为17~18km，在中纬度地区为10~12km，在高纬度地区为8~9km。在同一纬度，尤其是中纬度，对流层厚度夏季较大，冬季较小。同大气的总厚度比较起来，对流层非常薄，不及整个大气层厚度的1%。但是，由于地球引力的作用，这一层却集中了整个大气3/4的质量和几乎全部的水汽。云、雾、雨雪等主要大气现象都发生在此层。对流层是对人类生产、生活影响最大的一个层次。对流层有以下三个主要特征：

（1）气温随高度增加而降低。因为对流层主要是从地面得到热量，因此气温随高度增加而降低。对流层中，气温随高度增加而降低的量值，因地区、高度和季节等因素而异。平均而言，高度每增加100m，气温下降约0.65℃，称为气温直减率，也称气温垂直梯度，通常以 γ 表示，即 $\gamma = 0.65℃/100m$。

（2）垂直对流运动显著。对流层因此而得名。由于地表面的不均匀加热，产生垂直对流运动。对流运动的强度主要随纬度和季节的变化而不同。空气通过对流和湍流运动，高、低层的空气进行交换，使近地面的热量、水汽、杂质等易于向上输送，对成云致雨有

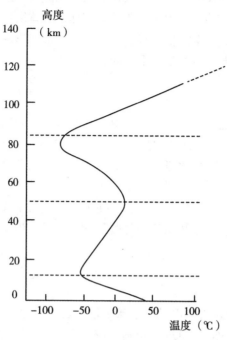

图 2-1 大气的垂直分层

重要的作用。

（3）气象要素水平分布不均。由于对流层受地表的影响最大，而地表有海陆分异、地形起伏等差异，因此在对流层中，温度、湿度等的水平分布是不均匀的。由于对流层中空气有垂直运动和水平运动，水汽和杂质含量多，随着气温的变化，可产生一系列的物理过程，形成复杂的天气现象。

（二）平流层

自对流层顶到 55km 左右为平流层，其质量约占大气总质量的 20%。随着航空、航天事业的发展，对平流层的研究显得越来越重要。1960 年以后，我国开始了平流层的研究工作。平流层的主要特征如下：

（1）随着高度的增高，气温最初保持不变或微有上升。大约到 30km 以上，气温随高度增加而显著升高，在 55km 高度上可达-3～17℃。平流层这种气温分布特征是和它受地面温度影响很小，特别是存在着大量臭氧能够直接吸收太阳辐射有关。虽然 30km 以上臭氧的含量已逐渐减少，但这里紫外线辐射很强烈，故温度随高度增加得以迅速增高，造成显著的暖层。

（2）平流层的温度分布特征，使空气以水平运动为主，垂直混合明显减弱，整个平流层比较平稳，平流层因此而得名。由于平流层的大气以平流运动为主，飞机在其中飞行时受力比较稳定，便于操纵架驶，而且由于该层水平气流大，飞机借助风力还可以节省燃料；而且天气晴朗，光线较好，能见度很高；同时平流层距离地面比较远，受到地面的噪音污染相对较小；平流层是鸟类飞行到不了的高度，避免了飞行时候的巨大隐患，因此，平流层是飞机飞行的理想高度。

（3）水汽含量极少，云很难生成，大多数情况下天空是晴朗的。有时对流层中发展旺盛的积雨云可伸展到平流层下部。在高纬度 20km 以上高度，有时在早、晚可观测到贝母云（又称珍珠云）。平流层中的微尘远比对流层中少，但是当火山猛烈爆发时，火山尘可到达平流层，影响能见度和气温。

（三）中间层

自平流层顶到 85km 左右为中间层。其主要特征如下：

（1）气温随高度增加而迅速下降，在这一层顶部气温降到 $-113 \sim -83$℃，是大气圈中最冷的部分。其原因是这一层中几乎没有臭氧，不能大量吸收太阳紫外线，而氮和氧等气体所能直接吸收的那些波长更短的太阳辐射又大部分被上层大气吸收掉了。

（2）有相当强烈的垂直运动，所以也称高空对流层或上对流层。但因空气稀薄，垂直运动不能与对流层相比拟。

（3）水汽含量极少，几乎没有云层出现，仅在高纬地区黄昏前后，偶尔能看到一种薄而带银白色的夜光云，有人认为是由极细微的尘埃所组成。在 60～90km 高度上，有一个只有白天才出现的电离层，叫作 D 层。

（四）暖层

从中间层顶到 800km 高度为暖层，又称热层、热成层、电离层。这一层大气密度很小，在 700km 厚的气层中，只含有大气总质量的 0.5%。暖层的主要特征如下：

（1）随高度的增高，气温迅速升高。据探测，在 300km 高度上，气温可达 1000℃以上。这是由于所有波长小于 $0.175\mu m$ 的太阳紫外辐射都被该层的大气物质（主要是原子氧）所吸收，从而使其增温。

（2）空气处于高度电离状态。这一层空气密度很小，在 270km 高度处，空气密度约为地面空气密度的百亿分之一。由于空气密度小，在太阳紫外线和宇宙射线的作用下，氧分子和部分氮分子被分解，并处于高度电离状态，故暖层又称电离层。其电离的程度是不均匀的。其中最强的有两区，即 E 层（位于 90~130km）和 F 层（位于 160~350km）。电离层具有反射无线电波的能力，对无线电通信有重要意义。

（3）在高纬度地区的晴夜，暖层中可以出现一种大气光学现象——极光。极光是由于来自磁层和太阳风的带电高能粒子被地磁场导引带进地球大气层，并与高层大气中的原子碰撞造成的发光现象。这些高速带电粒子在地球磁场的作用下，向南北两极移动，所以极光常出现在高纬度地区上空。对极光的观测是了解高层大气结构的一种较为可靠的手段。

（五）散逸层

这是大气的最高层，又称外层，也是大气层和星际空间的过渡层，但无明显的边界线。这一层中气温随高度增加而略微升高。由于温度高，空气粒子运动速度很大，又因距地心较远，地心引力较小，所以这一层的主要特点是大气粒子经常散逸至星际空间，散逸层由此而得名。大气层与星际空间是逐渐过渡的，并没有明显的界限。

月球竟然在地球大气层里！

在 2018 年的一项研究中，研究者分析了 1996—1998 年间收集的地球大气散逸层数据，确认了地冕（散逸层的一部分，位于地球大气的最外层）观测结果：地球的大气层一直延伸到约 63 万千米的高度，相当于 100 个地球半径。这意味着，月球也被包裹在地球的大气层中。这个结论颠覆了以往人们对于地冕范围的认知：地冕层有 9~10 个地球半径高，月球距地球大气的最外层 32 万~34 万千米。

这一研究结论的关键依据，是美国国家航空航天局和欧洲航天局联合研制的太阳和日光层天文台 SOHO 搭载的太阳风各向异性探测器 SWAN 载荷记录的数据。

地冕层的形状看起来像飞临太阳附近的彗星尾巴。从构成成分上看，地冕层与地球大气其它层很不一样。地冕层是以氢、氦原子和离子为主要成分的低密度气晕，而 1000km 高度的地球大气层，主要由氮、氧、二氧化碳和水等分子以及离子组成。

2013 年年底我国嫦娥三号月球探测器发射升空并成功降落至月球正面之后，携带的观测地球外层大气等离子体层的紫外望远镜，监测到了地冕随着时间的变化。

第二节　大气的物理性状

大气的物理性状主要以气象要素和空气状态方程来表征，因此本节介绍基本气象要素和空气状态方程。

一、基本气象要素

气象要素，是指表明大气物理状态、物理现象的各项要素。世界各地的气象台站所观测记载的主要气象要素有气温、气压、空气湿度、降水、风、云和能见度等。在这些气象要素中，有的表示大气的性质，如气压、气温和湿度；有的表示空气的运动状况，如风向、风速；有的是大气中发生的一些现象，如云、雾、雨、雪、雷电等。下面介绍几个基本的气象要素。

（一）气温

大气的温度，是表示大气冷热程度的量。在一定的容积内，一定质量的空气，其温度的高低只与气体分子运动的平均动能有关，即这一动能与绝对温度 T 成正比。因此，空气冷热的程度，实质上是空气分子平均动能的表现。当空气获得热量时，其分子运动的平均速度增大，平均动能增加，气温也就升高。反之当空气失去热量时，其分子运动平均速度减小，平均动能随之减少，气温也就降低。

气温随地点、高度和时间都有变化。通常所说的气温，是百叶箱中距离地面 1.5m 高处空气的温度（干球温度表的读数）。

气温的单位一般用摄氏温标和绝对温标，少数国家也用华氏温标。

（1）摄氏温标，用℃表示。以气压为 1013.3hPa 时纯水的冰点为 0℃，沸点为 100℃，其间等分为 100 等份，每份即为 1℃。

（2）绝对温标，在理论研究上常用，以 K 表示。这种温标中一度的间隔和摄氏度相同，但其零度称为"绝对零度"，等于 -273.15℃。因此水的冰点为 273.15K，沸点为 373.15K。两种温标之间的换算关系为

$$T = t + 273.15 \approx t + 273$$

（3）华氏温标，用℉表示。以气压为 1013.3hPa 时纯水的冰点温度为 32℉，沸点为 212℉，中间分为 180 等份，每一等份代表 1℉。

（二）气压

气压是指大气的压强，一般用 P 表示。它是空气的分子运动与地球重力场综合作用的结果。在静止大气中，任意高度上的气压值等于其单位面积上所承受的大气柱的重量。当空气有垂直加速运动时，气压值与单位面积上承受的大气柱重量就有一定的差值，但在一般情况下，空气的垂直运动加速度是很小的，这种差别可以忽略不计。

气压单位曾经用毫米水银柱高度（mmHg）和毫巴（mb）表示，现在通用百帕（hPa）来表示，它们之间的换算关系为：1hPa = 1mb = 0.75mmHg。

气象上曾规定，当气温为 0℃，在纬度为 45° 的海平面上，760mm 的水银柱高时的大气压为标准大气压，1 个标准大气压等于 1013.25hPa。

（三）湿度

表示大气中水汽量多少的物理量称大气湿度。大气湿度状况与云、雾、降水等关系密切。由于测定方法和实际应用的不同，采用多个物理量表示。

1. 水汽压和饱和水汽压

大气压力是大气中各种气体压力的总和。水汽和其它气体一样，也有压力。大气中的水汽所产生的那部分压力称水汽压（e）。它的单位和气压一样，也用 hPa 表示。含有水汽但未达到饱和的空气称为湿空气。在温度一定情况下，单位体积空气中的水汽量有一定限度，如果水汽含量达到此限度，空气就呈饱和状态，这时的空气，称饱和空气。饱和空气的水汽压（E）称饱和水汽压，也叫最大水汽压，因为超过这个限度，水汽就要开始凝结。实验和理论都证明，饱和水汽压随温度的升高而增大。在不同的温度条件下，饱和水汽压的数值是不同的。

2. 绝对湿度和相对湿度

绝对湿度是指单位体积空气中含有的水汽质量，即空气中的水汽密度，以 g/m³ 为单位。绝对湿度不能直接测量，但可间接算出。

相对湿度（f）是空气中的实际水汽压与同温度下的饱和水汽压的比值（用百分数表示）。f 直接反映空气距离饱和的程度。对于未饱和空气，$f<100\%$，当其接近 100%

时，表明当时空气接近于饱和。当水汽压不变时，气温升高，饱和水汽压增大，相对湿度会减小。

3. 饱和差

在一定温度下，饱和水汽压与实际空气中水汽压之差称饱和差（d）。即 $d=E-e$，d 表示实际空气距离饱和的程度。在研究水面蒸发时常用到 d，它能反映水分子的蒸发能力。

4. 比湿和混合比

在一团湿空气中，水汽的质量与该团空气总质量（水汽质量加上干空气质量）的比值，称比湿（q）。其单位是 g/g，即表示每一克湿空气中含有多少克的水汽。对于某一团空气而言，只要其中水汽质量和干空气质量保持不变，不论发生膨胀或压缩，体积如何变化，其比湿都保持不变。因此在讨论空气的垂直运动时，通常用比湿来表示空气的湿度。

一团湿空气中，水汽质量与干空气质量的比值称水汽混合比（γ），单位是 g/g。

5. 露点温度

湿空气在水汽含量不变条件下，等压降温达到饱和时的温度，称露点温度，简称露点（T_d）。其单位与气温相同。在气压一定时，露点的高低只与空气中的水汽含量有关，水汽含量愈多，露点愈高，所以露点也是反映空气中水汽含量的物理量。在实际大气中，空气经常处于未饱和状态，露点温度常比气温低（$T_d<T$）。因此，根据 T 和 T_d 的差值，可以大致判断空气距离饱和的程度。

在上述各种表示湿度的物理量中，水汽压、绝对湿度、比湿、混合比、露点基本上表示空气中水汽含量的多寡，而相对湿度、饱和差、温度露点差则表示空气中水汽距离饱和的程度。

（四）降水

降水是指从天空降落到地面的液态和固态水，如雨、雪、雨夹雪、冰粒和冰雹等。降水观测包括降水量和降水强度。降水量指降水落至地面后（固态降水则需经融化后），未经蒸发、渗透、流失而在水平面上积聚的深度，以毫米（mm）为单位。降水量是表征某地气候干湿状态的重要因素。降水强度指单位时间内的降水量，常用的单位是毫米/10 分钟（mm/10min）、毫米/时（mm/h）、毫米/天（mm/d）。

在高纬度地区冬季降雪多，还需测量雪深和雪压。雪深是从积雪表面到地面的垂直深度，以厘米（cm）为单位。当雪深超过 5cm 时，则需观测雪压。雪压是单位面积上的积雪重量，以 g/cm² 为单位。雪深和雪压可反映当地的寒冷程度。

（五）风

空气的水平运动称为风。风是一个表示气流运动的物理量。风是向量，它不仅有数值的大小（风速），还具有方向（风向）。

风向是指风的来向。地面风向用 16 方位表示，高空风向常用方位度数表示，即以 0°（或 360°）表示正北，90°表示正东，180°表示正南，270°表示正西。在 16 方位中，每相邻方位间的角差为 22.5°（见图 2-2）。

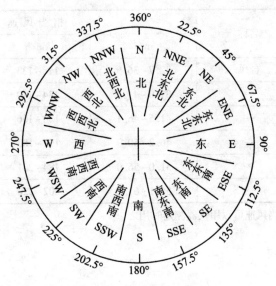

图 2-2　风向 16 方位图

风速是指单位时间内空气在水平方向运动的距离，单位用 m/s、kn（海里/小时，又称"节"）或 km/h 表示。风速的大小常用风力等级来表示。风的级别是根据风对地面物体的影响程度来确定的。在气象上，一般按风力大小划分为 18 个等级（见表 2-2）。

表 2-2　风力等级表

风力等级	名称	相当风速		
		m/s	km/h	kn
0	无风	0.0~0.2	<1	<1
1	软风	0.3~1.5	1~5	1~3
2	轻风	1.6~3.3	6~11	4~6
3	微风	3.4~5.4	12~19	7~10
4	和风	5.5~7.9	20~28	11~16
5	清风	8.0~10.7	29~38	17~21
6	强风	10.8~13.8	39~49	22~27
7	劲风	13.9~17.1	50~61	28~33
8	大风	17.2~20.7	62~74	34~40
9	烈风	20.8~24.4	75~88	41~47
10	狂风	24.5~28.4	89~102	48~55
11	暴风	28.5~32.6	103~117	56~63

风力等级	名称	相 当 风 速		
		m/s	km/h	kn
12	台风	32.7~36.9	118~133	64~71
13	—	37.0~41.4	134~149	72~80
14	—	41.5~46.1	150~166	81~89
15	—	46.2~50.9	167~183	90~99
16	—	51.0~56.0	184~201	100~108
17	—	56.1~61.2	202~220	109~118

注：13~17 级风力是当风速可以用仪器测定时用之。

（六）能见度

能见度是指视力正常的人在当时天气条件下，能够从天空背景中看到和辨出目标物的最大水平距离。单位用米（m）或千米（km）表示。能见度是了解大气的稳定度和垂直结构的天气指标，而且是保护交通运输安全的一个极为重要的因素。

二、大气状态方程

大气具有一般流体所共有的基本特性：连续性、流动性、可压缩性和黏性。上述气象要素分别表示大气状态的一个侧面，它们不是彼此孤立的，而是具有内在联系的。这种内在联系，可用状态方程表示。

（一）理想气体状态方程

理想气体是指分子为一质点，分子仅具有质量但自身体积为零（即气体分子所能自由运动的全部空间，故理想气体的体积等于容器的体积），且分子间无相互作用力（故理想气体不能液化或固化）的气体。理想气体是人们对实际气体简化而建立的一种理想模型。由物理学定律可知，单位质量的单一成分理想气体的状态方程可以写成

$$P = \rho RT$$

式中，P 为气压；ρ 为气体密度；T 为温度；R 为比气体常数，其计算公式为

$$R = \frac{R^*}{\mu}$$

这里，$R^* = 8.31\text{J}/(\text{mol} \cdot \text{K})$，为普适气体常数；$\mu$ 是分子量。气体成分不同，μ 就不同，比气体常数 R 也就不同。

理想气体状态方程表明，在温度一定时，气体的压强与其密度成正比。在密度一定时，气体的压强与其绝对温度成正比。从分子运动论的观点来看，这是容易理解的。气体压强的大小决定于器壁单位面积上单位时间内受到的分子碰撞次数及每次碰撞的平均动能大小，如分子平均动能大且单位时间里碰撞次数多，故压强也就大。

实际上，理想气体并不存在，但在通常大气温度和压强条件下，干空气和未饱和的湿空气都十分接近于理想气体。

（二）干空气状态方程

如前所述，在常温常压下，可以把干洁空气视为分子量为 28.97 的单一气体成分，这样干空气的比气体常数 R_d 为

$$R_d = \frac{R^*}{\mu_d} = \frac{8.31}{28.97} = 0.287(\text{J/g} \cdot \text{K})$$

干空气的状态方程为

$$P = \rho R_d T$$

（三）湿空气状态方程

湿空气状态方程的常见形式为

$$P = \rho R_d T\left(1 + 0.378 \frac{e}{P}\right)$$

为了让湿空气状态方程的形式与理想气体状态方程一致，引进一个假想的温度——虚温（T_v），即

$$T_v = \left(1 + 0.378 \frac{e}{P}\right) T$$

引入虚温后，湿空气的状态方程可写成

$$P = \rho R_d T_v$$

干、湿空气状态方程中都是 R_d，可简记作 R。

虚温的意义是，在同一压强下，干空气密度等于湿空气密度时干空气应有的温度。从某种意义上说，虚温取决于水汽量的多少，水汽量增加，空气的密度减小，把水汽引起的密度差，假设一个同效应的温度增加值，放在原来的温度上，即为虚温。

气象领域内有大量问题必须要用状态方程来描述、计算，在气象上再没有哪一种关系式比它更基本和重要了。大气密度（ρ）是一个在气象上非常重要的状态参量，但无法直接测量，它只能通过状态方程用容易观测的气压（P）和气温（T）计算出来。

第三章　大气的热状况

太阳内部，热核反应（核聚变）不断将氢转变为氦，不断地向宇宙空间放射出巨额的辐射能，其中被地球接受的部分是气候系统最主要的能量来源。地面和大气在获得太阳辐射能增温的同时，自身又释放出热辐射。太阳、地球和大气之间不断地以辐射方式进行能量转换，形成地表复杂的大气热状况，维持着地表的热量平衡，是天气变化和气候形成及演变的基本因素。本章首先介绍地球上热量的基本来源太阳辐射，再分析太阳辐射通过下垫面引起大气增温、冷却的物理过程，然后讨论大气温度的时空变化规律。

第一节　太 阳 辐 射

一、辐射概述

（一）电磁波

在物体中，带电粒子在原子或分子内部的振动可以产生电磁波。由于带电粒子做热运动时具有加速度，而且有不同的频率，因而发出各种不同波长的电磁波。自然界中的一切物体都以电磁波的方式向四周放射能量，这种传播能量的方式称为辐射。通过辐射传播的能量称为辐射能，简称为辐射。

能量的传输方式有三种，传导、对流和辐射。传导和对流交换，需要一定的分子作媒介，在真空里热量就无法传递。太阳与地球的距离十分遥远，在这漫长的距离中，绝大部分空间是真空地带，太阳能依传导和对流的形式传递是不可能的，唯一传递能量的形式就是辐射。

电磁波的波长范围很广，从波长 10^{-10} μm 的宇宙射线，到 γ 射线、X 射线、紫外线、可见光、红外线、短无线电波、长无线电波等。各种辐射的波长范围如图 3-1 所示。

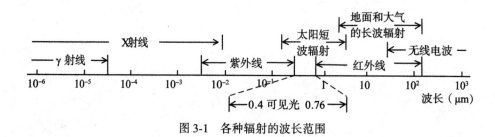

图 3-1　各种辐射的波长范围

肉眼看得见的是 0.4~0.76μm 的波长，这部分称为可见光。可见光经三棱镜分光后，成为一条由各种颜色组成的光带，其中红光波长最长，紫光波长最短。其它各色光的波长则依次介于其间（见表3-1）。

表3-1　　　　　　　　　　　　　　**可见光波长和对应的颜色**

颜色	波长范围（μm）	颜色	波长范围（μm）
紫	0.390~0.455	黄绿	0.550~0.575
深蓝	0.455~0.485	黄	0.575~0.585
浅蓝	0.485~0.505	橙	0.585~0.620
绿	0.505~0.550	红	0.620~0.760

气象学着重研究的是太阳、地球和大气的热辐射。它们的波长范围在 0.15~120μm 之间。太阳辐射主要波长范围是 0.15~4μm，地面辐射和大气辐射的主要波长范围是 3~120μm。习惯上把太阳辐射称为短波辐射，把地面和大气辐射称为长波辐射。

（二）物体对辐射的吸收、反射和透射

无论何种物体，在它向外放出辐射的同时，必然会接受到周围物体向它投射过来的辐射，但投射到物体上的辐射并不能全部被吸收，其中一部分被反射，一部分可能透过物体（见图3-2）。

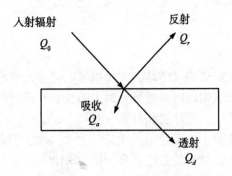

图3-2　物体对辐射的吸收、反射和透射

设投射到物体上的总辐射能为 Q_0，被吸收的为 Q_a，被反射的为 Q_r，透射的为 Q_d。根据能量守恒原理

$$Q_a + Q_r + Q_d = Q_0$$

将上式等号两边除以 Q_0，得

$$\frac{Q_a}{Q_0} + \frac{Q_r}{Q_0} + \frac{Q_d}{Q_0} = 1$$

式中左边第一项为物体吸收的辐射与投射于其上的辐射之比，称为吸收率（a）；第二项为物体反射的辐射与投射于其上的辐射之比，称为反射率（r）；第三项为透过物体的辐射与投射于其上的辐射之比，称为透射率（d），则

$$a + r + d = 1$$

a、r、d 都是 0~1 之间变化的无量纲量，分别表示物体对辐射吸收、反射和透射的能力。

物体的吸收率、反射率和透射率大小随着辐射的波长和物体的性质而改变，这种特性称为物体对辐射吸收、反射和透射的选择性。例如，干洁空气对红外线是近似透明的，而水汽对红外线却能强烈地吸收；雪面对太阳辐射的反射率很大，达 50%~95%，但对地面和大气的辐射则几乎能全部吸收；草地对太阳辐射的反射率为 15%~30%。

如果有某种物体对各种不同波长辐射的吸收率都等于 1，即投射于其上的辐射能全部被吸收，这种物体称为黑体。黑体是理想的辐射体，实际上自然界并不存在真正的黑体，但是为了研究方便，在一定条件下（例如在一定的波长范围内），可以把某些物体近似地看成黑体。

二、太阳辐射

地球大气中的一切物理过程都伴随着能量的转换，而辐射能，尤其是太阳辐射能是地球大气最重要的能量来源。太阳是一个炽热的气体球，其表面温度约为 6000K，内部温度更高。一年中整个地球可以从太阳获得 $5.44×10^{24}$J 的辐射能量。地球和大气的其它能量来源同来自太阳的辐射能相比是极其微小的。比如来自宇宙中其它星体的辐射能仅是来自太阳辐射能的亿分之一。从地球内部传递到地面上的能量也仅是来自太阳辐射能的万分之一。

（一）太阳的结构

太阳是一个巨大的、炽热的气体球，主要由氢、氦等元素构成。太阳分为内部结构和大气结构两大部分。内部结构由内到外可分为太阳核心、辐射层、对流层 3 个部分；大气结构由内到外可分为光球层、色球层和日冕（见图 3-3）。

太阳的核心区域虽然很小，半径只是太阳半径的 1/4，但却是产生核聚变反应之处，是太阳的能源所在地。太阳核心的温度极高，达 $15×10^6$K，压力也极大，使得由氢聚变为氦的热核反应得以发生，从而释放出极大的能量。

光球层表面一种著名的活动现象是太阳黑子。黑子是光球层上的巨大气流旋涡，大多呈现近椭圆形，在明亮的光球背景反衬下显得比较暗黑，但实际上它们的温度高达 4500K 左右。太阳黑子的平均直径约为 $3.7×10^4$km，比地球直径大得多。日面上黑子出现的情况不断变化，这种变化反映了太阳辐射能量的变化。太阳黑子的变化存在复杂的周期现象，平均活动周期为 11.2 年。在这 11 年的周期中，太阳黑子不仅存在数目上的变化，还存在磁场强度和纬度分布的变化。

色球层的某些区域有时会突然出现大而亮的斑块，称为耀斑，又叫色球爆发。一个大耀斑可以在几分钟内发出相当于 10 亿颗氢弹的能量。

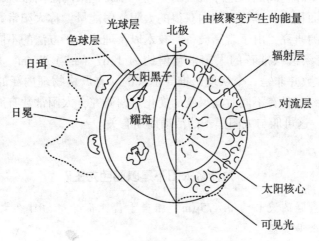

图 3-3　太阳圈层结构示意图

（二）太阳辐射光谱和太阳常数

太阳辐射中辐射能按波长的分布，称为太阳辐射光谱。大气上界太阳光谱中能量的分布曲线（见图3-4中实线）与 T 为6000K 时黑体光谱能量分布曲线（见图3-4中虚线）非常相似。因此，可以把太阳辐射看作黑体辐射。

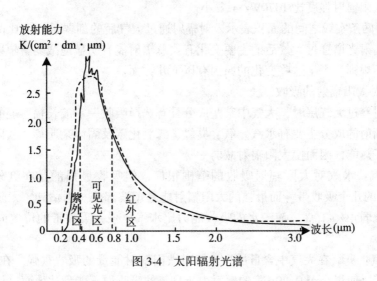

图 3-4　太阳辐射光谱

太阳辐射主要是可见光线（0.4~0.76μm），此外也有不可见的红外线（>0.76μm）和紫外线（<0.4μm），但在数量上不如可见光多。在全部辐射能之中，波长在 0.15 ~ 4μm 之间占99%以上，且主要分布在可见光区和红外区，前者占太阳辐射总能量的50%，后者占 43%，紫外区的太阳辐射能很少，只占总能量的7%。太阳辐射最强的波长 λ_m 为 0.475μm，相当于蓝光部分。

太阳辐射通过星际空间到达地球大气的上界。就日地平均距离来说，在大气上界，垂直于太阳光线单位面积内，单位时间内获得的太阳辐射能量，称太阳常数，用 I_0 表示。太阳常数虽经多年观测研究，由于观测设备、技术以及理论校正方法的不同，其数值常不一致。1981 年世界气象组织推荐的太阳常数值约为 1367（±7）W/m^2，多数文献上采用 $1370W/m^2$。太阳常数并非是一个从理论推导出来的、有严格物理内涵的常数，它本身受太阳自身活动的制约，具有不同时间尺度的变化。据研究，太阳常数有周期性的变化，变化范围在 1%~2%，这可能与太阳黑子的活动周期有关。

为什么太阳不是以蓝色为主?

太阳辐射最强的波长为 $0.475\mu m$，相当于蓝光部分，为什么太阳不是以蓝色为主，而是看起来偏黄色?

太阳辐射光谱曲线不对称，并不是以 $0.475\mu m$ 为中峰线，其余均衡地分布在两侧，而是大部分次强波长在波长偏长的黄光、红光一侧，因此，太阳看起来偏黄色。

（三）大气对太阳辐射的削弱

太阳辐射在通过大气圈到达地面的过程中，要受到大气对太阳辐射的吸收、散射和云层的反射作用而被削弱，使投射到大气上界的太阳辐射不能完全到达地面，所以在地球表面所获得的太阳辐射强度比 $1370W/m^2$ 要小。

图 3-5 中两条实线之间的面积表示入射辐射通过大气后的削弱量。对比两条实线，可以看出太阳辐射光谱穿过大气后的主要变化有：总辐射能有明显地减弱，辐射能随波长的分布变得极不规则。产生这些变化的原因有以下几方面。

1. 大气对太阳辐射的吸收

太阳辐射穿过大气层时，大气中某些成分具有选择吸收一定波长辐射能的特性。大气中吸收太阳辐射的成分主要有水汽、氧、臭氧、二氧化碳及固体杂质等。太阳辐射被大气吸收后变成了热能，因而使太阳辐射减弱。

（1）水汽：水汽对太阳辐射吸收的范围很广，但吸收最强的是在红外区，$0.93 \sim 2.85\mu m$ 之间的几个吸收带。而最强的太阳辐射能是短波部分。据估计，太阳辐射因水汽的吸收可以减弱 4%~15%。液态水的吸收能力比水汽更强，吸收带的位置向波长较长的方向移动。

（2）臭氧：臭氧在大气中含量虽少，但对太阳辐射能量的吸收很强。在 $0.2 \sim 0.3\mu m$ 为一强吸收带，使得小于 $0.29\mu m$ 的辐射由于臭氧的吸收而不能到达地面，从而保护了地面生物，使之免受过量紫外线的伤害。在 $0.6\mu m$ 附近又有一宽吸收带，吸收能力虽然不强，但因位于太阳辐射最强烈的辐射带里，所以吸收的太阳辐射量相当多。

（3）氧：氧能微弱地吸收太阳辐射，在波长小于 $0.2\mu m$ 处为一宽吸收带，吸收能力较强，在 $0.69\mu m$ 和 $0.76\mu m$ 附近，各有一个窄吸收带，吸收能力较弱。

（4）二氧化碳：二氧化碳对太阳辐射的吸收总的说来是比较弱的，仅对红外区

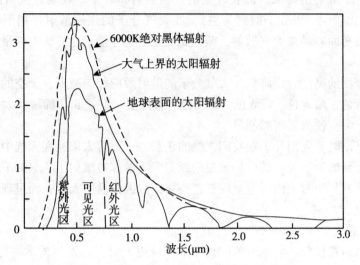

图 3-5　大气上界和地球表面太阳辐射光谱

2.7μm 和 4.3μm 附近的辐射吸收较强，但这一区域的太阳辐射很微弱，被吸收后对整个太阳辐射的影响不大。

此外，悬浮在大气中的水滴、尘埃等杂质，也能吸收一部分太阳辐射，但其量甚微。只有当大气中尘埃等杂质很多时，吸收才比较显著。

综上所述，大气对太阳辐射的吸收具有选择性，因而使穿过大气后的太阳辐射光谱变得极不规则。由于大气中主要吸收物质（臭氧和水汽）对太阳辐射的吸收带都位于太阳辐射光谱两端能量较小的区域，因而对太阳辐射的减弱作用不大，整层大气的吸收作用使太阳辐射减弱了约20%。大气直接吸收的太阳辐射并不多，特别是对于对流层大气来说，太阳辐射不是主要的直接热源，据估计，对流层大气因直接吸收太阳辐射增温大约每天不到1℃。

2. 大气对太阳辐射的散射

当太阳辐射通过大气时，遇到大气中的各种质点（空气分子、尘粒、云滴、冰粒等），部分入射的辐射能偏离原方向以质点为中心向四面八方传播出去的现象，称为散射。散射并不像吸收那样把辐射转变为热能，而只是改变辐射的方向，使太阳辐射以质点为中心向四面八方传播。因而经过散射，一部分太阳辐射就到不了地面。当太阳辐射通过大气时，散射使大约6%的太阳辐射向上返回宇宙空间；而约有25%的太阳辐射向下到达地面，成为蓝色的天空辐射，使整个大气层十分明亮，发出蔚蓝色的散射光。在没有大气的外层空间，太阳本身虽然光亮耀眼，周围的天空却漆黑一片。

散射分为分子散射和粗粒散射两类，具体如下：

1）分子散射

如果太阳辐射遇到直径比波长小的空气分子，则辐射的波长愈短，散射得愈强。其散射能力与波长的对比关系是：对于一定大小的分子来说，散射能力与波长的四次方成反比，这种散射是有选择性的，称为分子散射，也叫瑞利散射。因此，在太阳辐射通过大气时，由于空气分子散射的结果，波长较短的光被散射得较多。在雨过天晴或秋高气爽时（空中较粗微粒比较少，以分子散射为主），在大气分子的强烈散射作用下，太阳辐射中青蓝色因波长较短而容易被大气散射，蓝色光被散射至弥漫天空，天空即呈现美丽的蔚蓝色。

由于大气密度随高度急剧降低，大气分子的散射效应相应减弱，天空的颜色也随高度由蔚蓝色变为青色、暗青色、藏蓝色、蓝黑色，再往上，空气非常稀薄，大气分子的散射效应极其微弱，天空便为黑暗所湮没。

当日落或日出时，太阳几乎在我们视线的正前方，此时太阳光在大气中要走相当长的路程，我们所看到的直射光中的波长较短的绿蓝光大量都被散射了，只剩下红橙黄等颜色的光，所以日落或日出时太阳附近呈现红色，而云也因为反射太阳光而呈现红色，这就是我们看到的彩霞。

2）粗粒散射

当散射质点的直径与入射辐射的波长差不多或更大时，所发生的散射称为粗粒散射，也称为米散射、漫射、气溶胶颗粒散射。这种散射没有选择性，即辐射的各种波长都同样地被散射。例如，当空气中存在较多的尘埃或雾粒，一定范围的长短波都被同样地散射，使天空呈灰白色。云层内充满直径大于波长的水滴，对日光产生的是粗粒散射，因此正午经过太阳照射的云层经常会呈现白色或者灰色。

3. 云层和尘埃对太阳辐射的反射

大气中云层和较大颗粒的尘埃除了能吸收和散射太阳辐射外，还能将太阳辐射中一部分能量反射到宇宙空间去。反射对各种波长没有选择性，所以反射光呈白色。其中云的反射作用最为显著，太阳辐射遇到云时被反射一部分或大部分。云的反射能力随云状和云的厚度而不同，高云反射率约25%，中云为50%，低云为65%，稀薄的云层也可反射10%~20%。随着云层增厚反射增强，厚云层反射可达90%，一般情况下云的平均反射率为50%~55%，大约使太阳辐射削弱16%。

全球平均而言，太阳辐射约有30%被反射和散射而返回宇宙空间，称为行星反射率，20%被大气和云层直接吸收，其余50%到达地面。

（四）　到达地面的太阳辐射

到达地面的太阳辐射包括两部分：一是以平行光线的形式直接投射到地面上的，称为太阳直接辐射；一是经过散射后自天空投射到地面的，称为散射辐射，两者之和称为总辐射。

1. 直接辐射

1）影响因素

太阳直接辐射的强弱取决于太阳高度角、大气透明度、云量、海拔高度和地理纬度等。太阳高度角越大时，光线通过的大气量越少，辐射分布的面积越小，故太阳直接辐射越强。大气透明度越好，太阳辐射被削弱得越少，直接辐射越强。云层越厚，云量越多，则直接辐射越弱。在浓云密布时，直接辐射可减少为零。海拔高度越高，光线穿过的大气量越少和大气越透明。其中最主要的因子有两个，即太阳高度角和大气透明度。

（1）太阳高度角。

太阳高度角，也称太阳高度，是指地球上的某个地点太阳光入射方向和地平面的夹角。太阳高度角不同时，地表面单位面积上所获得的太阳辐射也就不同，这有两方面的原因。

①太阳高度角不同，等量的太阳辐射在地面上的散布面积不同。如图 3-6 所示，太阳高度角越小，等量的太阳辐射散布的面积就越大，地表单位面积上所获得的太阳辐射就越小。

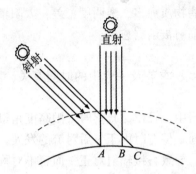

图 3-6　太阳高度角与受热面大小的关系

②太阳高度角越小，太阳辐射穿过的大气越厚，太阳辐射被减弱越多。如图 3-7 所示，当太阳高度角最大时，通过大气层的射程为 AO；当太阳高度角变小，光线沿 CO 方向斜射，通过大气的射程为 CO。显然，大气厚度 $CO>AO$，因此太阳辐射被削弱也较多，到达地面的直接辐射就较少。

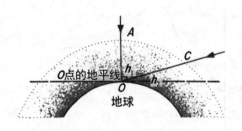

图 3-7　太阳高度角与太阳辐射穿过大气层路径长短的关系

为了更好地理解这个规律，需要引入"大气相对光学质量"的概念。在地面为标准气压（1013hPa）时，太阳光垂直投射到地面所经路程中，单位截面积的空气柱的质量，称为一个大气相对光学质量，简称大气质量。在不同的太阳高度角下，阳光穿过的大气质量数也不同。不同太阳高度角时的大气质量数如表 3-2 所示。从表中可以看出，大气质量数随高度减小而增大，尤其是当太阳高度较小时，大气质量数的变化加大。

表 3-2　　　　　　　　　　　　　　　不同太阳高度角时的大气质量数

太阳高度角	90°	70°	60°	50°	30°	20°	10°	7°	5°	3°	1°	0°
大气质量数	1	1.06	1.15	1.3	2.0	2.9	5.6	7.77	10.4	15.4	27.0	35.4

（2）大气透明度。

大气对太阳辐射的透射程度称为大气透明度。在相同的大气质量下，到达地面的太阳辐射也不完全一样，因为还受大气透明度的影响。大气的透明度取决于所含水汽、水汽凝结物和尘埃杂质的多少，这些物质愈多，透明度愈差，太阳辐射被削减愈多；反之，大气愈干洁，透明度愈好，太阳辐射被削弱愈少。

2）时空分布

太阳高度角的大小与纬度、季节及一天中的时间有关，因此直接辐射有显著的年变化、日变化和随纬度的变化。

在无云的条件下，一天当中，日出、日落时太阳高度角最小，直接辐射最弱；中午太阳高度角最大，直接辐射最强。但有时由于午后对流的发展，把水汽和灰尘带到上空，或上午多雾，直接辐射就小些，导致直接辐射对正午而言不对称。

在一年当中，直接辐射在夏季最强，冬季最弱（见图 3-8）。但我国东部季风区，盛夏时由于大气中的水汽含量大，云量多，使直接辐射明显减弱，从而导致直接辐射的月平均值的最大值不是出现在盛夏，而出现在春末夏初。图 3-8 中北京直接辐射的月平均最大值出现在 5 月，最小值出现在 12 月。

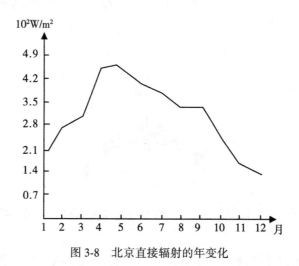

图 3-8　北京直接辐射的年变化

以纬度而言，低纬度地区一年各季太阳高度角都很大，地表面得到的直接辐射较中、高纬度地区大得多。

2. 散射辐射

散射辐射的强弱也与太阳高度角及大气透明度有关。太阳高度角增大时，到达近地面层的直接辐射增强，散射辐射也就相应地增强；相反，太阳高度角减小时，散射辐射也弱。大气透明度不好时，参与散射作用的质点增多，散射辐射增强；反之则减弱。

云也能强烈地增大散射辐射作用。图 3-9 是在我国重庆观测到的晴天和阴天的散射辐射值。由图 3-9 可见，阴天的散射辐射比晴天的大得多。但当云层很厚、云量很大时，由于直接辐射减弱得太多，而且被云层上部散射的辐射又不能穿过云层到达地面，所以散射辐射可能比晴天还少。

散射辐射的变化也主要取决于太阳高度角的变化。一日内正午前后最强（见图 3-9）；一年内夏季最强，冬季最弱。

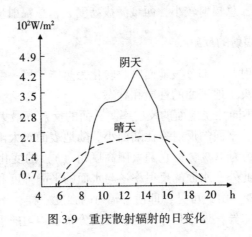

图 3-9 重庆散射辐射的日变化

3. 总辐射

日变化：日出以前，地面上总辐射的收入不多，只有散射辐射；日出以后，随着太阳高度的升高，太阳直接辐射和散射辐射逐渐增加。但前者增加得较快，即散射辐射在总辐射中所占的比例逐渐减小；当太阳高度升到约等于8°时，直接辐射与散射辐射相等；当太阳高度为50°时，散射辐射值仅相当于总辐射的10%~20%；到中午时太阳直接辐射与散射辐射强度均达到最大值；中午以后二者又按相反的次序变化。云的影响可以使这种变化规律受到改变。例如，中午云量突然增多时，总辐射的最大值可能提前或推后，这是因为直接辐射是组成总辐射的主要部分，有云时直接辐射的减弱比散射辐射的增强要多的缘故。

年变化：在一年中总辐射的最大值，除赤道地区有两次最大值，分别出现在春分和秋分，其它地区都出现在夏季，最小值出现在冬季。

随纬度的分布：一般情况下，纬度愈低，总辐射愈大；反之，就愈小。表 3-3 是根据计算得到的北半球年总辐射纬度分布的情况，其中"可能总辐射"是考虑了受大气减弱之后到达地面的太阳辐射；"有效总辐射"是考虑了大气和云的减弱之后到达地面的太阳辐射。由于赤道附近云多，太阳辐射减弱得也多，因此有效辐射的最大值在 20°N，而不在赤道。

表 3-3   北半球年总辐射随纬度的分布

纬度（°N）	64	50	40	30	20	0
可能总辐射（W/m²）	139.3	169.9	196.4	216.3	228.2	248.1
有效总辐射（W/m²）	54.4	71.7	98.2	120.8	132.7	108.8

我国的分布：我国年辐射总量最高的地区在西藏，为 212.3~252.1W/m²。青海、新疆和黄河流域次之，为 159.2~212.3W/m²。而长江流域与大部分华南地区则反而减少，为 119.4~159.2W/m²。因为西北、华北地区晴朗干燥的天气较多，总辐射也较大。长江中游和下游地区云量多，总辐射较小，西藏海拔高度大，总辐射量也大。

（五）地面对太阳辐射的反射

投射到地面的总辐射，一部分被地面吸收转化为热能，另一部分被地面反射。地表对太阳辐射的反射率，取决于地表面的性质和状态。

表 3-4 列举了各种不同性质地面的反射率。雪面的反射率最大，而森林、裸地和海面反射率较小。一般而言，水面的反射率比陆面小。陆地表面对太阳辐射的反射率为 10%~30%，海面平均反射率约为 10%，但它随太阳高度角（h）的变化比陆面大，太阳高度角越小，其反射率越大。此外，水面的反射率还与水面的平静程度和水的浑浊度有关。海冰的反射率约为 30%~40%。由此可见，即使总辐射的强度一样，不同性质的地表真正得到的太阳辐射，仍有很大差异，这也是导致地表温度分布不均匀的重要原因之一。

表 3-4   不同性质地面的平均反射率

地面状况	裸地	沙漠	耕地	草地	森林	新雪	陈雪	海面（h>25°）	海面（h<25°）
反射率(%)	10~25	25~40	14	15~25	10~20	84~95	46~60	2~10	10~70
地面状况	小麦地	水稻田	针叶林	阔叶林	砂土	黏土	浅色土	深色土	黑钙土
反射率(%)	16~23	12	6~19	15~20	29~35	20	22~32	10~15	5~12

积雪可以降温还是保温？

有人说积雪可以降温，也有人说积雪可以保温，那么，积雪到底对积雪区空气的热量和下垫面有何种影响？

一方面就雪面本身和雪面上方的空气而言，由于雪面对太阳辐射的反射作用很强，而且它又是良好的长波辐射体，所以雪面的辐射差额常为负值，它的温度低于无积雪的下垫面温度，也低于雪盖下土壤表面温度，所以说积雪可以降温。

另一方面，雪的导热率很小，这样，积雪就相当于土壤与空气之间的一个绝热层，阻碍了它们之间的热量交换，因而冬季积雪层下的土壤温度比裸露土壤高，日较差小，冻结深度比裸土浅，即冬季积雪层对下垫面有保温作用。

第二节　地面辐射和大气辐射

由前节讨论可知，太阳辐射虽然是地球上的主要能量来源，但因为大气本身对太阳辐射直接吸收很少，而水、陆、植被等地球表面（又称下垫面）却能大量吸收太阳辐射，并经转化供给大气，从这个意义上说，下垫面是大气的直接热源。

一、地-气系统的长波辐射

下垫面能吸收太阳短波辐射，同时不断地向外放射长波辐射。大气对太阳短波辐射几乎是透明的，吸收很少，但对地面的长波辐射却能强烈吸收；同时，大气也向外放射长波辐射。通过长波辐射，地面和大气之间以及气层和气层之间，相互交换热量，并将部分热量向宇宙空间散发。

（一）地面辐射

地球表面在吸收太阳辐射的同时，又将其中的大部分能量以辐射的方式传送给大气。地表面这种以其本身的热量日夜不停地向外放射辐射的方式，称为地面辐射。

地面的辐射能力，主要取决于地面本身的温度。辐射能力随辐射体温度的增高而增强。白天，地面温度较高，地面辐射较强；夜间，地面温度较低，地面辐射较弱。

理论和实践证明，物体的温度越高，则辐射波长越短；物体的温度越低，则辐射波长越长。地表温度比太阳低得多（地表面平均温度约为300K），地面辐射的主要能量集中在 $3 \sim 80\mu m$ 之间，其最大辐射的平均波长为 $10\mu m$，属红外区间，与太阳短波辐射相比，称为地面长波辐射。

地面辐射大部分被大气吸收，少量透过大气向宇宙空间传递。

（二）大气辐射

大气吸收地面长波辐射的同时，又以辐射的方式向外放射能量，大气这种向外放射能量的方式，称为大气辐射。

由于大气本身的温度也低（对流层大气的平均温度约为250K），放射的辐射能的波长较长，辐射的主要能量集中在 $4 \sim 120\mu m$ 之间，其最大辐射的平均波长为 $11.6\mu m$，属红外区间，故也称为大气长波辐射。

（三）大气对长波辐射的吸收

地面辐射除了部分透过大气射向宇宙空间外，大部分被大气所吸收。据统计，约有 $75\% \sim 95\%$ 的地面长波辐射被大气吸收，而这些辐射差不多在贴近地面 $40 \sim 50 m$ 厚的气层中就全部被吸收掉，因此，大气对地面辐射的透射很少。大气在整个长波段，除 $8 \sim 12\mu m$ 一段外，其余的透射率近于零，即吸收率为 $1.8 \sim 12\mu m$ 处吸收率最小，透明度最大，称为"大气窗口"。这个波段的辐射，正好位于地面辐射能力最强处，所以地面辐射约有 20% 的能量透过这一窗口射向宇宙空间。

　　大气中对长波辐射的吸收起重要作用的成分有水汽、液态水、二氧化碳和臭氧等。它们对长波辐射的吸收同样具有选择性。

　　水汽对长波辐射的吸收最为显著，除 $8 \sim 12\mu m$ 波段的辐射外，其它波段都能吸收，并对 $6\mu m$ 附近和 $24\mu m$ 以上波段的吸收能力最强。

　　液态水对长波辐射的吸收性质与水汽相仿，只是作用更强一些，如 $0.1\mu m$ 的薄层水可以吸收长波辐射的99%。因此，厚度大的云层表面可当作黑体表面，能完全吸收地面辐射，同时又以接近黑体的辐射能力向上和向下发射长波辐射。

　　二氧化碳有两个吸收带，中心分别位于 $4.3\mu m$ 和 $14.7\mu m$。第一个吸收带位于温度为 $200 \sim 300K$ 绝对黑体的放射能量曲线的末端，其作用不大；第二个吸收带为 $12.9 \sim 17.1\mu m$，比较重要。

　　臭氧的吸收作用（在 $9.6\mu m$ 附近）与水汽、液态水和二氧化碳相比，是很弱的。臭氧主要集中在平流层内，对低层的辐射交换影响很小。

　　综上所述，大气主要靠水汽及液态水吸收地面长波辐射，大气辐射也主要靠水汽放出，所以大气辐射的强弱取决于大气温度、湿度和云况。气温越高，水汽和液态水含量越大，大气辐射也就越强。

（四）大气逆辐射和大气保温效应

　　地面辐射的方向是向上的，而大气辐射的方向既有向上的，也有向下的。大气辐射指向地面的部分称为大气逆辐射。大气逆辐射由两部分组成，一是大气本身的辐射，主要是地面以上 $1 \sim 2$ km 内的水汽和二氧化碳的辐射；二是来自云体的辐射。

　　大气逆辐射使地面因放射辐射而损耗的能量得到一定的补偿，由此可看出大气对地面有一种保暖作用，这种作用称为大气的保温效应，也称为"自然温室效应"。据计算，如果没有大气，近地面的平均温度应为-23℃，但实际上近地面的均温是15℃，也就是说大气的存在使近地面的温度提高了38℃。

（五）地面有效辐射

　　地面放射的辐射（$E_{地}$）与地面吸收的大气逆辐射（$E_{气}$）之差，称为地面有效辐射（F_0），即 $F_0 = E_{地} - E_{气}$。地面有效辐射实际上是地面长波辐射收支相抵后的剩余部分，也就是地面实际损失的热量。

　　地面温度通常高于大气温度，地面有效辐射为正值。这意味着通过长波辐射的放射和吸收，地表面经常失去热量。只有在近地层有很强的逆温及空气湿度很大的情况下，有效辐射才可能为负值，这时地面才能通过长波辐射的交换而获得热量。

　　地面有效辐射的大小主要决定于地面温度、空气温度、空气湿度和云况等。地面温度增高时，地面辐射增强，如其它条件（温度、云况等）不变，则地面有效辐射增大。空气温度高时，大气逆辐射增强，如其它条件不变，则地面有效辐射减小。空气中含有水汽和水汽凝结物较多，因水汽放射长波辐射的能力比较强，则使大气逆辐射增强，从而也使地面有效辐射减弱。天空中有云，特别是有浓密的低云存在，大气逆辐射更强，使地面有效辐射减弱得更多。所以，有云的夜晚通常要比无云的夜晚暖和一些。云被的这种作用，我们也称为云被的保温效应。人造烟幕所以能防御霜冻，其道理也在于此。

此外，空气混浊度大时比空气干洁时有效辐射小；在夜间风大时有效辐射小；在海拔高度高的地方，有效辐射大；当近地层气温随高度显著降低时，有效辐射大；有逆温时有效辐射小，甚至可出现负值；平滑地表面的有效辐射比粗糙地表面有效辐射小；有植物覆盖时的有效辐射比裸地的有效辐射小。地面有效辐射的数值在天气预报上具有重要意义，是预报地面最低温度及霜冻的重要依据。

地面有效辐射具有明显的日变化和年变化。其日变化具有与温度日变化相似的特征。白天，由于低层大气中垂直温度梯度增大，有效辐射值也增大，中午 12～14 时达最大；而在夜间由于地面辐射冷却的缘故，有效辐射值也逐渐减小，在清晨达到最小。当天空有云时，可以破坏有效辐射的日变化规律。有效辐射的年变化也与气温的年变化相似，夏季最大，冬季最小。但由于水汽和云的影响使有效辐射的最大值不一定出现在盛夏。我国秦岭、淮河以南地区的有效辐射在秋季最大，春季最小；华北、东北等地区的有效辐射则在春季最大，夏季最小，这是由于水汽和云况的影响。

二、辐射差额

任何物体都不断地以辐射方式进行着热量交换，地面和大气也因辐射进行热量的交换，其能量的收支状况，是由短波和长波辐射收支作用的总和来决定的。物体收入辐射能与支出辐射能的差值称为辐射差额或净辐射。即辐射差额＝收入辐射－支出辐射。在没有其它方式进行热交换时，辐射差额决定物体的升温或降温：辐射差额＝0，物体温度不变；辐射差额>0，物体升温；辐射差额<0，物体降温。

（一）地面辐射差额

地面辐射差额，是指地面辐射能的收入与支出之差，也就是某段时间内单位面积地表面所吸收的总辐射和其有效辐射的差值。计算公式为

$$R_g = (Q + q)(1 - r) - F_0$$

式中，R_g 为单位水平面积、单位时间的地面辐射差额；$(Q+q)$ 是到达地面的太阳总辐射，即太阳直接辐射和散射辐射之和；r 为地面对总辐射的反射率；F_0 为地面的有效辐射。地面辐射能量的收支，取决于地面的辐射差额。当 R_g>0 时，地面将有热量的积累；当 R_g<0 时，则地面有热量亏损。上式表明，影响地面辐射差额的因子有很多，除了影响总辐射和有效辐射的因子外，还应考虑地面反射率的影响。反射率是由不同的地面性质决定的，所以不同的地理环境、不同的气候条件下，地面辐射差额值有显著的差异。

因太阳辐射具有日变化、年变化，相应地，地面辐射差额也具有日变化和年变化。

日变化：一般夜间为负，白天为正，由负值转到正值的时刻一般在日出后 1h，由正值转到负值的时刻一般在日落前 1～1.5h。

年变化：在一年中，一般夏季辐射差额为正，冬季为负值，最大值出现在较暖的月份，最小值出现在较冷的月份。

随纬度的变化：随纬度的增加而增大。对同一地理纬度来说，陆地的年振幅大于海洋的年振幅。全球各纬度绝大部分地区地面辐射差额的年平均值都是正值，只有在高纬度和

某些高山终年积雪区才是负值。

就整个地球表面平均来说是收入大于支出的,即地球表面通过辐射方式获得能量。

(二)大气辐射差额

大气的辐射差额可分为整个大气层的辐射差额和某一层大气的辐射差额。这也是考虑某气层降温率的最重要因子。由于大气中各层所含吸收物质的成分、含量的不同,以及其本身温度的不同,辐射差额的差别很大。

整个大气层的辐射差额表达式为

$$R_a = q_a + F_0 - F_\infty$$

式中,R_a 表示整个大气层的辐射差额,q_a 表示整个大气层所吸收的太阳辐射,F_0 为地面的有效辐射,F_∞ 表示大气上界的有效辐射。因 F_∞ 总是大于 F_0 的,且 q_a 一般是小于 $(F_\infty - F_0)$,所以整个大气层的辐射差额是负值。大气要维持热平衡,还要靠地面以其它的方式,如对流及潜热释放等来输送一部分热量给大气。

(三)地-气系统辐射差额

如果把地面和大气作为一个整体,其辐射能的净收入称为地-气系统的辐射差额 (R_s),其表达式为

$$R_s = (Q + q)(1 - r) + q_a - F_\infty$$

观测表明,整个地球和大气的平均温度多年来是没有什么变化的,说明整个地-气系统所吸收的辐射能量和放射出的辐射能量是相等的,从而使全球达到辐射平衡。即就整个地-气系统而言,这种辐射差额的多年平均应为零。当然,就个别地区来说,地-气系统的辐射差额既可以为正,也可以为负。

图 3-10 是南北半球各纬度辐射收支情况。由图 3-10 可以看出,无论南半球还是北半球,地-气系统的辐射差额在纬度 35° 处是一转折点。在 35°S~35°N 之间的低纬度地区,地-气系统的辐射差额是正值,而此范围以外的中高纬度地区则是负值。这样会不会造成低纬地区的不断增温和高纬地区的不断降温呢?长期的观测事实表明,高纬及低纬地区的

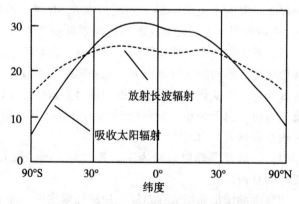

图 3-10 地-气系统各纬度的辐射收支

温度变化是很微小的，这说明必定有另外一些过程将低纬地区盈余的热量输送至高纬地区，使高低纬度地区之间的热量达到平衡。这种热量的输送主要是由大气环流及洋流来完成的。另外，地-气系统辐射差额的这种分布，也正是高低纬度之间大气环流和洋流产生的基本原因。

第三节　大气的增温和冷却

下垫面是大气的直接热源，因而大气的增温和冷却随下垫面的热状况而定，而下垫面情况有很大的差别。不同性质下垫面对大气的增温和冷却有不同的影响，海洋和陆地、高山和平原、林地和草地等对大气的增温和冷却的影响有很大差异，其中海洋和陆地的差异最大。本节先分析海陆的热力性质差异，再讨论大气的增温和冷却、大气温度的时空分布。

一、海陆增温和冷却的差异

（一）海陆分布

地球总面积为 $5.1×10^8 km^2$，其中，海洋面积为 $3.61×10^8 km^2$，占 70.8%；陆地面积为 $1.49×10^8 km^2$，占 29.2%。地球表面海陆面积大小的分布是很不对称的，北半球陆地面积比南半球约大 1 倍（北半球陆地覆盖率为 39.3%，南半球只有 19.2%），而北半球东半部的陆地面积又比西半部大 2 倍。北半球东半部，亚欧非大陆面积同邻近的太平洋、大西洋和印度洋比较，大小相当；而北半球的西半部，海洋面积远比陆地面积大。在南半球，陆地面积小，甚至一些纬度上几乎没有陆地。有人把北半球称为"陆半球"，南半球称为"水半球"。

（二）海陆热力性质差异

1. 对太阳辐射的吸收率和反射率不同

在同样的太阳辐射强度下，海洋所吸收的太阳能多于陆地所吸收的太阳能，因为陆面对太阳光的反射率大于水面。陆面和水面的反射率之差平均为 10%~20%，即同样条件下的水面吸收的太阳能比陆面吸收的太阳能多 10%~20%。

2. 比热不同

岩石和土壤的比热小于水的比热，因此，陆地受热快，冷却也快，且温度升降变化大。一般常见的岩石比热大约是 0.8374（J/g·K），而水的比热是 4.1868（J/g·K），因此对等量热能的接受，如果使 1g 水的温度变化 1℃，则使 1g 岩石的温度变化大约是 5℃。常见岩石（例如花岗岩）的密度约 $2.5g/cm^3$，因此，如果等量热能使一定体积水的温度发生 1℃ 的变化，那么该热能可使同体积岩石发生 2℃ 的变化。

3. 透射性能和导热方式不同

岩石和土壤对于各种波长的太阳辐射都是不透明的，因此陆地所吸收的太阳能分布在很薄的地表面上。而水除了对红色光和红外线不透明外，对于紫外线和波长较短的可见光是相当透明的，太阳辐射可以透射到水体深处，水体所吸收的太阳能分布在较厚的水层中。当太阳光线垂直投射到水面时，1cm 深处的太阳辐射相当于水体表面的 73%，1m 深处为 39%，10m 深处为 18%。

陆地所获得的太阳能主要依靠传导向地下传播，而水还有其它更有效的方式，如波浪、洋流、对流和湍流作用。这些作用使得水的热能发生垂直和水平的交换。

因此，陆面所得太阳辐射集中于表面一薄层，以致地表急剧增温，这也就加强了陆面和大气之间的显热交换，陆面所得的太阳辐射传给大气的约占 50%；而水面所得太阳辐射分布在较厚的一个层次，以致水温不易增高，也就相对地减弱了水面和大气之间的显热交换，水体所得的太阳辐射传给空气的仅 0.5%。

4. 蒸发情况不同

海面有充分水源供应，以致蒸发量较大，失热较多，这使得水温不容易升高；而且，空气因水分蒸发而有较多的水汽，以致空气本身有较大的吸收热量的能力，并通过逆辐射归还于下垫面，也就使得水温不易降低。陆地上，尤其是干燥地区，大部分热量用来增高陆面及近地面空气的温度，只有少部分热量用于蒸发。因此水面温度变化较陆面缓和，广阔的海洋成为大气热量的储存器和调节器。

由于上述差异，海陆热力过程的特点是互不相同的。大陆受热快，冷却也快，温度升降变化大，而海洋上则温度变化缓慢。如大洋中，年最高及最低气温的出现要比大陆延迟一两个月。在北半球，陆地表面温度，一般是 7 月最高，1 月最低；而海洋表面水温，通常 8 月最高，2 月最低。

二、空气的增温和冷却

根据分子运动理论，空气的冷热程度只是一种现象，它实质上是空气内能大小的表现。当空气获得热量时，其内能增加，气温也就升高；反之，空气失去热量时，内能减小，气温也就随之降低。空气内能变化有两种物理过程：①由于空气与外界有热量交换而引起气温的上升或下降，称为非绝热变化；②做垂直上升或下沉运动的空气在升降过程中，与外界没有热量交换，而是由于外界压力的变化对空气作功，使空气膨胀或压缩所引起空气温度的升降，称为绝热变化。

（一）气温的非绝热变化

空气与下垫面之间、空气团与空气团之间传递热量和交换热量主要有如下几种方式：

1. 辐射

辐射是物体之间依各自温度以辐射方式交换热量的传热方式。大气主要依靠吸收地面的长波辐射而增热，同时，地面也吸收大气放出的长波辐射，这样它们之间就通过长波辐射的方式不停地交换着热量。空气团之间，也可以通过长波辐射而交换热量。这是大气与地面之间最重要的热交换方式。

2. 对流

由于下垫面受热不均，当暖而轻的空气上升时，周围冷而重的空气便下降来补充，产生了垂直方向上的运动，这种升降运动，称为对流。通过对流，上下层空气互相混合，热量也就随之得到交换，使低层的热量传递到较高的层次。这是对流层中热量交换的重要方式。

3. 湍流

空气的不规则运动称为湍流，又称乱流。湍流是在空气层相互之间发生摩擦或空气流过粗糙不平的地面时产生的。有湍流时，相邻空气团之间发生混合，热量也就得到了交换。湍流是摩擦层中热量交换的重要方式。

4. 蒸发（升华）和凝结（凝华）

水在蒸发（或冰在升华）时要吸收热量；相反，水汽在凝结（或凝华）时，又会放出潜热。如果蒸发（升华）的水汽，不是在原处凝结（凝华），而是被带到别处去凝结（凝华），就会使热量得到传送。例如，在地面蒸发的水汽，到空中发生凝结时，就把地面的热量传给了空气。因此，通过蒸发（升华）和凝结（凝华），能使地面和大气之间、空气团与空气团之间发生潜热交换。由于大气中的水汽主要集中在 5km 以下的气层中，所以这种热量交换主要在对流层中下层起作用。

5. 传导

传导是依靠分子的热运动将能量从一个分子传递给另一分子，从而达到热量平衡的传热方式。空气与地面之间，空气团与空气团之间，当有温度差异时，就会以传导的方式交换热量。但是地面和大气都是热的不良导体，所以通过这种方式交换的热量很少，其作用仅在贴地气层中较为明显。因为在贴地气层中，空气密度大，单位距离内的温度差异也较大。

以上分别讨论了空气与外界交换热量的方式，事实上，同一时间对同一团空气而言，温度的变化常常是几种作用共同引起的。哪个为主，哪个为次，要看具体情况。在下垫面与空气之间，最主要的是辐射。在海面与空气之间，通过蒸发和凝结也可传递较多的热量。在气层（气团）之间，主要依靠对流和湍流，其次通过蒸发、凝结过程的潜热出入，进行热量交换。

（二）气温的绝热变化

1. 绝热过程

在气象学上，任一气块与外界之间无热量交换时的状态变化过程，叫作绝热过程。在大气中，做垂直运动的气块，其状态变化通常接近于绝热过程。升、降气块内部既没有发生水相变化，又没有与外界交换热量的过程，称作干绝热过程。

干绝热过程是一种可逆的绝热过程。当气块做绝热上升运动时，因周围气压随高度增加而不断降低，气块体积要不断膨胀，与周围大气压力相平衡。气块体积膨胀时要克服外界压力而做功，气块做功所消耗的能量取自气块内能，从而使气块温度降低，这种现象称为绝热冷却。反之，气块做绝热下沉运动时，由于周围气压不断增大，压缩气块而做功，使气块体积减小，内能增加，温度上升，这种现象称为绝热增温。气块上升伴随着降温，下降时又伴随着增温，这是气块在垂直运动中的一个重要特性。

2. 干绝热直减率

干空气或未饱和的湿空气块绝热上升时，单位距离的温度降低值，称为干绝热直减率。用 γ_d 表示。理论上计算出 $\gamma_d \approx 1.0℃/100m$。即在干绝热过程中，气块每上升 100m，温度降低约 1℃；气块每下降 100m，温度升高约 1℃（见图 3-11）。

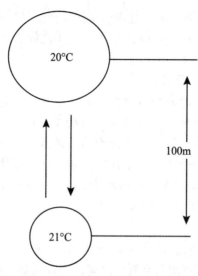

图 3-11　干绝热直减率示意图

若气块起始温度为 T_0，干绝热上升 ΔZ 高度后，其温度为

$$T = T_0 - \gamma_d \Delta Z$$

3. 湿绝热直减率

饱和湿空气块绝热上升时，单位距离的温度降低值，称为湿绝热直减率，以 γ_m 表示。

未饱和湿空气在绝热上升初期，温度按干绝热直减率（γ_d）下降；到某一高度后，因冷却而成为饱和空气，再继续上升，其温度按湿绝热直减率（γ_m）下降。

饱和湿空气上升时，温度随高度的变化是由两种作用引起的：一方面，同干空气和未饱和湿空气一样，因气压变化、膨胀做功消耗内能而降温；另一方面，又因绝热冷却作用，使气块中部分水汽凝结放出潜热。因此，凝结作用可抵消一部分由于气压降低而引起的温度降低，所以 γ_m 恒小于 γ_d。

γ_m 不是常数，是一个变量，随温度的升高和气压的降低而减小。温度高，饱和水汽压就大，空气包含的水汽就多，在绝热上升时凝结的水汽量也就多，释放的热量也多。气压降低，密度减小，定容比热减小，由相等的潜热供给空气时，气压较低的空气由于潜热而增高的温度必然比气压较高的空气要多。

从图 3-12 可以看出，干绝热线直减率近于常数，故呈一直线；而湿绝热线，因 $\gamma_m < \gamma_d$，故在干绝热线的右方，并且下部因为温度高，γ_m 小，上部温度低，γ_m 大，这样形成上陡下缓的一条曲线。到高层水汽凝结愈来愈多，空气中水汽含量便愈来愈少，γ_m 愈来愈和 γ_d 值相接近，使干、湿绝热线近于平行。

必须注意，γ_m 和 γ_d 与 γ 的含义是完全不同的。γ_m 和 γ_d 是气块本身的降温率；而 γ（气温直减率）表示周围环境大气的温度随高度的实际分布情况。γ 可有不同数值，不是

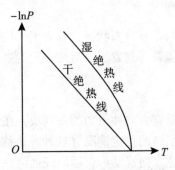

图 3-12 干绝热线和湿绝热线

一个常数，第二章所说的 $0.65℃/100m$ 只是平均值，它可大于、小于或等于 γ_d，并随高度而变化。

（三）空气温度的个别、局地、平流变化

1. 个别变化

单位时间内个别空气质点温度的变化，称为空气温度的个别变化，即前述的空气块在运行中随时间的绝热变化和非绝热变化。因为个别空气质点在大气中不断改变位置，所以不容易直接观测。

2. 局地变化

某一固定地点空气温度随时间的变化，称为空气温度的局地变化。例如，气象站在不同时间所观测的，或是自记仪器所记录的气温变化，都是某一固定地点的空气温度随时间的变化。

3. 平流变化

由于空气的水平运动所造成的某地温度的变化，称为温度的平流变化。冷空气向暖空气方向流动，称为冷平流。冷平流使空气温度局地降低。暖空气向冷空气方向流动，称为暖平流。暖平流使空气温度局地升高。冷平流和暖平流统称为温度平流。

4. 三者的关系

温度的局地变化是个别变化和平流变化之和。

例如，当预报北京的温度时，发现在蒙古，近地层气温为$-20℃$，高空为西北气流，当时北京近地层气温为$0℃$，预计36h后蒙古的冷空气将移到北京，根据这种作用，36h后，北京温度应下降20℃。这部分变化就是温度的平流变化。此后，在冷空气南下过程中，南部地表面温度较高，下垫面将把热量传递给冷空气，这种作用将使气温升高，这部分变化实质上就是温度的个别变化。假设个别变化将使其温度升高10℃。这样考虑了上述两方面因子的共同影响，就可以预报北京气温在36h后要降低10℃。这就是气温的局地变化。

（四）大气稳定度

许多天气现象的发生，都和大气稳定度有密切关系。

1. 基本概念

1) 大气层结

大气中温度和湿度等要素的垂直分布状况，称为大气层结。它可以利用无线电探空仪等仪器测知。大气中对流运动能否得到发展，对流发展的强弱与持续时间的长短，主要取决于大气本身的层结状态。

2) 大气稳定度

通常以在静止大气中受到垂直方向冲击力的一气块，在不同大气层结的影响下所产生的不同的运动状态来判断大气层结的稳定情况（这种方法称为气块法）。

大气稳定度是指气块受任意方向扰动后，返回或远离原平衡位置的趋势和程度，也称大气静力稳定度、大气层结稳定度。它表示在大气层中的个别空气块是否安于原在的层次，是否易于发生垂直运动，即是否易于发生对流。

在静力平衡状态下，假如有一团空气受到对流冲击力的作用，产生了向上或向下的运动，那么就可能出现三种情况：①若空气团受力移动后逐渐减速，并有返回原来高度的趋势，则这时的气层对于该空气团而言是稳定的；②若空气团一离开原位就逐渐加速运动，并有远离起始高度的趋势，则这时的气层对于该空气团而言是不稳定的；③若空气团被推到某一高度后，既不加速也不减速，则这时的气层对于该空气团而言是中性气层。

需特别注意的是，大气稳定度只是用来描述大气层结对于气块的垂直运动有什么影响（加速、减速或等速）的一个概念，这种影响只有当气块受到外界的冲击力以后才能表现出来，它并不表示大气中已经存在的垂直运动状态。

大气稳定度与大气中对流发展的强弱密切相关。例如，在稳定的大气层结下，对流运动受到抑制，常出现雾、层状云、连续性降水或毛毛雨等天气现象；而在不稳定的大气层结下，对流运动发展旺盛，常出现积状云、阵性降水、雷暴及冰雹等天气现象。所以，分析大气稳定度对天气预报和大气污染预报具有重要意义。

2. 判断大气稳定度的基本公式

当气块处于平衡位置时，具有与四周大气相同的气压、温度和密度，即 $P_{i0}=P_0$，$T_{i0}=T_0$，$\rho_{i0}=\rho_0$。当它受到扰动后，就按绝热过程上升 ΔZ，其状态为 P_i、T_i、ρ_i；这时四周大气的状态为 P、T、ρ。根据准静力条件有 $P_i=P$，$T_i \neq T$，$\rho_i \neq \rho$。单位体积气块受到两个力的作用，一是四周大气对它的浮力 ρg，方向垂直向上；另一个是气块本身的重力 $\rho_i g$，方向垂直向下。两力的合力称为层结内力，以 f 表示，$f = \rho g - \rho_i g$。据牛顿第二定律，$f = ma$，对单位体积空气而言，$m = \rho_i$，单位质量气块所受的力的值就是加速度 a，所以

$$a = \frac{\rho - \rho_i}{\rho_i} g$$

由状态方程及准静力条件代入上式，得

$$a = \frac{T_i - T}{T} g$$

上式就是判别稳定度的基本公式。当空气块温度比周围空气温度高，即 $T_i > T$，则 $a>0$，气块加速远离原来的位置，气层不稳定；当 $T_i < T$，则 $a<0$，气块减速，有回到原来位置的趋势，气层稳定；$T_i = T$，气层中性，垂直运动不会发展。

可见，某一气层是否稳定，实际上就是某一运动的空气块比周围空气是轻还是重的问题。比周围空气重，倾向于下降；比周围空气轻，倾向于上升；和周围空气一样轻重，既不倾向于下降也不倾向于上升。空气的轻重，决定于气压和气温，在气压相同的情况下，两团空气的相对轻重的问题，实际上就是气温的问题。在一般情形之下，在同一高度，一团空气和它周围空气大体有相同的温度。如果这样一团空气上升，变得比周围空气冷一些，它就重一些。那么，这一气层是稳定的。反之，这团空气变得比周围空气暖一些，因而轻一些，那么，这一气层是不稳定的。至于中性平衡的气层，是这团空气上升到任何高度和周围空气都有相同的温度，因而有相同的轻重。

3. 大气稳定度的判据

通常用周围空气的温度直减率（γ）与上升空气块的干绝热直减率（γ_d）或湿绝热直减率（γ_m）的对比来判断大气层结是否稳定。

1）干空气或未饱和湿空气

当空气块受到扰动上升时，按照干绝热直减率（γ_d）降温，而周围空气按照温度直减率（γ）降温。气块上升 ΔZ 高度时，其温度为 $T_i = T_{i0} - \gamma_d \Delta Z$；而周围的空气温度为 $T = T_0 - \gamma \Delta Z$；起始温度相等，即 $T_{i0} = T_0$，以此代入判别稳定度的基本公式，得

$$a = g\frac{\gamma - \gamma_d}{T}\Delta Z$$

由上式可知：

当 $\gamma < \gamma_d$ 时，若 $\Delta Z > 0$，则 $a < 0$，加速度与位移方向相反，层结是稳定的；

当 $\gamma > \gamma_d$ 时，若 $\Delta Z > 0$，则 $a > 0$，加速度与位移方向一致，层结是不稳定的；

当 $\gamma = \gamma_d$ 时，$a = 0$，层结是中性的。

若把以上结论用层结曲线（即大气温度随高度变化曲线）和状态曲线（即上升空气块的温度随高度变化曲线）表示出来，则如图 3-13 所示，图中，T_i 为空气块温度；T 为周围空气温度。

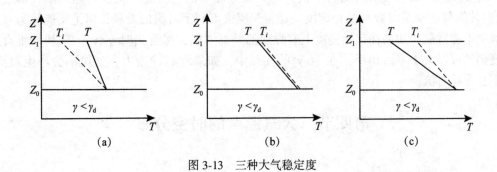

图 3-13　三种大气稳定度

图 3-13（a）中，层结曲线在状态曲线的右侧，$\gamma < \gamma_d$，大气层结是稳定的；

图 3-13（b）中，层结曲线与状态曲线重合，$\gamma = \gamma_d$，大气层结是中性的；

图 3-13（c）中，层结曲线在状态曲线的左侧，$\gamma > \gamma_d$，大气层结是不稳定的。

2）饱和湿空气

当空气块受到扰动上升时，按照湿绝热直减率（γ_m）降温，而周围空气按照温度直减率（γ）降温。气块上升 ΔZ 高度时，其温度为 $T_i = T_{i0} - \gamma_m\Delta Z$；而周围的空气温度为 $T = T_0 - \gamma\Delta Z$；起始温度相等，即 $T_{i0} = T_0$，以此代入判别稳定度的基本公式，得

$$a = g\frac{\gamma - \gamma_m}{T}\Delta Z$$

由上式可知：

当 $\gamma < \gamma_m$ 时，若 $\Delta Z > 0$，则 $a < 0$，加速度与位移方向相反，层结是稳定的；

当 $\gamma > \gamma_m$ 时，若 $\Delta Z > 0$，则 $a > 0$，加速度与位移方向一致，层结是不稳定的；

当 $\gamma = \gamma_m$ 时，$a = 0$，层结是中性的。

3）综合判据

（1）γ 越小，大气越稳定；如果 γ 很小，甚至等于零（等温）或小于零（逆温），那将是对流发展的障碍，所以逆温、等温以及 γ 很小的气层也被称为阻挡层。当 $\gamma < \gamma_m$ 时，无论空气是否达到饱和，大气总是处于稳定状态，称为绝对稳定。绝对稳定发生在气层上下温差极小的情况下，尤其是在等温层及逆温层附近。这时大气中的对流运动受到阻碍，云体将在稳定层的下方平行伸展为层状云。

（2）γ 越大，大气越不稳定。当 $\gamma > \gamma_d$ 时，无论空气是否达到饱和，大气总是处于不稳定状态，称为绝对不稳定。绝对不稳定的情形，多发生在夏季的局部地区，因强烈的太阳辐射，近地层空气急剧增温，与上层空气间的温差加大。夏季午后的热雷雨多因此产生。

（3）当 $\gamma_d > \gamma > \gamma_m$ 时，对于饱和空气而言大气处于不稳定状态，对于未饱和空气而言大气是处于稳定状态的，这种情况称为条件性不稳定状态。这是自然环境中较常见的情况。

因此，只要知道了某地某气层的 γ 值，就可以利用上述判据，分析当时的大气稳定度。

需要注意，大气层结曲线的 γ 值并不是处处相等的，因此气块法只能判断较薄气层（此时才能假定 γ 是常数）的稳定度。稳定气层虽不利于对流的发展，但绝不能认为对流在其中不能发展，如果在起始高度上有强烈的局部增温，尽管当时 $\gamma < \gamma_m$，气块的垂直加速度仍然可以大于零。相反，在 $\gamma > \gamma_d$ 的气层中，如果没有冲击力，气块不会产生对流，更不会发展对流。

第四节　大气温度的时空分布

一、气温随时间的变化

如前所述，通常所说的气温，是指百叶箱中距离地面 1.5m 高处空气的温度。近地气层的温度主要受下垫面增热和冷却的影响，而下垫面的热量收支平衡过程主要受太阳辐射的影响，因此随着太阳辐射的周期性变化，下垫面的温度也会相应地出现日变化和年变化，这是气温随时间变化的一般规律。

（一）气温的日变化

1. 特征

近地层气温日变化的特征是：在一日内有一个最高值，一般出现在 14 时左右；一个最低值，一般出现在日出前后，由于日出时间随纬度和季节不同，因而最低温度出现的时间是不完全相同的。

大气的热量主要来源于地面。地面一方面吸收太阳的短波辐射而得热，另一方面又向大气输送热量而失热。若净得热量，则温度升高。若净失热量，则温度降低。即地温的高低并不直接取决于地面当时吸收太阳辐射的多少，而取决于地面储存热量的多少。早晨日出以后随着太阳辐射的增强，地面净得热量，温度升高。此时地面放出的热量随着温度升高而增强，大气吸收了地面放出的热量，气温也跟着上升。到了正午，太阳辐射达到最强。正午以后，地面太阳辐射强度虽然开始减弱，但得到的热量比失去的热量还是多些，地面储存的热量仍在增加，所以地温继续升高，长波辐射继续加强，气温也随着不断升高。到午后一定时间，地面得到的热量因太阳辐射的进一步减弱而少于失去的热量，这时地温开始下降。地温的最高值就出现在地面热量由储存转为损失，地温由上升转为下降的时刻。这个时刻通常在 13 时左右。由于地面的热量传递给空气需要一定的时间，所以最高气温出现在 14 时左右。随后气温便逐渐下降，一直下降到清晨日出之前地面储存的热量减至最少为止。所以最低气温出现在清晨日出前后，而不是在半夜。

2. 气温日较差

一天中气温的最高值与最低值之差，称为气温日较差，其大小反映气温日变化的程度。气温日较差的大小与纬度、季节和其它自然地理条件有关。在任何地点，每一天的气温日变化，既有一定的规律性，又不是前一天气温日变化的简单重复，而是要考虑诸因素的综合影响。

（1）纬度：由于太阳高度角的日变幅随纬度增加而减小，因此气温日较差随纬度的增加而减小。由于赤道地区云雨多，因此实际气温日较差最大的地区在副热带，向两极减小。热带地区的平均日较差约为 12℃，温带为 8~9℃，极圈内为 3~4℃。

（2）季节：气温日较差夏季大于冬季，因夏季正午太阳高度角比冬季大，且白昼时间长。但最大值并不出现在夏至日，因为气温日较差不仅与白天的最高温度值有关，还取决于夜间的最低温度值。夏至日，中午太阳高度角虽最高，但夜间持续时间短，地表面来不及剧烈降温而冷却，最低温度不够低。所以，中纬度地区日较差最大值出现在初夏，最小值出现在冬季。

（3）地形：盆地和谷地由于坡度及空气很少流动之故，白天增热与夜间冷却都较大，日较差大。而山峰等凸出地形区，地表面对气温影响不大，日较差小。

（4）下垫面性质：一般说来，温度变化剧烈的表面，气温日较差也较大。陆地上大于海洋上，内陆大于沿海，沙漠地区大于潮湿地区，沙土大于黏土，裸露地面大于有植被的地方，植被稀疏的地方大于植被覆盖度大的地方。

（5）天气状况：阴天的气温日较差比晴天小。因为有云层存在，白天地面得到的太阳辐射少，最高气温比晴天低。而在夜间，因云层覆盖使地面热量不易散失，最低气温反而比晴天高。

（二）气温的年变化

1. 特征

地球上绝大部分地区，在一年中月平均气温有一个最高值和一个最低值。

由于地面储存热量的原因，使气温最高和最低值出现的时间，不是在太阳辐射最强和最弱的一天（北半球夏至和冬至），也不是在太阳辐射最强和最弱一天所在的月份（北半球6月和12月），而是比这一时段要落后1~2个月。大体而论，海洋上落后较多，陆地上落后较少。沿海落后较多，内陆落后较少。北半球，中、高纬度内陆的气温以7月为最高，1月为最低；海洋上的气温以8月为最高，2月为最低。

2. 气温年较差

一年中月平均气温的最高值与最低值之差，称为气温年较差。气温年较差的大小与纬度、下垫面性质等因素有关。

（1）纬度：随着纬度的增高，气温日较差减小，但年较差却增大。赤道附近，昼夜长短几乎相等，最热月和最冷月热量收支相差不大，气温年较差很小；越到高纬度地区，冬夏区分越明显，气温的年较差就很大。

（2）下垫面性质：以同一纬度的海陆相比，大陆区域冬夏两季热量收支的差值比海洋大，所以陆上气温年较差比海洋大得多。在一般情况下，温带海洋上年较差为11℃，大陆上年较差可达到20~60℃。

3. 类型

根据气温年较差的大小及最高、最低值出现的时间，可将气温的年变化按纬度分为四种类型（见图3-14）。

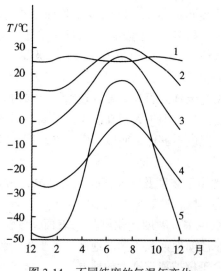

图3-14 不同纬度的气温年变化

（1）赤道型：其特征是一年中有两个最高值，分别出现在春分和秋分以后，因赤道地区春秋分时中午太阳位于天顶。两个最低值出现在冬至与夏至以后，此时中午太阳高度角是一年中的最小值。这里的年较差很小，在海洋上只有 1℃ 左右，大陆上也只有 5~10℃。这是因为该地区一年内太阳辐射能的收入量变化很小（见图 3-14 中的曲线 1，雅加达 6°11′S）。

（2）热带型：其特征是一年中有一个最高值（在夏至以后）和一个最低值（在冬至以后），年较差不大（但大于赤道型），海洋上一般为 5℃，在陆地上约为 20℃（见图 3-14 中的曲线 2，广州 23°08′N）。

（3）温带型：一年中也有一个最高值，出现在夏至后的 7 月。一个最低值出现在冬至以后的 1 月。其年较差较大，并且随纬度的增加而增大。海洋上年较差为 10~15℃，内陆一般达 40~50℃，最大可达 60℃。另外，海洋上极值出现的时间比大陆延后，最高值出现在 8 月，最低值出现在 2 月（见图 3-14 中的曲线 3，北京 39°57′N）。

（4）极地型：一年中也是一次最高值和一次最低值，冬季长而冷，夏季短而暖，年较差很大是其特征（见图 3-14 中的曲线 4 和 5，德兰乌兰贝尔格 80°N、维尔霍扬斯克 67°39′N）。

（三）气温的非周期性变化

气温的非周期性变化，是指在时间上没有像周期性变化那样有规律的气温变化。它可以发生在一日和一年的任何时间，而且大多是由气团的交替、空气的平流所引起的。变化幅度和时间没有一定的周期。在中、高纬，气温的非周期性变化非常明显。副热带、温带地区，春秋两季这种扰乱更加显著。例如，我国 3 月、4 月是江南春暖花开、水稻育秧的好时节，但常因冷空气南下，气温突然下降，出现"倒春寒"，常引起烂秧；秋季，正是秋高气爽的时候，也常会因为暖空气的来临而出现"小阳春"或"秋老虎"天气。热带地区下午的雷雨，可以打乱一天中最高气温出现的时间。厄尔尼诺、拉尼娜效应等气候异常变化也可以引起气温的非周期性变化。

很显然，某地气温的变化，除了由于太阳辐射的变化而引起的日变化、年变化之外，还有因大气的运动而引起的非周期性变化。实际气温的变化，是这两个方面共同作用的结果。从大多数情况和总的趋势来看，气温日变化和年变化的周期性还是主要的。

二、气温的空间分布

（一）气温的水平分布

1. 等温线

等温线，就是同一平面上气温相等的各点的连线。通常用等温线图表示气温的分布。在垂直于等温线的方向上，单位距离（经线上一度，即 111km，有时也取 100km）温度的变化，称为水平温度梯度。

气温分布特点通过等温线的不同排列反映出来：等温线密集（水平温度梯度大），表示各地气温悬殊；等温线稀疏（水平温度梯度小），表示各地气温相差不大；等温线平直，表示影响气温分布的因素较少；等温线的弯曲，表示影响气温分布的因素较多；等温线沿东西向平行排列，表示温度随纬度而不同，即以纬度为主要因素；等温线与海岸平行，表示气温因距海远近而不同，即以距海远近为主要因素，等等。

等温线图有两种：一种是海平面等温线图，它是消除高度影响的气温分布图。气温的主要影响因素是纬度、海陆和高度。绘图时把温度值订正到海平面上（将高山、高原的气温按当地的平均气温直减率 γ 订正到海平面），以便消除高度因素，从而把纬度、海陆及其它因素更明显地表现出来。地理科学经常采用如图 3-15 所示的等温线图。另一种是实际等温线图，就是根据各地的实际气温值绘制的等温线图，它清楚地表示出一个地区的温度分布。这种图在生产实际中被广泛应用。

2. 分布特征

由图 3-15 可知，全球冬季和夏季海平面气温分布有如下特征：

（1）赤道地区气温高，向两极逐渐降低。

（2）在北半球，等温线 1 月比 7 月密集。说明 1 月北半球南北温度差大于 7 月。因为 1 月太阳直射点位于南半球，北半球高纬度地区不仅正午太阳高度较低，而且白昼较短，而北半球低纬地区，不仅正午太阳高度较高，而且白昼较长，因此 1 月北半球南北温差较大。7 月太阳直射点位于北半球，高纬地区有较低的正午太阳高度和较长的白昼，低纬地区有较高的正午太阳高度和较短的白昼，以致 7 月北半球南北温差较小。

（3）等温线与纬线不平行。在北半球，冬季的等温线在大陆上大致凸向赤道，在海洋上大致凸向极地，而夏季相反。因为在同一纬度上，冬季大陆温度比海洋温度低，夏季大陆温度比海洋温度高。南半球因陆地面积较小，海洋面积较大，因此等温线较平直，遇有陆地的地方，等温线也发生与北半球相类似的弯曲情况。海陆对气温的影响，通过大规模洋流和气团的热量传输显得更为清楚。如，在太平洋和大西洋的北部，1 月等温线急剧地向北极凸出，还反映了暖流（墨西哥湾暖流、黑潮等）巨大的增暖作用；7 月等温线沿非洲和北美的西岸向南凸出，这是受加那利寒流与加利福尼亚寒流影响的结果；在南半球的夏季，等温线沿非洲和南美的西岸向北弯曲，这是受本格拉寒流与秘鲁寒流影响的结果。

（4）最高温度带并不位于赤道上，而是冬季在 5°—10°N 处，夏季移到 20°N 左右。这一带 1 月和 7 月的平均温度均高于 24℃，故称为热赤道。热赤道的位置从冬季到夏季有向北移的现象，因为这个时期太阳直射点的位置北移，同时北半球有广大的陆地，使气温强烈升高。

（5）最低温度，在南半球，不论冬夏都出现在南极。1967 年挪威在南极极点附近记录到-94.5℃，是至今全球测到的最低气温。北半球的最低温度仅夏季出现在极地附近，而冬季出现在东部西伯利亚和格陵兰地区。格陵兰 1 月平均气温低于-40℃，东西伯利亚的维尔霍扬斯克和奥伊米亚康 1 月平均气温低于-48℃，曾经分别测得-69.8℃和-73℃的低温。维尔霍扬斯克和奥伊米亚康之所以特别冷，是纬度和地形因素造成的。这里地处高纬，北极圈通过其中，温暖的海风吹不到这里，东、西、南面被高山包围，南面的暖空气被阻挡，只有北面向北冰洋敞开，北面的冷空气可以长驱直入。

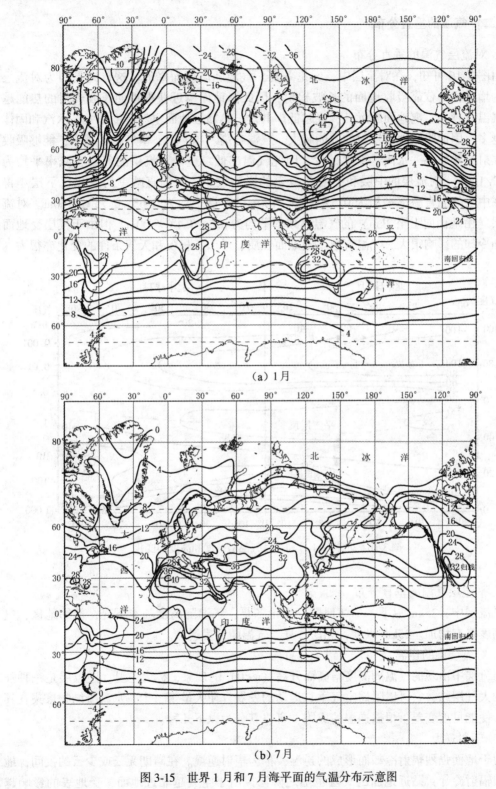

(a) 1月

(b) 7月

图 3-15　世界 1 月和 7 月海平面的气温分布示意图

（二）气温的垂直分布

1. 对流层气温的垂直分布

由图3-16可知，在对流层中，无论冬夏，气温随高度而降低。这首先是因为对流层空气的增温主要依靠吸收地面的长波辐射，因此离地面越近获得地面长波辐射的热能越多，气温就越高。离地面越远，气温越低。其次，越靠近地面空气密度越大，水汽和固体杂质越多，因而吸收地面辐射的效能越大，气温越高。越向上，空气密度越小，能够吸收地面辐射的物质——水汽、微尘越少，因此气温越低。整个对流层的气温直减率平均为0.65℃/100m。对流层的中层和上层受地表的影响较小，气温直减率的变化比下层小得多。在中层气温直减率平均为0.5~0.6℃/100m，上层平均为0.65~0.75℃/100m。对流层下层（由地面向上至2km）的气温直减率平均为0.3~0.4℃/100m。但由于气层受地面增热和冷却的影响很大，气温直减率随地面性质、季节、昼夜和天气条件的变化亦很大。

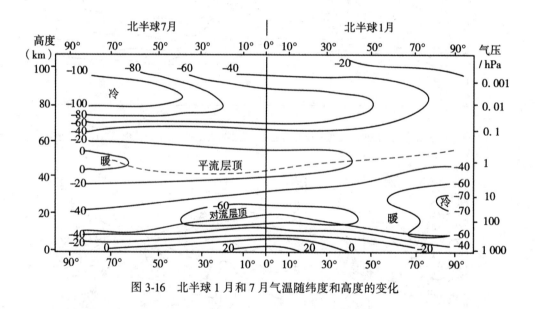

图3-16　北半球1月和7月气温随纬度和高度的变化

2. 平流层气温的垂直分布

平流层中，25km以下，中纬地区，无论冬夏，气温随高度基本不变；低纬地区，气温随高度略有增加。25km以上，无论冬夏，气温随高度递增。

3. 对流层中的逆温

对流层中出现的气温随高度增高而升高（$\gamma<0$）的现象，称为逆温。逆温层是一种强稳定的大气层结，它可以阻碍空气垂直运动的发展，使大量烟、尘、水汽凝结物聚集在其下面，使能见度变差。根据逆温的成因，可将其分为以下几种：

1）辐射逆温

由于地面强烈辐射冷却而形成的逆温，称为辐射逆温。在晴朗无云或少云的夜间，地面很快辐射冷却，贴近地面的气层也随之降温。由于空气越靠近地面，受地表的影响越大，所以，离地面越近，降温越多，离地面越远，降温越少，因而形成了自地面开始的逆温（图3-17）；随着地面辐射冷却的加剧，逆温逐渐向上扩展，黎明时达最强；日出后，太阳辐射逐渐增强，地面很快增温，逆温便逐渐自下而上地消失。中、高纬度大陆地区产生辐射逆温的现象最多，常年都可以出现，冬季最强。这是因为，冬季夜长，逆温层较厚，消失较慢。逆温层厚度可从数十米到数百米。在极地，因地面非常冷，辐射逆温常可达数千米厚。在山谷与盆地区域，由于冷却的空气还会沿斜坡流入低谷和盆地，因而常使低谷和盆地的辐射逆温得到加强，往往持续数天。

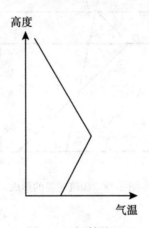

图 3-17　辐射逆温

2）平流逆温

因空气的平流而产生的逆温，称平流逆温。暖空气平流到冷的地面或冷的水面上，会发生接触冷却作用，越近地表面，空气降温越多，而上层空气受冷地表面的影响小，降温较少，于是产生逆温现象。平流逆温的形成和湍流及辐射作用分不开。因为既是平流，就具有一定风速，就会产生空气的湍流，较强的湍流作用常使平流逆温的近地面部分遭到破坏，使逆温层不能与地面相联，而且湍流的垂直混合作用使逆温层底部气温降得更低，逆温也愈加明显。夜间地面辐射冷却作用，可使平流逆温加强，而白天地面辐射增温作用，则使平流逆温减弱，从而使平流逆温的强度具有日变化。平流逆温厚度一般不大，但水平范围却很广。热带气团向高纬度地区推进时，可出现大范围的平流逆温现象。一支范围很小的暖气流经过冷地面，也可形成小区域的平流逆温。冬半年，在中纬度沿海地区，因海陆温差显著，当海上暖空气流到大陆时，常出现平流逆温。

3）湍流逆温

由于低层空气的湍流混合而形成的逆温，称为湍流逆温，也称乱流逆温、涡动逆温。其形成过程可用图3-18来说明。图中 AB 为气层原来的气温分布，气温直减率（γ）比干绝热直减率（γ_d）小，经过湍流混合以后，气层的温度分布将逐渐接近于干绝热直减率。这是因为在湍流运动中，上升空气的温度是按干绝热直减率变化的，空气升到混合层上部时，它的温度比周围的空气温度低，混合的结果就是使上层空气降温。空气下沉时，情况相反，会使下层空气增温。所以，空气经过充分的湍流混合后，气层的温度直减率就逐渐趋近干绝热直减率。图中 CD 是经过湍流混合后的气温分布。这样，在湍流减弱层（湍流混合层与未发生湍流的上层空气之间的过渡层）就出现了逆温层 DE。因湍流逆温出现在湍流混合层的顶部，所以其离地的高度随湍流层的厚薄而定；湍流强时，湍流层厚，它所在的高度就高；反之，高度就低。一般它都位于摩擦层的中上部，其厚度不大，一般不超过几十米。

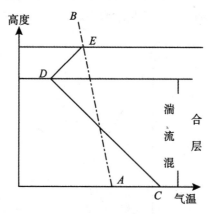

图 3-18　湍流逆温的形成

4）下沉逆温

因整层空气下沉压缩增温而形成的逆温，称为下沉逆温，也称压缩逆温。当某气层产生下沉运动时，因气压逐渐增大以及由于气层向水平方向扩散，导致气层厚度减小。若气层下沉过程是绝热过程，且气层内各部分空气的相对位置不变，这时空气层顶部下沉的距离比底部下沉的距离大，致使其顶部绝热增温的幅度大于底部。因此，当气层下沉到某一高度时，气层顶部的气温高于底部，而形成逆温。如图 3-19 所示，设某厚度 500m 的气层从空中下沉，起始时顶部为 3500m，底部为 3000m，它们的温度分别为 $-12℃$ 和 $-10℃$，下沉后气层厚度为 200m，顶部和底部的高度分别为 1700m 和 1500m。假定下沉是按干绝热变化的，则它们的温度分别升高到 6℃ 和 5℃，这样逆温就形成了。由于下沉的空气层来自高空，水汽含量本来就不多，加上在下沉以后温度升高，相对湿度显著减小，空气显得很干燥，不利于云的生成，原来有云也会趋于消散，因此在有下沉逆温的时候，天气总是晴好的。下沉逆温多出现在高气压区内，范围很广，厚度也较大，一般不接地，在离地数百米至数千米的高空都可能出现。冬季，下沉逆温常与辐射逆温结合在一起，形成一个从地面开始有着数百米的深厚的逆温层。

5）锋面逆温

冷暖空气团相遇，暖气团密度小，爬升到冷气团上面，二者之间形成一个倾斜的交界面——锋面。由于锋面上下冷暖空气的温度差异而形成的逆温，称为锋面逆温（见图 3-20）。

除了以上几种逆温之外，还有洼地逆温、融雪逆温等。在山谷和洼地，夜间邻近的山坡、高地或平地的冷空气沿坡下沉至山谷和洼地的底部，可形成逆温，称为洼地逆温。冰

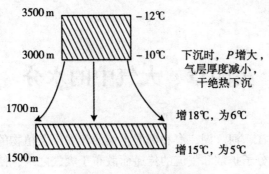

图 3-19　下沉逆温的形成

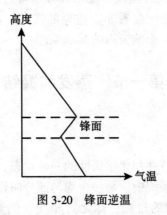

图 3-20　锋面逆温

雪覆盖的表面，在回暖季节，由于冰雪融化需从低层大气中吸收大量的热量，也可形成逆温，称为融雪逆温。

　　上面分别讨论了几种逆温的形成过程。实际上，对流层中出现的逆温常常是由多种原因共同形成的。

第四章 大气中的水分

大气中的水分来自江、河、湖、海和潮湿土壤的蒸发以及植物的蒸腾作用。水分进入大气后，由于它本身的分子扩散和气流的传递而散布于大气之中，使大气具有不同的潮湿程度。在一定条件下水汽会发生凝结，形成云、雾等天气现象，并以雨、雪等降水形式重新回到地表。地球上的水分即通过蒸发、凝结和降水等过程循环不已，水分循环过程对地-气系统的热量平衡和天气变化起着非常重要的作用。本章阐明大气中水分相变的原理、云雾和降水的形成以及人工影响云雨的基本原理。

第一节 蒸发和凝结

一、水相变化

一个系统中具有相同物理特性和化学属性的一种状态，称之为相。在几个或几组彼此性质不同的均匀部分所组成的系统中，每一个均匀部分叫作系统的一个相。系统中的一个物质由一个相转变为另一个相的过程，称之为相变。例如，水的三种形态：气态（水汽）、液态（水）和固态（冰），称为水的三相。大气中的水汽基本集中在对流层和平流层内，该处大气的温度不但永远低于水汽的临界温度（374℃），而且还常低于水的冻结温度（0℃），因此水汽是大气中唯一能由一种相转变为另一种相的成分。这种水相的相互转化就称为水相变化。水相变化在自然界中是永不停息的。

（一）水相变化的原理

从分子运动论看，水相变化是水的各相之间分子交换的过程。如图 4-1 所示，在水和水汽两相共存的系统中，水分子在不停地运动着，运动速度和方向各异。在水的表面层，动能超过脱离液面所需的功的水分子，有可能克服周围水分子对它的吸引而跑出水面，成为水汽分子，进入液面上方的空间。同时，接近水面的一部分水汽分子，又可能受水面水分子的吸引或相互碰撞，运动方向不断改变，其中有些向水面飞去而重新落回水中。

单位时间内跑出水面的水分子数正比于具有大速度的水分子数，也就是说该数与温度成正比。温度越高，速度大的水分子就越多，因此，单位时间内跑出水面的水分子也越多。落回水中的水汽分子数则与系统中水汽的浓度有关。水汽浓度越大，单位时间内落回水中的水汽分子也越多。

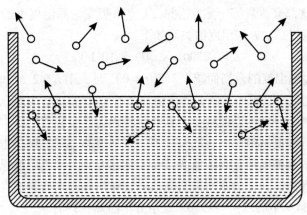

图 4-1 水面蒸发示意图

（二）水相变化的判据

假设 N 为单位时间内跑出水面的水分子数，n 为单位时间内落回水面的水汽分子数，则得到水和水汽两相变化和平衡的分子物理学判据，即

$$N > n \text{ 蒸发（未饱和）}$$
$$N = n \text{ 动态平衡（饱和）}$$
$$N < n \text{ 凝结（过饱和）}$$

气象工作中不测量 N 和 n，因此不能直接应用以上判据。

根据水汽的气体状态方程 $e = \rho RT$ 可知，在温度一定时，水汽 e 与水汽密度 ρ 成正比，而 ρ 与 n 成正比，所以 e 和 n 之间也成正比。当水汽压 e 为某一定值时，则有一个对应的 n 值。当在某一温度下，水和水汽达到动态平衡时，水汽压 E 即为饱和水汽压，对应的落回水面的水汽分子数为 n_s，n_s 又等于该温度下跑出水面的水分子数 N。所以，E 正比于 N，对照分子物理学判据可得两相变化和平衡的饱和水汽压判据为

$$E > e \text{ 蒸发（未饱和）}$$
$$E = e \text{ 动态平衡（饱和）}$$
$$E < e \text{ 凝结（过饱和）}$$

若 E_s 为某一温度下对应的冰面上的饱和水汽压，同样，在一定条件下，可得到冰和水汽两相变化和平衡的判据为

$$E_s > e \text{ 升华}$$
$$E_s = e \text{ 动态平衡}$$
$$E_s < e \text{ 凝华}$$

（三）水相变化中的潜热

无论何时，只要水的状态发生变化，就必然伴随着热量交换。例如，蒸发水需要热量。蒸发过程中从水中跑出来的分子都是速度比较大的分子，带走了一部分的热量，剩下

的则是平均速度较慢的分子，相应地水的温度就会逐渐降低。为了保持其温度不变，必须自外界供给热量，这部分热量等于蒸发潜热。1 克水蒸发为同温度下的水汽所需要消耗的热量，称为蒸发潜热 (L)，L 与温度的关系如下：

$$L = (2500 - 2.4t) \times 10^3 \text{J/kg}$$

由上式可知，L 随温度的升高而减小。当 $t = 0℃$ 时，则 $L = 2.5 \times 10^6 \text{J/kg}$。在温度变化不大时，$L$ 的变化很小，因此一般 L 的取值为 $2.5 \times 10^6 \text{J/kg}$。当水汽发生凝结时，水汽分子聚集成液态水，分子间的动能减少，有能量转化为热量释放出来，水汽凝结为 1 克水时所释放的热量，称为凝结潜热。在同温度下，凝结潜热与蒸发潜热相等。

冰和水汽之间的相变同样存在能量的转变，在冰升华为水汽的过程中要消耗热量，这热量包含两部分，即由冰融化为水所需消耗的融解潜热和由水变为水汽所需消耗的蒸发潜热。融解潜热为 $3.34 \times 10^5 \text{J/kg}$。若以 L_s 表示升华潜热，则有

$$L_s = (2.5 \times 10^6 + 3.34 \times 10^5) \text{J/kg} = 2.8 \times 10^6 \text{J/kg}$$

二、饱和水汽压

水的三相变化的判断，一般是将实际水汽压与同温度下的饱和水汽压进行比较。因此，有必要对饱和水汽压做进一步的讨论。据研究，影响饱和水汽压的因素主要有蒸发面的温度、蒸发面的性质、蒸发面的形状等。

（一）纯水面饱和水汽压与温度的关系

在实际应用中，常用马格努斯（Magnus）经验公式来描述饱和水汽压与温度的关系，其表达式为

$$E = E_0 10^{\frac{\alpha t}{\beta + t}}$$

式中，α、β 为经验常数，对水面面而言 α、β 分别为 7.63 和 241.9。对冰面而言，α、β 分别是 9.5 和 265.5。$E_0 = 6.11 \text{hPa}$（为 $t = 0℃$ 时，纯水平面上的饱和水汽压）。

由马格努斯经验公式可知，随着温度升高，饱和水汽压按指数规律迅速增大。当蒸发面温度升高时，水分子平均动能增大，单位时间内跑出水面的分子增多，空气中水汽密度增大，当水面上的水汽密度增大到一定数量时，落回水面的分子数才能与跑出水面的分子数相等；同时，随着温度的升高，水面以上的水汽分子的平均动能也增大了。所以，高温时的饱和水汽压比低温时要大，或者说高温时空气容纳水汽的能力比低温时要大。

饱和水汽压随温度的升高而增大的规律，对蒸发和凝结有重要意义。高温时，饱和水汽压大，空气中所能容纳的水汽量多，使原来已处于饱和状态的蒸发面因温度升高而变得不饱和，重新出现蒸发；相反，如果降低饱和空气的温度，由于饱和水汽压减小，就会有多余的水汽凝结出来。例如，当饱和空气的温度从 15℃ 降低到 10℃ 时，每立方米空气中就有 3.4g 水汽凝结出来。对于饱和空气，降低同样的温度，高温时凝结的水汽量比低温时多。例如，饱和湿空气的温度由 35℃ 降低到 30℃，每立方米空气中最多可凝结水汽量为 9.2g，远多于由 15℃ 降低到 10℃ 时凝结水汽量 3.4g。因此，降低同样的温度，在高温饱和湿空气中形成的云雾要浓一些，由此也可以解释为什么暴雨总是发生在暖季。

（二）饱和水汽压与蒸发面性质的关系

自然界中蒸发面多种多样，它们具有不同的性质。水分子欲脱出蒸发面，须克服周围分子的引力，因此会因蒸发面的性质不同而有差异。所以，即使在同一温度下，不同蒸发面上的饱和水汽压也不相同。

1. 过冷却水面和冰面

通常，水温在0℃时开始结冰，但是试验和对云雾的直接观测发现，有时水在0℃以下，甚至在−30～−20℃以下仍不结冰，处于这种状态的水称为过冷却水。过冷却水与同温度下的冰面比较，饱和水汽压是不一样的。

冰面的饱和水汽压小于同温度下过冷却水面的饱和水汽压。因为冰是固体，冰分子的运动不像水分子那样自由，从冰面跑出来要困难些。不同温度下两者差值见表4-1。由表可知，只有当温度刚好为0℃时，冰和水处于过渡状态，它们的饱和水汽压才相等。

表4-1　　　　　　　　　**不同温度下过冷却水面和冰面饱和水汽压及差值**

温度（℃）	0	−5	−10	−11	−12	−15	−20	−25	−30	−35	−40	−50
过冷却水面饱和水汽压（hPa）	6.108	4.215	2.863	2.644	2.441	1.942	1.254	0.807	0.509	0.314	0.189	0.064
冰面饱和水汽压（hPa）	6.108	4.015	2.597	2.376	2.172	1.652	1.032	0.632	0.38	0.223	0.128	0.039
差值（hPa）	0	0.200	0.266	0.268	0.269	0.260	0.222	0.175	0.129	0.091	0.061	0.025

在云中，冰晶和过冷却水滴并存的情况是很多的，如果当时的实际水汽压介于两者的饱和水汽压之间，就会产生冰水之间水汽的转移现象。水滴会因不断蒸发而减小，冰晶会因不断凝华而增大。这种冰水之间水汽转移的现象，称为"冰晶效应"（见图4-2），它对于降水的形成有重要意义。

2. 溶液面

不少物质都可溶解于水中，所以天然水通常是含有溶质的溶液。溶液中溶质的存在使溶液内分子间的作用力大于纯水内分子间的作用力，使水分子脱离溶液面比脱离纯水面困难。因此，在同一温度下，溶液面的饱和水汽压比纯水面要小，且溶液浓度愈高，饱和水汽压愈小。

这种作用对在可溶性凝结核上形成云或雾的最初胚滴相当重要，而且以溶液滴刚形成时较为显著，随着溶液滴的增大，浓度逐渐减小，溶液的影响就不明显了。

（三）饱和水汽压与蒸发面形状的关系

1. 蒸发面形状

不同形状的蒸发面上，水分子受到周围分子的吸引力是不同的。如图4-3所示，三个圆圈分别表示凸水面、平水面和凹水面对于A、B、C三点分子引力作用的范围。

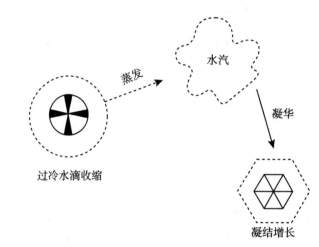

图 4-2　冰晶效应示意图

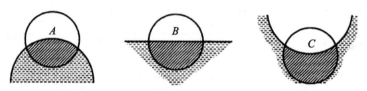

图 4-3　不同形状蒸发面上分子受到的吸引力

由图 4-3 可知，A 分子受到的引力最小，最易脱出水面；C 分子受到的引力最大，最难脱出水面；B 分子的情况介于二者之间。所以，蒸发面的温度相同时，凸面的饱和水汽压最大，平面次之，凹面最小。

2. 曲率效应

云雾中的水滴（凸面）有大有小，大水滴曲率小，小水滴曲率大。在同一温度下，曲率越大的小水滴，水分子越容易跑出水面，饱和水汽压越大；反之，曲率越小的大水滴，饱和水汽压越小，即 $E_{凸小} > E_{凸大}$。在云中，大小水滴共存的现象是很普遍的，当云中实际水汽压介于大、小水滴的饱和水汽压之间时，小水滴因蒸发而减小，而大水滴因凝结而长大，产生水汽转移，出现大水滴"吞并"小水滴的现象。这种现象仅在云雾形成的初期起着重要作用，当水滴增长到半径大于 $1\mu m$ 时，曲率的影响就很小了。凹面则相反，即 $E_{凹大} > E_{凹小}$。

影响饱和水汽压的各个因素中，以温度最为重要。

三、大气中水汽凝结的条件

（一）凝结核

凝结是发生在 $f \geqslant 100\%$（$e \geqslant E$）过饱和情况下的与蒸发相反的过程。凝结现象在地面和大气中均能产生。大气中的水汽产生凝结，需要一定条件，既要使水汽达到饱和或过饱和，还必须有凝结核。

实验证明，纯净空气的温度虽然降低到露点或露点以下，相对温度等于或超过100%，仍不能产生凝结。只有水汽压达到饱和水汽压的 4 ~ 6 倍，相对湿度为 400% ~ 600% 时，方有可能发生凝结。这是因为水汽分子很小，单靠水汽分子合并只能产生半径约 10^{-8} cm 的极小胚胎，会很快被蒸发掉。如果在纯净空气中投入少量尘埃或烟粒等物质，当相对湿度为 100% ~ 120% 时，甚至小于 100% 时，就会产生凝结现象。因为吸湿性微粒物质比水汽分子大得多，对水分子具有较大的吸引力，利于水汽分子在其表面集聚，成为水汽凝结的核心。这种能促使水汽凝结的微粒，叫凝结核。

大气中的凝结核主要来源于由垂直气流及湍流带入空气中的土壤、风化岩石、火山灰等微粒；各种燃烧烟尘，如工业烟尘等；海浪飞溅泡沫中的氯化钠、氯化镁等小微粒；来自宇宙的流星及陨石燃烧产生的微粒等。

凝结核数量多而吸水性好的地区，即使相对湿度不足 100%，也可能产生凝结。这就是工业区出现雾比一般地区多的原因之一。

水汽的凝华和凝结一样，也需要一个核心。水汽能在一种核上直接凝华成冰晶的这种核叫凝华核。

（二）空气中水汽的饱和或过饱和

使空气达到过饱和的途径有两种：①通过蒸发，增加空气中的水汽，使水汽压大于当时的饱和水汽压；②通过冷却作用，减少饱和水汽压，使其小于当时的实际水汽压。也可是两者的共同作用。

1. 暖水面蒸发

一般而言，水面蒸发作用虽然可以增大空气湿度，但并不能使空气中的水汽产生凝结。因为靠近水面的空气接近饱和时，蒸发即基本停止。然而，当冷空气流经暖水面时，由于水面温度比气温高，暖水面上的饱和水汽压比空气的饱和水汽压大得多，通过蒸发可使空气达到过饱和，并产生凝结。秋冬的早晨，暖水面上腾起的蒸发雾就是这样形成的。

2. 空气的冷却

使空气达到过饱和的另一途径是通过空气冷却，减小饱和水汽压。空气冷却的方式很多，主要有以下四种：

（1）绝热冷却：指空气在上升过程中，因体积膨胀对外做功而导致空气本身的冷却。随着高度升高，温度降低，饱和水汽压减小，空气至一定高度就会出现过饱和状态，产生凝结。此过程进行得很快，凝结量也多，是自然界中水汽凝结最重要的过程。大气中很多凝结现象都是绝热冷却的产物。

（2）辐射冷却：指在晴朗无风的夜间，由于地面的辐射冷却，导致近地面层空气的降温。当空气中温度降低到露点温度以下时，水汽压就会超过饱和水汽压产生凝结。

（3）平流冷却：暖湿空气流经冷的下垫面时，由于不断把热量传递给冷的地表而造成空气本身温度降低。如果暖空气与冷地面温度相差较大，暖空气降温较多，也可能产生凝结。

（4）混合冷却：温度相差较大且接近饱和的两团空气混合时，混合后气团的平均水汽压可能比混合气团平均温度下的饱和水汽压大，从而产生凝结。

第二节 地表面和大气中的凝结现象

一、地面的水汽凝结物

（一）露和霜

日落后，地面及近地面层空气相继冷却，温度降低。当温度降低到露点以下时，水汽将凝结在所接触的地面或地面物体上。如露点温度在0℃以上，水汽将凝结成液态，称为露；露点温度在0℃以下时，水汽将凝结成固态，称为霜。霜通常出现在冬季，露常现于其它季节，尤其以夏季为多。

露和霜的形成通常与天气状况、局部地形有关。晴天夜晚无风或风速很小的时候，地面有效辐射强，近地面层气温迅速下降到露点，有利于水汽的凝结；多云的夜晚，大气逆辐射增强，地面有效辐射减弱，近地面层气温难以下降到露点，不利于水汽凝结；风力较强的夜晚，空气湍流混合，气温也难以降到露点。除辐射冷却形成露、霜外，冷平流后或洼地上聚集冷空气时也有利于霜的形成，形成平流霜或洼地霜，它们常因辐射冷却而加强。

露的降水量很小，但对植物生长却十分有益，尤其在干旱区和干热天气情况，露常有维持植物生命的作用。例如埃及和阿拉伯沙漠中，虽数月无雨，植被仍可依赖露水生长发育。

霜期长短对农业具有重要意义。入冬后第一个霜日称为初霜日，最末一个霜日称为终霜日。从初霜日到终霜日的时期叫作霜期。在此期间，多数植物停止生长。自终霜日到初霜日持续的时间为无霜期。一般来说，纬度越高，无霜期越短，纬度相同的地区，海拔越高，无霜期越短。山地阳坡无霜期长于阴坡；低洼地段无霜期比平坦开阔的地方短。

（二）雾凇和雨凇

1. 雾凇

雾凇是形成于树枝上、电线上或其它地物迎风面上的白色疏松的微小冰晶或冰粒，多见于寒冷而湿度高的天气条件之下，例如，我国高山地区及东北地区东部较多出现。根据其形成条件和结构可分为两类。

1) 晶状雾凇

晶状雾凇主要由过冷却雾滴蒸发后，再由水汽凝华而成。它往往在有雾、微风或静稳以及温度低于−15℃时出现。由于冰面饱和水汽压比水面小，因而过冷却雾滴就不断蒸发变为水汽，凝华在物体表面的冰晶上，使冰晶不断增长。这种由物体表面冰晶吸附过冷却雾滴蒸发出来的水汽而形成的雾凇叫晶状雾凇。它的晶体与霜类似，结构松散，稍有震动就会脱落。在严寒天气，有时在无雾情况下，过饱和水汽也可直接在物体表面凝华成晶状雾凇，但增长较慢。

2）粒状雾凇

粒状雾凇往往在风速较大，气温在-2~-7℃时出现。它是由过冷却的雾滴被风吹过，碰到冷的物体表面迅速冻结而成的。由于冻结速度很快，因而雾滴仍保持原来的形状，所以呈粒状。它的结构紧密，能使电线、树枝折断，对交通运输、通信、输电线路等有一定影响。

2. 雨凇

雨凇是形成在地面或地物迎风面上的透明的或毛玻璃状的紧密冰层。主要是过冷却雨滴降到温度低于0℃的地面或地物上冻结而成的。

雨凇比其它形式的冰粒坚硬、透明而且密度大（0.85g/cm³），和雨凇相似的雾凇密度却只有0.25g/cm³。雨凇的结构清晰可辨，表面一般光滑，其横截面呈楔状或椭圆状，它可以发生在水平面上，也可发生在垂直面上，与风向有很大关系，多形成于树木的迎风面上，尖端朝风的来向。

雨凇是一种灾害性天气，不易铲除，破坏性强，它所造成的危害是不可忽视的。雨凇能使供电线路中断，威胁飞机的飞行安全。另外，由于冰层不断地冻结加厚，常会压断树枝，因此雨凇对林木也会造成严重破坏。

二、近地面层空气中的凝结

雾是悬浮于近地面空气中的大量水滴或冰晶，使水平能见度小于1km的物理现象。如果能见度在1~10km范围内，则称为轻雾。形成雾的基本条件是近地面空气中水汽充沛，有使水汽发生凝结的冷却过程和凝结核的存在。贴地气层中的水汽压大于其饱和水汽压时，水汽即凝结或凝华成雾。如果气层中富有活跃的凝结核，雾可在相对湿度小于100%时形成。此外，因为冰面的饱和水汽压小于水面，在相对湿度未达100%的严寒天气里可出现冰晶雾。

根据雾形成的天气条件，可将雾分为气团雾及锋面雾两大类。气团雾是在气团内形成的，锋面雾是锋面活动的产物。根据气团雾的形成条件，又可将它分为冷却雾、蒸发雾及混合雾三种。根据冷却过程的不同，冷却雾又可为辐射雾、平流雾及上坡雾等。最常见的是辐射雾和平流雾。

（一）辐射雾

辐射雾是由地面辐射冷却使贴地气层变冷而形成的。有利于形成辐射雾的天气条件是：大气中有充足的水汽；天气晴朗少云；风速微弱（1~3m/s）；大气层结构稳定，有逆温层存在。辐射雾多出现在高气压区的晴夜，它的出现常表示晴天。例如，冬半年我国大陆上多为高压控制，夜又较长，特别有利于辐射雾的形成。

辐射雾有明显的地方性。四川盆地是我国有名的辐射雾区，其中重庆冬季无云的夜晚或早晨，雾日几乎占80%，有时还可终日不散，甚至连续几天。城市及其附近，烟粒、尘埃多，凝结核充沛，因此特别容易形成浓雾（常称为都市雾）。如果机场位于城市的下

61

风方，这种雾就会笼罩机场，严重影响飞机的起飞和着陆。

（二）平流雾

平流雾是暖湿空气流经冷的下垫面而逐渐冷却形成的。海洋上暖而湿的空气流到冷的大陆上或者冷的海洋面上，都可以形成平流雾。形成平流雾的天气条件是：下垫面与暖湿空气的温差较大；暖湿空气的湿度大；适宜的风向（由暖向冷）和风速（2～7m/s）；层结较稳定。因为只有暖湿空气与其经流的下垫面之间存在较大温差时，近地面气层才能迅速冷却形成平流逆温，而这种逆温起到限制垂直混合和聚集水汽的作用，使整个逆温层中形成雾。适宜的风向和风速，不但能源源不断地送来暖湿空气，而且能发展一定强度的湍流，使雾达到一定的厚度。

平流雾的范围和厚度一般比辐射雾大，在海洋上四季皆可出现。由于它的生消主要取决于有无暖湿空气的平流，因此只要有暖湿空气不断流来，雾就可以持久不消，而且范围很广。海雾是平流雾中很重要的一种，有时可持续很长时间。在我国沿海，以春夏为多雾季节，这是因为平流性质的海雾只有当夏季风盛行时才能到达陆上。

（三）其它类型

（1）平流辐射雾：在陆地上，由于平流冷却和辐射冷却的共同作用而形成的雾。

（2）锋面雾：发生于锋面附近的雾，称为锋面雾。主要是暖气团的降水落入冷空气层时，冷空气因雨滴蒸发而达到过饱和，水汽在锋面底部凝结而成。我国江淮一带梅雨季节常常出现锋面雾。

（3）蒸发雾：冷空气移动到暖水面上形成的雾，称为蒸发雾。这种雾可在一日中任何时间形成，也可终日不消散。深秋或初冬的早晨，见于河面、湖面的轻雾，则称河、湖烟雾。

（4）上坡雾：潮湿空气沿山坡上升使水汽凝结而产生的雾，称为上坡雾。但潮湿空气必须处于稳定状态，山坡坡度也不能太大，否则就会发生对流而成为层云。上坡雾在我国青藏高原、云贵高原的东部经常出现。

雾和霾

雾是由大量悬浮在近地面空气中的微小水滴或冰晶组成的、能见度小于 1km 的自然现象。霾，也称灰霾，是大量的灰尘、硫酸、硝酸、有机碳氢化合物等粒子均匀地浮游在空中，使水平能见度小于 10km 的现象。

雾和霾的区别主要在于水分含量的大小：水分含量达到 90% 以上的叫雾，低于 80% 的叫霾，介于 80%～90% 之间的，是雾和霾的混合物，但主要成分是霾。以能见度区分：水平能见度在 1km 以内，就是雾；在 1～10km 的，称为轻雾或霭；小于 10km 且是灰尘颗粒造成的，就是霾。另外，雾的厚度只有几十米至 200m，霾则有 1～3km；雾的颜色是乳白色、青白色，霾则是黄色、橙灰色；雾的边界很清晰，过了

"雾区"可能就是晴空万里,但是霾则与周围环境边界不明显。

三、云

云是悬浮在大气中的大量的小水滴、冰晶微粒或二者混合物的可见聚合体。大气中常可看见各种各样的云,它们都是凝结或凝华的产物。云不仅能反映当时的大气状态,而且还能预示未来的天气变化。

(一) 云的形成条件和分类

1. 云的形成条件

大气中凝结的重要条件是存在凝结核及空气达到过饱和。对于云的形成而言,其过饱和主要是由空气垂直上升所进行的绝热冷却引起的。上升运动的形式和规模不同,形成的云的状态、高度、厚度也不同。大气的上升运动主要有如下几种情况:

(1) 热力对流:指地表受热不均和大气层结不稳定引起的对流上升运动。由对流运动所形成的云多属积状云。

(2) 动力抬升:指暖湿气流受锋面、辐合气流的作用所引起的大范围上升运动。这种运动形成的云主要是层状云。

(3) 大气波动:指大气流经不平的地面或在逆温层以下所产生的波状运动。由大气波动形成的云主要是波状云。

(4) 地形抬升:指大气运行中遇地形阻挡,被迫抬升而产生的上升运动。这种运动形成的云既有积状云,也有波状云和层状云,通常称之为地形云。

2. 云的分类

云的外貌形态各种各样,为了便于辨别,需要按照一定的原则进行分类。一般有按发生学原则分类、形态学原则分类、云底高度分类几种。根据云底高度可将云分为低云、中云和高云。按形成云的上升气流的特点可分为积状云、层状云和波状云。目前世界各国统一采用的云的国际分类法是根据云的形成高度并结合其形态,将云分为 4 族 10 属。我国 1972 年出版的《中国云图》将云分成 3 族 11 属(见表 4-2),2004 年出版的《中国云图》将云分为 3 族 10 属 29 类(见表 4-3)。

表 4-2 云的分类(1972 年)

云型	云 族		
	低云(<2500m)	中云(2500~5000m)	高云(>5000m)
层状云	雨层云(Ns)	高层云(As)	卷层云(Cs)、卷云(Ci)
波状云	层积云(Sc)、层云(St)	高积云(Ac)	卷积云(Cc)
积状云	淡积云(Cu hum)、浓积云(Cu cong)、积雨云(Cb)		

表 4-3　　　　　　　　　云状分类表（2004 年）

云族	云 属		云 类	
	学名	简写	学名	简写
低云	积云	Cu	淡积云	Cu hum
			碎积云	Fc
			浓积云	Cu cong
	积雨云	Cb	秃积雨云	Cb calv
			鬃积雨云	Cb cap
	层积云	Sc	透光层积云	Sc tra
			蔽光层积云	Sc op
			积云性层积云	Sc cug
			堡状层积云	Sc cast
			荚状层积云	Sc lent
	层云	St	层云	St
			碎层云	Fs
	雨层云	Ns	雨层云	Ns
			碎雨云	Fn
中云	高层云	As	透光高层云	As tra
			蔽光高层云	As op
	高积云	Ac	透光高积云	Ac tra
			蔽光高积云	Ac op
			荚状高积云	Ac lent
			积云性高积云	Ac cug
			絮状高积云	Ac flo
			堡状高积云	Ac cast
高云	卷云	Ci	毛卷云	Ci fil
			密卷云	Ci dens
			伪卷云	Ci not
			钩卷云	Ci unc
	卷层云	Cs	毛卷层云	Cs fil
			薄幕卷层云	Cs nebu
	卷积云	Cc	卷积云	Cc

（二）各种云的形成

1. 积状云的形成

积状云是垂直发展的云块，主要包括淡积云、浓积云和积雨云。积状云多形成于夏季午后，是由于空气对流上升，体积膨胀绝热冷却，水汽发生凝结而形成的，具有孤立分散、云底平坦和顶部凸起的外貌形态。强大的积状云常伴有大量降水和各种灾害性天气，如雷暴、冰雹、暴雨、龙卷等。

积状云的形成与不稳定大气中的对流上升运动有关。对流能否形成积状云，还要看对流达到的最大高度（对流上限）能否超过凝结高度。对流上限超过了凝结高度，便能形成云，反之则不能形成。对流越强，对流上限高于凝结高度的差值就越大，积状云厚度就越大。对流上升区的水平范围越大，则积状云的水平范围也就越大。

淡积云、浓积云和积雨云是积状云发展的不同阶段。气团内部热力对流所产生的积状云最为典型。夏半年，地面受到太阳强烈辐射，地温很高，进一步加热了近地面气层。由于地表的不均一性，有的地方空气加热得厉害些，有的地方空气湿一些，因而贴地气层中就生成了大大小小与周围温度、湿度及密度稍有不同的气块（热泡）。这些气块内部温度较高，受周围空气的浮力作用而随风飘浮，不断生消。较大的气块上升的高度较大，当到达凝结高度以上，就形成了对流单体，再逐步发展，就形成孤立、分散、底部平坦、顶部凸起的淡积云。由于空气运动是连续的，相互补偿的，上升部分的空气因冷却，水汽凝结成云，而云体周围有空气下沉补充，下沉空气绝热增温快，不会形成云。所以积状云是分散的，云块间露出蓝天。对于一定的地区，在同一时间里，空气温、湿度的水平分布近于一致，其凝结高度基本相同，因而积云底部平坦。

对流上限稍高于凝结高度，则一般只形成淡积云。由于云顶一般在0℃等温线高度以下，云体由水滴组成，云内上升气流的速度不大，一般不超过5m/s，云中湍流也较弱。当对流上限超过凝结高度许多时，云体高大，顶部呈花椰菜状，形成浓积云。云顶可伸展至低于0℃的高度，顶部由过冷却水滴组成，云中上升气流强，可达15~20m/s，云中湍流也强。如果上升气流更强，浓积云云顶即可更向上伸展，云顶可伸展至-15℃以下的高空。于是云顶冻结为冰晶，出现丝缕结构，形成积雨云（见图4-4）。积雨云顶部，在高空风的吹拂下，向水平方向展开成砧状，称为砧状云。

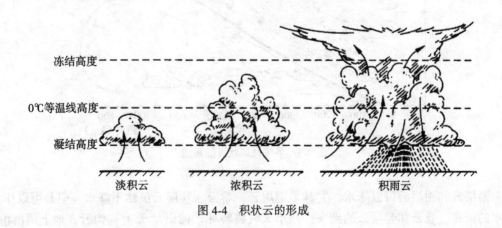

图 4-4　积状云的形成

热力对流形成的积状云具有明显的日变化。通常，上午多为淡积云。随着对流的增强，逐渐发展为浓积云。下午对流最旺盛，往往可发展为积雨云。傍晚对流减弱，积雨云逐渐消散，有时可以演变为伪卷云、积云性高积云和积云性层积云。如果到了下午，天空还只是淡积云，这表明空气比较稳定，积云不能再发展长大，天气较好，所以淡积云又叫晴天积云，是连续晴天的预兆。夏天，如果早上很早就出现了浓积云，则表示空气已很不稳定，就可能发展为积雨云。因此，早上有浓积云是有雷雨的预兆。傍晚层积云是积状云消散后演变成的，说明空气层结稳定，一到夜间云就散去，这是连晴的预兆。由此可知，利用热力对流形成的积云的日变化特点，有助于直接判断短期天气的变化。

2. 层状云的形成

层状云是均匀幕状的云层，常具有较大的水平范围，其中包括卷层云、卷云、高层云和雨层云。

层状云是由空气斜升运动形成的。最常见的斜升运动是锋面上的上升运动，即暖湿空气沿着冷空气的斜坡滑升，有时也可能是暖湿空气沿地形界面缓慢滑升。这种系统性的上升运动，水平范围大，上升速度只有 0.1~1m/s，持续时间长，能使空气上升几千米。当暖空气向冷空气一侧移动时，由于两者密度不同，稳定的暖湿空气沿冷空气斜坡缓慢滑升，绝热冷却，形成层状云（见图4-5）。云的底部同冷暖空气的交界面（又称锋面）大体吻合，云顶近似水平。在倾斜面的不同部位，云厚的差别很大。最前面的是卷云和卷层云，其厚度最薄，一般为几百米至 2000 m，云体由冰晶组成。中部的是高层云，厚度一般为 1000~3000m，顶部多为冰晶组成，主体部分多为冰晶与过冷却水滴共同组成。最后面是雨层云，厚度一般是 3000~6000m，顶部由冰晶组成，中部由过冷却水滴和冰晶共同组成，底部由温度高于 0℃ 的水滴组成。

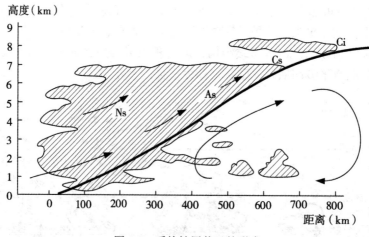

图 4-5　系统性层状云的形成

高层云和雨层云可以降水，尤其是雨层云。卷云、卷层云虽然不降水，但是可以作为降水的征兆。卷云和卷层云的到来，预示天气将转坏。谚语"天上钩钩云，地上雨淋淋""日晕三更雨，月晕午时风"就是指此征兆。

3. 波状云的形成

波状云是波浪起伏的云层，包括卷积云、高积云、层积云、层云。通常是因空气密度不同、运动速度不等的两个气层界面上产生波动而形成的。在大气逆温层和等温层上下，空气密度和运动速度往往有较大差异，故常有波状运动产生。

当空气存在波动时，波峰处空气上升，波谷处空气下沉。空气上升处由于绝热冷却而形成云，空气下沉处则无云形成。如果在波动形成之前该处已有厚度均匀的层状云存在，则在波峰处云加厚，波谷处云减薄以至消失（见图4-6），从而形成厚度不大、保持一定间距的平行云条，呈一列列或一行行的波状云。

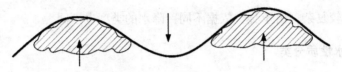

图4-6　波状云的形成

波状云的厚度不大，一般为几十米到几百米，有时可达1000~2000m。在它出现时，常表明气层比较稳定，天气少变化。谚语"瓦块云，晒死人""天上鲤鱼斑，明天晒谷不用翻"，就是指透光高积云或透光层积云出现后，天气晴好而少变。但是系统性波状云，像卷积云是在卷云或卷层云上产生波动后演变成的，所以它和大片层状云连在一起，表示将有风雨来临，因此有谚语道"鱼鳞天，不雨也风颠"。

除上面介绍的几种云外，还有一些外貌特殊的云，如堡状云、絮状云、悬球状云和荚状云等。

上述各类云的形成，并非孤立的、一成不变的。由于条件的变化，它们可以是发展的或消散的，也可以从这种云转化为那种云。

第三节　降　水

从云层中降落到地面的液态或固态水，称为降水。降水是云中水滴或冰晶增大的结果。从雨滴到形成降水必须具备两个基本条件：一是雨滴下降速度超过上升气流速度；二是雨滴从云中降落到地面前不致完全被蒸发。这表明雨滴必须具有相当大的尺度才能形成降水。因此，降水的形成，必须经历云滴增大为雨滴、雪花及其它降水物的过程。云滴增长主要有两个过程。

一、降水的特征量

1. 降水量

降水量是指降水落至地面后（固态降水则需经融化后），未经蒸发、渗透、流失而在水平面上积聚的深度，降水量以毫米（mm）为单位。降水量具有不续性和变化大的特点，通常以日为最小时间单位，进行降水日总量、旬总量、月总量和年总量的统计。

在高纬度地区冬季降雪多，还需测量雪深和雪压。雪深是从积雪表面到地面的垂直深度，以厘米（cm）为单位。当雪深超过5cm时，则须观测雪压。雪压是单位面积上的积雪重量，以 g/cm² 为单位。降水量是表征某地气候干湿状态的重要要素，雪深和雪压还反映当地的寒冷程度。

2. 降水强度

指单位时间内的降水量。单位为毫米/分（mm/min）、毫米/小时（mm/h）、毫米/天（mm/d）。单位时间通常取 10 分（10 min）或 1 小时（1h）或 1 天（1 d）。

二、降水的分类

降水的分类较复杂，由于分类依据不同，降水的类型也不同。

（一）按降水性质分类

（1）连续性降水：降水时间较长，强度变化较小，降水范围较大，这类降水称为连续性降水。层状云由于云体比较均匀，云中气流也比较稳定，所以层状云的降水是连续性降水，这种降水通常降自高层云和雨层云中。

（2）阵性降水：降水持续时间短，强度变化大，常突然开始和突然结束，降水范围小，而且分布不均匀，这类降水称为阵性降水。积状云的降水属于此类降水。一方面由于积状云云体水平范围与垂直伸展的尺度差不多，即它的水平范围小，经过一个地方所用时间较短，因而降水的起止很突然。另一方面是由于积状云中，升降气流多变化，上升气流强时，降水物被"托住"降落不下来。当上升气流减弱或出现下沉气流时，降水物骤然落下，也使降水具有阵性。这种降水通常降自浓积云和积雨云中。

（3）间歇性降水：降雨并非短时间内大量降雨，而是时断时续，变化比较缓慢，下的时间长短不一。多降自层积云或厚薄不均的高层云。

（4）毛毛状降水：极小的滴状液体降水，落在水面上没有波纹，落在干地上无湿斑，降水强度小，这类降水称毛毛状降水。波状云的降水属于此类降水。在波状云中，由于含水量较小，厚度不均匀，所以降水强度较小。通常降自层云和层积云中。

（二）按降水强度分类

降水按降水强度划分，雨可分为小雨、中雨、大雨、暴雨、大暴雨、特大暴雨；雪可分为小雪、中雪、大雪等类型。其划分标准如表4-4所示。

表 4-4   降水强度划分标准

划分标准	雨		雪（mm/d）
	mm/d	mm/h	
降水强度等级	微量<0.1	微量<0.1	0.1 ≤ 微量<0.1
	0.1≤小雨<10	0.1≤小雨≥2.5	小雪<2.5
	25>中雨≥10	8.0>中雨≥2.5	5.0>中雪>2.5
	50>大雨≥25	16.0>大雨>8.0	大雪>5.0

划分标准	雨		雪（mm/d）
	mm/d	mm/h	
降水强度等级	100>暴雨≥50	暴雨≥16.0	
	200>大暴雨≥100		
	特大暴雨≥200		

（三）按降水形态分类

（1）雨：自云体中降落至地面的液体水滴。

（2）雪：从混合云中降落到地面的雪花形态的固体水。

（3）霰：从云中降落至地面的不透明的球状晶体，由过冷却水滴在冰晶周围冻结而成，直径为2~5mm。

（4）雹：是由透明和不透明的冰层相间组成的固体降水，呈球形，常降自积雨云。

此外，还有冰粒、米雪、雨夹雪、冻雨等。

（四）按降水成因分类

（1）地形雨：暖湿气流在前进过程中遇到地形的阻碍，被迫抬升，绝热冷却，水汽凝结成云，在一定条件下便形成降水，称为地形雨。山的迎风坡常成为多雨中心，而山的背风坡，气流下沉增温，加之水汽在迎风坡已凝结降落而变得十分干燥，所以降水很少。

（2）对流雨：暖季白天，地面剧烈受热，引起强烈对流，使近地气层空气急剧绝热上升，若此时空气湿度较大，就会凝结形成积雨云而产生降水，称为对流雨。对流雨多以暴雨形式出现并伴有雷电现象，故又称热雷雨。在赤道地区全年以对流雨为主，我国内陆则在夏季午后常出现。

（3）气旋雨：气旋中心因有辐合上升气流，空气绝热冷却而凝结降水，称为气旋雨。气旋规模大，形成的降水范围广，降水时间也较长。气旋雨是我国最主要的一种降水，在各地区降水量中，气旋雨占的比重都比较大。

（4）锋面雨：当冷暖气团相接触，暖湿气流沿锋面抬升，暖空气在上升过程中绝热冷却到凝结高度后，便产生云雨，称为锋面雨。在中、高纬度的大部分地区，锋面雨占有重要地位。

（5）台风雨：台风是形成在热带洋面上的强大的气旋性涡旋。台风内部上升气流强烈，从而把大量水汽、热量输送到高空，形成高大的积雨云墙，产生大量降水，称为台风降水。在台风活动频繁的地区，台风雨在该地降水量中也占有重要地位。

三、云滴增长的物理过程

降水的形成就是云滴增大为雨滴、雪花或其它降水物，并降至地面的过程。使云滴增大的过程主要有二：云滴凝结（或凝华）增长、云滴相互冲并增长。实际上，云滴的增长是这两种过程同时作用的结果。

（一）云滴凝结增长

在云的发展阶段，云体上升绝热冷却，或不断有水汽输入，使云滴周围的实际水汽压大于其饱和水汽压，云滴就会因水汽凝结或凝华而逐渐增大。当水滴和冰晶共存时，在温度相同条件下，由于冰面饱和水汽压小于水面饱和水汽压，水滴将不断蒸发变小，而冰晶则不断凝华增大；当大小或冷暖不同的水滴在云中共存时，也会因饱和水汽压不同而使小或暖的水滴不断蒸发变小，大或冷的水滴不断凝结增大。上述几种云滴增长条件中，以冰水云滴共存的作用最重要。这是因为在相同温度下，冰水之间的饱和水汽压差异较显著。当温度在$-12 \sim -10℃$时，可相差 0.27hPa，最有利于大云滴的增大。所以，对云体上部已超越等0℃线，对于冰晶和过冷却水滴共同构成的混合云降水而言，冰晶效应是主要的。

但是，不论是凝结增长过程，还是凝华增长过程，都很难使云滴迅速增长到雨滴的尺度，而且它们的作用都将随云滴的增大而减弱。要使云滴增长成为雨滴，势必还要有另外的过程，即冲并增长过程。

（二）云滴的冲并增长

云滴是经常处于运动之中的。大小云滴之间发生冲并而合并增大的过程，称为冲并增长过程。云内的云滴大小不一，运动速度各不相同，大云滴下降速度比小云滴快，因而大云滴在下降过程中很快追上小云滴，大小云滴相互碰撞而黏附起来，成为较大的云滴（见图4-9）。当大小云滴被上升气流向上带动时，小云滴也会追上大云滴并与之合并，成为更大的云滴。云滴增大以后，它的横截面积变大，在下降过程中又可合并更多的小云滴。这种在重力场中由于大小云滴速度不同而产生的冲并现象，称为重力冲并。

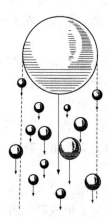

图 4-7　大云滴在下降途中冲并小云滴

由于冲并作用，水滴不断增大，在空气中下降时就不再保持球形。开始下降时，底部平整，上部因表面张力而保持原来的球形。当水滴继续增大，在空气中下降时，除受表面张力外，还要受到周围作用在水滴上的压力以及因重力引起的水滴内部的静压力差，二者均随水滴的增长及下降而不断增大。在三种力的作用下，水滴变形越来越剧烈，底部向内凹陷，形成一个空腔。空腔越变越大，越变越深，上部越变越薄，最后破碎成许多大小不同的水滴。当大气中的雨滴增大到 $300 \sim 350\mu m$ 时，就破碎成几个较大的滴和一些小滴，它们可以被上升气流携带上升，并在上升过程中作为新一代的胚胎而增长，长大到上升气流支托不住时再次下降，在下降过程中继续增大，当大到临界半径后，再次破碎分裂而重复上述过程。云中水滴增大—破碎—再增大—再破碎的循环往复过程，常用来解释暖云降水的形成，称之为"连锁反应"，也称为暖云的繁生机制。

上述两种过程在由云滴转化为降水的过程中始终存在。观测表明，在云滴增长的初期，凝结（或凝华）增长为主。当云滴增大到直径达 $50 \sim 70\mu m$ 后，就以冲并作用为主了。在低纬度地区，云中出现冰水共存的机会较少，形成所谓暖云（指整个云体的温度在0℃以上，云体由水滴构成）降水，这时冲并作用就显得更为重要。

四、雨和雪的形成

（一）雨的形成

由液态水滴（包括过冷却水滴）所组成的云体称为水成云。水成云内如果具备了云滴增大为雨滴的条件，并使雨滴具有一定的下降速度，这时降落下来的就是雨或毛毛雨。由冰晶组成的云体称为冰成云，而由水滴（主要是过冷却水滴）和冰晶共同组成的云称为混合云。从冰成云或混合云中降下的冰晶或雪花，下落到0℃以上的气层内，融化以后也成为雨滴下落到地面，形成降雨。

在雨的形成过程中，大水滴起着重要作用。当水滴半径增大到 $2 \sim 3mm$ 时，水分子间的引力难以维持这样大的水滴，在降落途中，就很容易受气流的冲击而分裂，通过"连锁反应"，使大水滴下降，小水滴继续存在，形成新的大水滴。

（二）雪的形成

在混合云中，由于冰水共存使冰晶不断凝华增大，成为雪花。当云下气温低于0℃时，雪花可以一直落到地面而形成降雪。如果云下气温高于0℃时，则可能出现雨夹雪。

雪花的形状极多，但基本形状是六角形。因为冰的分子以六角形为最多，对于六角形片状冰晶来说，由于它的面上、边上和角上的曲率不同，相应地具有不同的饱和水汽压，其中角上的饱和水汽压最大，边上次之，平面上最小。在实有水汽压相同的情况下，由于冰晶各部分饱和水汽压不同，其凝华增长的情况也不相同。又由于冰晶不停地运动，它所处的温度和湿度条件也不断变化，就使得冰晶各部分增长的速度不一致，形成多种多样的雪花。

五、各类云的降水

（一）层状云的降水

层状云一般包括卷云、卷层云、高层云和雨层云。由于层状云云体比较均匀，云中气流也比较稳定，所以层状云的降水是连续性的，持续时间长，降水强度变化小。

卷层云是冰晶组成的，由于冰面饱和水汽压小于同温度下水面饱和水汽压，使冰晶可以在较小的相对湿度（可以小于100%）情况下增大。但是卷层云中含水量较小，云底又高，所以卷层云一般是不降水的。雨层云和高层云经常是混合云，所以云滴的凝华增大和冲并增大作用都存在，雨层云和高层云的降水与云厚和云高有密切关系。云厚时，冰水共存的层次也厚，有利于冰晶的凝华增大，而且云滴在云中冲并增大的路程也长，因此有利于云滴的增大。云底高度较低时，云滴离开云体降落到地面的路程短，不容易被蒸发掉，这就有利于形成降水。所以对雨层云和高层云来说，云越厚、越低，降水就越强。

（二）积状云的降水

积状云一般包括淡积云、浓积云和积雨云。积状云的降水是阵性的。一方面，因为它的云体水平范围与垂直伸展的尺度差不多，它的水平范围小，经过一个地方用不了多少时间，因而降水的起止很突然。另一方面，积状云中升降气流多变化，上升气流强时，降水物被"托住"降落不下来。当上升气流减弱或出现下沉气流时，降水物骤然落下，也使降水具有阵性。

淡积云由于云薄，云中含水量少，而且水滴又小，所以一般不降水。浓积云是否降水则随地区而异。在中高纬度地区，浓积云很少降水。在低纬度地区，因为有丰富的水汽和强烈的对流，浓积云的厚度、云中含水量和水滴都较大，虽然云中没有冰晶存在，但水滴之间冲并作用显著，故可降强度较大的阵雨。积雨云是冰水共存的混合云，云的厚度和云中含水量都很大，云中升降气流强，因此云滴的凝华增长和冲并作用均很强烈，致使积雨云能降强度大的阵雨、阵雪，有时还可下冰雹。

（三）波状云的降水

波状云一般包括卷积云、高积云、层积云和层云。由于含水量较小，厚度不均匀，所以降水强度较小，往往时降时停，具有间歇性。

层云只能降毛毛雨。层积云可降小的雨、雪和霰。高积云很少降水。但在我国南方地区，由于水汽比较充沛，层积云也可产生连续性降水，高积云有时也可产生降水。

六、人工影响云雨

人工影响天气是人类自古以来的理想和愿望。17世纪末，我国就有用土炮轰击雷雨云防雹的文字记载。近几十年来，随着科技的进步，国内外人工影响云、雾、降水的方法技术取得了很大的进展。本节只介绍人工降雨的原理和方法。人工降雨就是根据自然界降水形成的原理，人为地补充某些形成降水所必需的条件，促使云滴迅速凝结或并合增大，形成降水。

（一）人工影响冷云降水

整个云体温度低于0℃的云称为冷云。中纬度地区冬季经常出现大范围的过冷却层状云，但很少降水。夏季也经常出现云顶高于0℃层高度的积状云，其中能产生降水的也为数不多。这种云之所以没有降水，主要是因为云内缺乏冰晶。

影响冷云降水的基本原理是设法影响云的微物理结构。一是在云内制造适量的冰晶，使其产生冰晶效应，使水滴蒸发，冰晶增长，当冰晶长大到一定尺度后，发生沉降，沿途由于凝华和冲并增长而变成大的降水质点下降。二是在云体的过冷却（-10℃）部分，大量而迅速地引入人工冰核，当冰核转化成冰晶时，要释放大量潜热，使云内温度升高，形成或增大上升气流，促使云体在垂直和水平方向迅速发展，相应地延长云的生命期，加速云内降水形成过程，从而增加降水量。

目前在云内人工产生冰晶的方法主要有两种，一种方法是在云中投入冷冻剂，如干冰（即固体二氧化碳），在 1013hPa 下，其升华温度为-79℃。将干冰投入过冷却云中后，在干冰周围形成了大量的冰晶胚胎，其中较大的冰晶经过湍流扩散到四周空间，以后继续成长为更大的降水质点而下落。通常将干冰粉碎为直径大约为 1cm 的颗粒，用飞机在云的适当部位播撒。第二种方法是引入人工冰核（凝华核或冻结核），如碘化银。碘化银具有三种结晶形状，其中六方晶形与冰晶的结构相似，能起到冰核的作用，适用于 -15～-4℃的冷云催化。其播撒方法较多。由碘化银与铝粉、镁粉（燃烧剂）、氯酸钾（助燃剂）及黏结剂等混合制成的焰弹，适用于飞机投掷或发射。也可将碘化银装于高射炮或特制火箭的弹头中，从地面向云中发射。

（二）人工影响暖云降水

整个云体温度高于 0℃的云称为暖云。我国南方夏季的浓积云、层积云多属于这种云。在暖云中，胶性稳定状态的维持往往是由于云中缺乏大水滴，滴谱较窄，冲并作用不易进行。暖云内不可能有冰晶效应，对降水形成起决定性作用的是水滴大小不均匀和冲并过程。因此，要人工影响暖云降水可以引入吸湿性核，由于其能在低饱和度下凝结增长，故可在短时间内形成数十微米以上的大滴。也可直接引入 30～40μm 的大水滴，从而拓宽滴谱，加速冲并增长的过程，达到降水的目的。或引入表面活性物质（能显著减小水滴表面张力，又可抑制蒸发的物质），改变水滴的表面张力状态，以利于形成大水滴并促使其破碎，加速连锁反应，从而形成降水。

目前暖云中的播撒物质主要是吸湿性盐，如食盐、氯化钙、尿素、硝酸铵等。这些物质吸湿性强，价格便宜，也无毒性。通常研细而成为 1～10μm 尺度的粒子，它们在云中能很快长大成几十微米以上的大云滴，促进重力冲并过程。

第五章　大气的运动

空气运动是地球大气中最重要的物理过程。大气时刻不停地运动着，运动的形式和规模复杂多样。既有水平运动，又有垂直运动；既有全球性运动，也有局地性运动。大气的运动使不同地区、不同高度间的热量、动量、水分和尘埃等得以传输和交换，使不同性质的空气得以相互接近、相互作用，直接影响着天气、气候的形成和演变。本章将介绍大气水平运动的形成和基本规律。大气运动的产生和变化直接取决于大气压力的空间分布和变化，因此，本章首先讨论大气压力的时空分布和变化。

第一节　气压的变化

如前所述，在静止大气中（一般情况下，空气的垂直运动加速度是很小的），任意高度上的气压值等于其单位面积上所承受的大气柱的重量。一个地方的气压值经常有变化，变化的根本原因是其上空大气柱中空气质量的增多或减少。大气柱质量的增减又往往是大气柱厚度和密度改变的反映。当气柱增厚、密度增大时，则空气质量增多，气压就升高。反之，气压则减小。

一、气压随高度的变化

（一）定性关系

任何地方的气压值总是随着海拔高度的增高而递减的，因为高度越高，气柱越短、密度越小，空气质量越小。而且，气压随高度的变化值也是越靠近地面越大，低层气压降低的数值大于高层，因为大气的质量越靠近地面越密集，越向高空越稀薄。在低层，每上升100m，气压便降低约10hPa；在5~6km的高空，每上升100m，气压降低约7hPa；而到9~10km的高空，每上升100m，气压只降低约5hPa。

确定空气密度大小与气压随高度变化的定量关系，需引入大气静力学方程和压高方程。

（二）定量关系

1. 大气静力学方程

大气在垂直方向上受到重力和垂直气压梯度力（气压随高度分布不均匀所产生的力）的作用并达到平衡时，称为大气处于静力平衡状态。在实际大气中，除了有强烈对流运动的时候和区域外，空气的铅直运动速度都很小，因此可以近似地把大气当作处于静力平衡状态。大气静力学方程反映大气处于静力平衡状态时气压随高度的变化规律。

1）表达式

大气相对于地面处于静止状态时，某一点的气压值等于该点单位面积上所承受铅直气柱的重量。在大气柱中截取面积为 $1cm^2$、厚度为 ΔZ 的薄气柱（见图5-1）。设高度 Z_1 处的气压为 P_1，高度 Z_2 处的气压为 P_2，空气密度为 ρ，重力加速度为 g。Z_1 面上的气压 P_1 和 Z_2 面上的气压 P_2 间的气压差应等于这两个高度面间的薄气柱重量，即

$$P_2 - P_1 = -\Delta P = -\rho g(Z_2 - Z_1) = -\rho g \Delta Z$$

式中，负号表示随高度增高气压降低。若 ΔZ 趋于无限小，则上式可写成

$$dP = -\rho g dZ$$

上式即为气象上广泛应用的大气静力学方程。由此方程可知：① 当 $dZ > 0$ 时，$dP < 0$，即气压随高度增加而减小；② 气压随高度递减的快慢取决于空气密度（ρ）和重力加速度（g）的变化。g 随高度的变化量一般很小，因而气压随高度递减的快慢主要取决于 ρ。在密度大的气层里，气压随高度递减得快，反之则递减得慢。近地面层 ρ 大，气压随高度减小得快，上层 ρ 小，气压随高度减小得慢。

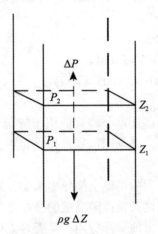

图 5-1　空气静力平衡

2）单位高度气压差和单位气压高度差

单位高度气压差，也称铅直气压梯度，是指每改变一个单位高度时气压的变化量。由大气静力学方程变换可得其表达式

$$-\frac{dP}{dZ} = \rho g$$

单位气压高度差（h），是指在铅直气柱中气压每改变一个单位所对应的高度变化值，表示气压随高度增加而降低的快慢程度。它在实际工作中更常用，它是单位高度气压差的倒数，即

$$h = -\frac{dZ}{dP} = \frac{1}{\rho g}$$

用状态方程将 ρ 替换，则得

$$h = \frac{R_d T}{Pg}$$

将 R_d、g 值代入，且将 T 换成摄氏温标 t，可得

$$h \approx \frac{8000}{P}(1 + t/273)(m/hPa)$$

由上式可知，单位气压高度差与气压 P 成反比，而与气温 t 成正比。因为：①在同一气温下，气压值越大的地方，空气密度越大，气压随高度递减得越快，单位高度差越小。反之，气压越低的地方单位气压高度差越大。比如越到高空，空气越稀薄，虽然同样取上下气压差 1hPa，而气柱厚度却随高度而迅速增大。②在同一气压下，气柱的温度越高，密度越小，气压随高度递减得越缓慢，单位气压高度差越大。反之，气柱温度愈低，单位气压高度差愈小。

当研究的气层不厚（海拔不超过 2000m 的台站）且要求精度不太高时，可用此式进行海平面气压订正或计算海拔高度。

例：某台站海拔 40m，本站气压为 1000hPa，气温为 0℃。计算海平面气压。

解：$h \approx 8000/1000 = 8$（m/hPa）

即每升高 8m，气压下降 1hPa

气压高度差订正值：$\Delta P = 40/8 = 5$（hPa）

海平面气压 $P_0 = P + \Delta P = 1000 + 5 = 1005$（hPa）

2. 压高方程

大气静力学方程和单位气压高度差公式只适用于较薄气层的计算，而且也不够精确，如果气层很厚就不能直接应用了，必须用压高方程（也称压高公式）。

1）表达式

压高方程是在大气静力学方程的基础上推导出来的，通常是将静力学方程从气层底部到顶部进行积分。但由于大气温度及密度随高度的分布受多种因素的影响，很难用函数关系表达，给积分带来困难，为了方便实际应用，需要对方程作某些特定假设。比如忽略重力加速度的变化和水汽影响，并假定气温不随高度发生变化，此条件下的压高方程，称为等温大气压高方程。气象上常用的等温大气压高方程表达式为

$$Z_2 - Z_1 = 18400(1 + \frac{t_m}{273})\lg\frac{P_1}{P_2}$$

式中，P_1、P_2 分别是高度 Z_1 和 Z_2 的气压值，t_m 是 Z_1 和 Z_2 间的平均温度。

实际大气虽不等温，但可分成许多薄层，各层分别用平均温度 t_m 代入上式计算，然后再把各层数值累计起来，求得整个气柱的压力与高度的关系。

空气中水汽含量较多时，必须用虚温代替式中的气温。

100km 以上高度，因 g 和平均分子量都改变较多，上述方程不适用。

2）主要用途

压高方程中共有四个变量，即 P_1、P_2、$Z_2 - Z_1$、t_m，若已知三个量，就可求出第四个量，所以压高方程可应用于以下几个方面：

（1）根据不同高度上 Z_1、Z_2 的气压值 P_1、P_2 和其间的平均温度 t_m，可计算两水平面间的高度差（$Z_2 - Z_1$）。飞机上的高度表就是利用此原理制成的。

（2）根据某高度上的气压值和气柱的平均温度，可推算另一高度上的气压值。气象台站测得的气压是本站气压，根据本站气压值、该站的海拔高度和气层平均温度，可推算海平面气压值。

（3）由两个不同高度的气压值，可求算两高度间的平均温度（或平均虚温）。

二、气压随时间的变化

（一）气压变化的原因

一地气压的变化，实质上是该地上空空气柱重量增加或减少的反映，因而一地的气压变化就决定于其上空气柱中质量的变化。气柱中质量增多了，气压就升高；质量减少了，气压就下降。大气的总质量一定，大气又是连续的流体，某些地区的气柱质量增加了，另一些地区气柱的质量必然减少；某些地区气柱质量减少了，另一些地区气柱的质量必然增多。各个地方的气压总是不停地变化着，它反映了该地上空气柱质量的增加或减少，各地气柱质量的变化，实质上是由于空气运动使得空气质量在地球上重新分布的结果。

空气柱质量的变化主要是由热力因子和动力因子引起，可归纳为以下四种情况：

1. 温度的升降

温度升高时，空气膨胀，密度减小并伴有空气辐散，引起低空气压降低；相反，温度下降时，会造成低空气压升高。在气流相对稳定的情况下，这种影响十分明显。这种情况是热力因子引起气压的变化。

2. 冷暖平流

不同性质的气团，密度往往不同。当有冷平流时，移到某地的气团比原来气团密度大，则该地上空气柱中质量会增多，气压随之升高；相反，暖平流会使该地气压降低。例如冬季大范围强冷空气南下，流经之地空气密度相继增大，地面气压随之明显上升；夏季时暖湿气流北上，引起流经之处密度减小，地面气压下降。这种情况是动力因子和热力因子共同引起气压的变化。

3. 水平气流辐合与辐散

空气水平运动的方向和速度常不一致。有时运动的方向相同而速度不同，有时速度相同而方向各异，也有时运动的方向、速度都不相同。这样可能引起空气质量在某些区域堆聚，引起此区域气压升高，这种现象称水平气流辐合；也可能在一些区域流散，引起此区域气压降低，这种现象称为水平气流辐散。实际大气中空气质点水平辐合、辐散的分布比较复杂，有时下层辐合、上层辐散，有时下层辐散、上层辐合，在大多数情况下，上下层的辐散、辐合交互重叠非常复杂。某一地点气压的变化取决于整个气柱中是辐合占优势还是辐散占优势，若辐合占优势，则气压升高；若辐散占优势，则气压降低。这种情况是动力因子引起气压的变化。

4. 空气垂直运动

当空气有垂直运动而气柱内质量没有外流时，气柱中总质量没有改变，地面气压一般不会发生变化。因为近地层空气垂直运动通常比较微弱，空气垂直运动对近地层气压变化的影响较小，可忽略不计。但是，气柱中质量的上下传输，可造成气柱中某一层次空气质量改变，从而引起气压变化。图5-2中位于A、B、C三地上空某一高度上a、b、c三点的气压，在空气没有垂直运动时应是相等的；而当B地有空气上升运动时，空气质量由低层向上输送，b点因上空气柱中质量增多而气压升高；当C地有空气下沉运动时，空气质量由上层向下层输送，c点因上空气柱中质量减少而气压降低。这种情况是动力因子引起气压的变化。

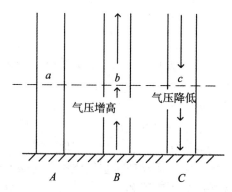

图5-2 空气垂直运动与气压变化的关系

实际大气中气压变化往往是几种情况综合作用的结果，而且这些情况之间又是相互联系、相互制约、相互补偿的。例如，上层有水平气流辐合、下层有水平气流辐散的区域必然会有空气从上层向下层补偿，从而出现空气的下沉运动；反之，则会出现空气上升运动。而在出现空气垂直运动的区域也会在上层和下层分别出现水平气流的辐合和辐散（见图5-3）。

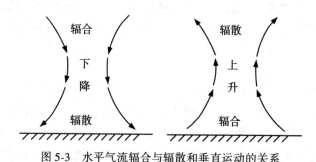

图5-3 水平气流辐合与辐散和垂直运动的关系

（二）气压的日变化

1. 特点

地面气压的日变化以双峰型最为普遍，其特点是一天中有一个最高值、一个次高值和一个最低值、一个次低值。一般是清晨气压上升，9—10 时出现最高值，之后气压下降，到 15—16 时出现最低值，此后又逐渐升高，到 21—22 时出现次高值，以后再度下降，到次日 3—4 时出现次低值（见图 5-4）。

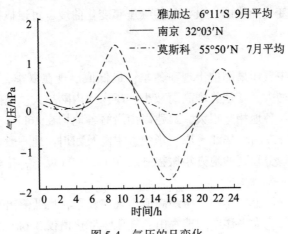

图 5-4 气压的日变化

2. 原因

气压日变化的原因比较复杂。在气压日变化里，有好几种不同周期的振动，最显著的莫过于受温度影响而产生的 24 小时周期和与大气潮汐有关的 12 小时周期，此外还有 8 小时和 6 小时的短周期。几种不同周期的联合振动结果，使得气压日变化每 24 小时内出现两个波动。

气压最高值和最低值的出现与大气的运动、大气温度的变化、大气湿度的变化有关。日出以后，地面开始积累热量，同时地面将部分热量输送给大气，大气也不断地积累热量，其温度升高、湿度增大。当温度升高后，大气逐渐向高空做上升辐散运动，在下午 15—16 时，大气上升辐散运动的速度达到最大值，同时大气的湿度也达较大值。由于多因素的影响，导致一天中此时的大气压最低。16 时以后，大气温度逐渐降低，其湿度减小，向上升的辐散运动减弱，气压值开始升高。进入夜晚，大气变冷，开始向地面辐合下降，在次日上午 9—10 时，大气下降压缩到最大限度，空气密度最大，此时的气压是一天中的最高值。

3. 振幅

气压日变化的振幅同气温一样随纬度的增高而减小（图 5-4），这与气温日较差随纬度增高而减小的特征相一致。气压日变化的振幅还随海陆、季节和地形而有区别，表现为陆地大于海洋、夏季大于冬季、山谷大于平原。热带地区气压日变化最为明显，日较差可达 3~5hPa；随着纬度的增高，气压日较差逐渐减小，到纬度 50° 已减至不到 1hPa。在我国，中纬度地区气压日振幅为 1~2.5hPa，在低纬地区为 2.5~4hPa，而在青藏高原东部边缘的山谷中气压的日振幅有时可达 6.5hPa。

（三）气压的年变化

气压年变化是以一年为周期的波动，受气温的年变化影响很大，因而也同纬度、海陆性质、海拔高度等因素有关。可以根据各地多年观测到的气压资料，计算出每月气压的平均值，绘制成气压年变化曲线图。最常见的气压年变化曲线，可以概括为下列三种基本类型。

1. 大陆型

在大陆上，一年中气压最高值出现在冬季，最低值出现在夏季，气压年变化值很大，并由低纬向高纬逐渐增大，随地势增高而减小，越深入内陆越大。我国绝大部分地区的气压年变化属于大陆型，各地相差很大，福建以南沿海各地均在 16hPa 左右，东部沿海及东北南部地区在 21.2hPa 左右，华北平原、华中、中南及四川盆地一般均在 24hPa 以上，东北北部及西北、西南地势较高的地方年振幅一般在 13.2hPa 以下，拉萨低至 5.3hPa。

2. 海洋型

与大陆型相反，海洋上一年中气压最高值出现在夏季，最低值出现在冬季，年较差小于同纬度的陆地。例如，太平洋中的檀香山，气压年变化值仅 3.6hPa。

以上两种类型的气压年变化，都是由于海陆增温和冷却的差异而引起的。冬季，大陆比海洋冷，在较冷的下垫面上大气柱收缩，海洋上空有空气流入陆地上空，使陆上单位面积大气柱的质量增加，海洋面上则相反，所以冬季大陆上气压高，海洋面上气压低。到了夏季，情况正相反。

3. 高山型

高山地区一年中气压最高值出现在温暖的季节，最低值出现在冬季。例如，峨眉山全年气压最高值出现在 9 月，最低值出现在 2 月，气压年变化值约 6.8hPa。这类气压的年变化看起来和海洋型相似，但两者的形成原因并不相同。在温暖季节里，由于大气受热，气柱膨胀、上升，使高山地区地面以上的空气柱质量增加，所以气压升高。在寒冷的季节里，由于大气冷却，空气柱收缩、下沉，高山地区地面以上的空气柱质量减少，所以气压降低。

（四）气压的非周期性变化

气压的非周期性变化，是指气压变化不存在固定的周期，它是由气压系统的移动和演变引起的。在中高纬度地区，气压系统活动频繁，气团属性差异大，气压非周期性变化远较低纬度明显。高纬度地区 24h 气压的变化量可达 10hPa，低纬度地区因气团属性比较接近，气压的非周期变化量很小，24h 气压的变化量一般只有 1hPa（台风等中心气压值很低的低压系统过境除外）。

实际上，任何一个地方的地面气压变化，总是既包含周期性变化，也包括非周期变化。一般而言，在中高纬度地区，气压的非周期性变化比周期性变化明显得多，因而气压变化多带有非周期性特征；而在低纬度地区，气压的非周期性变化比周期性变化弱得多，因而气压变化的周期性比较显著。当然，这也不是固定不变的，在特殊情况下也会出现相反的情形。从天气预报的实践中得知，气压的周期性变化很少与天气变化有直接的因果关系，所以在分析天气时，应注意把气压的周期性变化和非周期性变化区分开来，着重考虑气压的非周期性变化。

第二节　气压的空间分布

气压的空间分布称为气压场。由于各地气柱的质量不同，气压的空间分布也不均匀，有的地方气压高，有的地方气压低，气压场呈现出各种不同的气压形势，这些不同的气压形势统称为气压系统。

一、气压场的表示方法

表示气压场，常用的图有两种：海平面等压线图、高空等压面图。

（一）海平面等压线图

海平面等压线图，是在海平面上绘制等压线而构成的图（图5-8）。等压线是将某一时刻各台站的海平面气压值填在图上，然后把气压值相等的各站点连接起来的平滑曲线。等压线按一定的气压间隔（如2.5hPa、5hPa）绘出。海平面等压线图反映地表面气压分布的特征。测站高度不同于海平面时，要用压高方程推算出海平面高度的气压（对本站气压作海平面订正）。

等压线应画到图边，否则应当闭合；没有记录的地区，应将各条并列的等压线末端排列整齐，终止于某一定的经纬线上。在非闭合的等压线两端应标注数值；如是闭合的，则在等压线正北端开一缺口，在缺口中间标注数值。图5.8中等压线的形状和疏密程度反映水平方向上气压的分布形势。

（二）高空等压面图

高空等压面图，用于表示高空气压分布状况。等压面是空间气压相等点组成的面。例如，500hPa等压面上各点的气压值都等于500hPa。用一系列等压面的排列和分布可以表示空间气压的分布状况。

实际大气中由于下垫面性质的差异、水平方向上温度分布和动力条件的不均匀，以致同一高度上各地的气压不可能是一样的，因此，等压面并不是一个水平面，而是像地表形态一样，是一个高低起伏的曲面。这个曲面有个明显的特点：等压面穿过地面任一点的铅垂线不会超过一次。

由于气压随高度递减，因而在某一等压面以上各处的气压值都小于该等压面上的气压值，等压面以下各处气压值都大于该等压面上的气压值。如，850hPa等压面以上各处气压值都小于850hPa，以下各处气压值都大于850hPa。

等压面起伏形势同它附近水平面上的气压高低分布有对应关系。在图5-5中，有一组气压值分别为850hPa、800 hPa、750 hPa的等压面和一个水平面。水平面上，A点处的气压最高（850hPa），其次是B点（800 hPa）、C点处的气压最低（750 hPa）。而等压面在A点上空是凸起的，在C点上空是下凹的。由此可知，等压面向上凸起的部位对应着水平面上的高压区域，等压面越上凸，水平面上高压越强大；等压面下凹部位对应着水平面上的低压区域，等压面越下凹，水平面上气压低得越多。

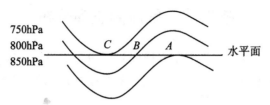

图 5-5　等压面的起伏与等高面上气压分布的关系

根据这种对应关系，可求出同一时间等压面上各点的位势高度值，并用类似绘制地形等高线的方法，将某一等压面上相对于海平面的各位势高度点投影到海平面上，就得到一张等位势高度线（等高线）图，此图能表示该等压面的形势，故称这种图为等压面图。

图 5-6 中，P 为等压面，H_1，H_2，…，H_5 为高度间隔相等的若干等高面，它们分别与等压面 P 相截（截线以虚线表示），每条截线都在等压面 P 上，所以截线上各点的气压值均相等，将这些截线投影到水平面上，便得出 P 等压面上距海平面高度分别为 H_1，H_2，…，H_5 的许多等高线。由图可见，与等压面凸起部位相对应的是由一组闭合等高线构成的高值区域，高度值由中心向外递减，而与等压面下凹部位相对应的是由一组团合等高线构成的低值区域，高度值由中心向外递增。因此，平面图中等高线的高、低中心即代表气压的高低中心，而且等高线的疏密同等压面的缓陡相对应，等压面缓的地方，如图中等压面平缓的 C、D 处，对应于 C'、D' 处的稀疏等高线；而 A、B 处，对应于 A'、B' 处的密集等高线。

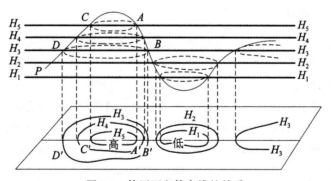

图 5-6　等压面和等高线的关系

H_1，H_2，…，H_5 不是一般常用的几何高度，而是位势高度。所谓位势高度，是指单位质量的物体从海平面（位势取为零）抬升到某高度时，克服重力所做的功，又称重力位势，单位是位势米。当 g 取 $9.8 \mathrm{m/s^2}$ 时，二者数值相同，但意义不同。几何米是表示几何高度的单位，位势米是表示能量的单位。两等几何高度面间距离处处相等，而两等位势高度面间距离，赤道大于高纬，高空大于近地面。g 经常不垂直于等几何高度面，而永远垂直于等位势高度面，所以我们把等位势高度面称为真正的水平面，即在等位势面上重力平移不作功，这给要求精确的大气运动计算带来极大方便。问题的实质是，位势高度已把随纬度、高度有变化的 g，放在自己的单位（位势米）中了。

在实际工作中，只要将同一时刻各测站探空报告中高空某一等压面的位势高度值填在一张特制空白地图上，把位势高度值相等的各点用平滑曲线连接，等位势高度线（常简称为"等高线"）按一定间隔（40 位势米）绘出，便可得到高空等压面图（如图 5-7）。根据等高线的疏密程度可以判断水平气压梯度大小。气象台常用的等压面图有 850hPa、700hPa、500hPa、300hPa、200hPa、100hPa 等，它们分别代表 1500m、3000m、5500m、9000m、12000m、16000m 高度附近的水平气压场。

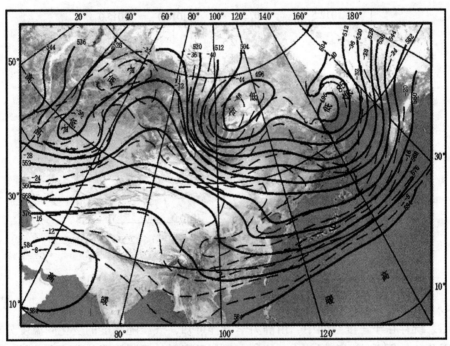

（注：实线为等位势高度线，虚线为等温线）

图 5-7　500hPa 高空等压面图

二、气压场的基本型式

在气压场中出现的各种气压形势，统称为气压系统。在不同的气压系统中，其结构和气流运动状况各异，形成的天气情况也就不同。预测这些气压系统的演变和移动，是天气预报的重要依据。

气压场有五种基本型式。

（1）高压：空间等压面类似山丘，呈上凸状（见图 5-6）。由闭合等压（高）线构成，中心气压高，向四周逐渐降低。中心标注"高"或"G"（见图 5-7、图 5-8）。

（2）低压：空间等压面向下凹陷，形如盆地（见图 5-6）。由闭合等压（高）线构成的低气压区。气压值由中心向外逐渐增高。中心标注"低"或"D"（见图5-7、图5-8）。

（3）低压槽：简称槽，是低气压延伸出来的狭长区域。在低压槽中，各等压（高）线弯曲最大处的连线称为槽线，气压值沿槽线向两边递增（见图5-8）。

（4）高压脊：简称脊，是由高压延伸出来的狭长区域，在脊中各等压（高）线弯曲最大处的连线叫脊线，其气压值沿脊线向两边递减（见图5-8）。

（5）鞍形气压场：简称鞍，是两个高压和两个低压交错分布的中间区域（见图5-8）。

低空气压水平分布的类型较多，如图5-8所示。由于越向高空受地面影响越小，以致高空气压系统比低空系统要相对简单，大多呈现出沿纬向的平直或波状等高线（见图5-7）。

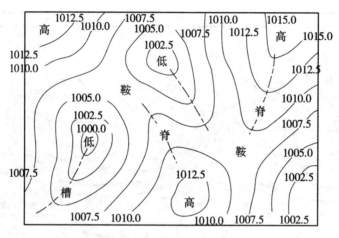

图5-8　气压场的基本型式

三、气压系统的空间结构

气压系统存在于三度空间中，由静力学方程可知，气压随高度的变化同温度分布密切相关，因此，气压系统的空间结构，往往由于与温度场的不同配置状况而有差异。

当温度场与气压场配置重合（温度场的高温、低温中心分别与气压场的高压、低压中心相重合）时，称气压系统是温压场对称；当温度场与气压场的配置不重合时，称气压系统是温压场不对称。

（一）温压场对称系统

由于温压场配置重合，所以该系统中水平面上等温线与等压线是基本平行的。

1. 深厚系统

不仅存在于对流层低层，还可伸展到对流层高层，而且其气压强度随高度增加逐渐增强的系统，称为深厚系统。

1）暖高压

暖高压是高压中心区为暖区，四周为冷区，等压线和等温线基本平行，暖中心与高压中心基本重合的气压系统（见图 5-9（a））。如前所述，单位气压高度差（h）与温度（T）成正比。温度越高，等压面间的间距越大。暖高压因中心部位温度高于四周，其高层等压面较低层向上凸得多，而且越向高空伸展，向上凸出得越多。暖高压不仅伸展的高度很高，而且还随高度增高而加强（见图 5-9（b））。实际上，高空大气中的高压系统几乎都是暖性的，如西太平洋副热带高压，就是暖高压。

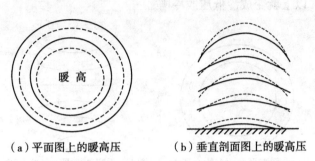

（a）平面图上的暖高压　　　　　（b）垂直剖面图上的暖高压

（注：实线为等压线、等压面，虚线为等温线、等温面）

图 5-9　暖高压的温压场配置

2）冷低压

冷低压是低压中心区为冷区，四周为暖区，等温线与等压线基本平行，冷中心与低压中心基本重合的气压系统（见图 5-10（a））。如前所述，单位气压高度差（h）与温度（T）成正比。温度越低，等压面间的间距越小。冷低压因中心部位温度低于四周，其高层等压面较低层向下凹得多，而且越向高空伸展，向下凹得越多。冷低压不仅伸展的高度很高，而且还随高度增高而加强（见图 5-10（b））。实际上，高空大气中的低压系统几乎都是冷暖性的，如我国东北的冷涡，就是冷低压。

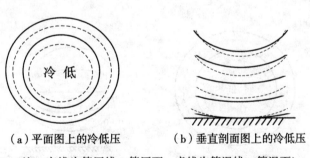

（a）平面图上的冷低压　　　　　（b）垂直剖面图上的冷低压

（注：实线为等压线、等压面，虚线为等温线、等温面）

图 5-10　冷低压的温压场配置

2. 浅薄系统

只存在于对流层低空，随高度增高而减弱，到某一高度后就消失了的系统，称为浅薄系统。

1）冷高压

冷高压是高压中心为冷区，四周为暖区，等压线和等温线基本平行，冷中心与高压中心基本重合的气压系统（见图5-11（a））。如前所述，单位气压高度差（h）与温度（T）成正比。温度越低，等压面间的间距越小，冷低压因中心部位温度低于四周，等压面凸起程度随高度升高而逐渐减小，最后趋于消失。若温压场结构不变，随高度继续增加，冷高压就会变成冷低压系统（见图5-11（b））。例如，蒙古高压就是冷高压，只存在于低空，500hPa以上就变成冷低压或冷槽。

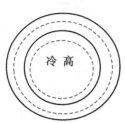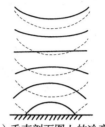

（a）低空平面图上的冷高压 　　（b）垂直剖面图上的冷高压

（注：实线为等压线、等压面，虚线为等温线、等温面）

图5-11　冷高压的温压场配置

2）暖低压

暖低压是低压中心为暖区，四周为冷区，等压线和等温线基本平行，暖中心与低压中心基本重合的气压系统（见图5-12（a））。如前所述，单位气压高度差（h）与温度（T）成正比；温度越高，等压面间的间距越大，暖低压因中心部位温度高于四周，等压面凹陷程度随高度升高而逐渐减小，最后趋于消失。若温压场结构不变，随高度继续增加，暖低压就会变成暖高压系统（见图5-12（b））。例如，我国西北高原地区常出现暖低压，只存在于低空。

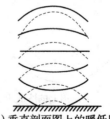

（a）低空平面图上的暖低压 　　（b）垂直剖面图上的暖低压

（注：实线为等压线、等压面，虚线为等温线、等温面）

图5-12　暖低压的温压场配置

（二）温压场不对称系统

这种气压系统，中心轴线（同一气压系统在各高度上的系统中心的连线）不是铅直的，而是偏斜的。如图 5-13（a）所示，地面高压的暖区一侧的单位气压高度差（h）比冷区一侧大；随着高度的增加，高压中心将向暖区移动，各层高压中心的连线将向暖区倾斜。如图 5-13（b）所示，地面低压的冷区一侧的单位气压高度差（h）比暖区一侧小；随着高度的增加，低压中心将向冷区移动，各层低压中心的连线将向冷区倾斜。

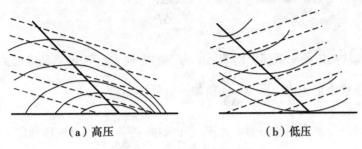

（a）高压　　　　　　　（b）低压

图 5-13　温压场不对称系统

在北半球的中高纬度，冷空气一般从西北方向移来，因而低压轴线常常向西北方向倾斜；高压的西南部比较暖，高压中心轴线便向西南方向倾斜。

由于大气的平均温度场一般呈槽、脊形式，所以，在地面图上的闭合高、低压系统，在高空（500hPa 等压面）往往呈现为低压槽和高压脊，即整个气压形势呈现出与温度场相近似的波状形式。

大气中气压系统的温压场配置绝大多数是不对称的，对称系统很少，因而气压系统的中心轴线大多是倾斜的。气压系统的温压场结构对于天气的形成和演变有着重要影响。

第三节　大气的水平运动

空气无时无刻不在运动着，它的运动可分为两个分量：水平运动、垂直运动。垂直运动与出现在广阔区域并能持续几天以致几十天之久的水平运动相比，一般是很不显著的。如前所述，大气的水平运动也称为风。它对于大气中水分、热量的输送和天气、气候的形成、演变起着重要作用。

一、作用于空气的力

空气的运动状态是由受力情况决定的。作用于空气的力除重力之外，还有由于气压分布不均而产生的气压梯度力，由于地球自转而产生的地转偏向力，由于空气层之间、空气与地面之间存在相对运动而产生的摩擦力，由于空气做曲线运动时产生的惯性离心力。这些力可以分为两类，一类是重力、气压梯度力和摩擦力等真正作用于空气的力，称为基本力或牛顿力；另一类是站在随地球一起旋转的非惯性坐标系中观察大气运动时所表现的力，包括惯性离心力和地转偏向力，称为惯性力。这些力在水平分量之间的不同组合，构成了不同形式的大气水平运动。

（一）气压梯度力

前面已经指出，气压在空间分布不均匀的程度，可以用气压梯度来表示。气压梯度（G_N）是一个向量，它垂直于等压面，由高压指向低压，数值等于两等压面间的气压差（ΔP）除以其间的垂直距离（ΔN），用下式表达：

$$G_N = -\frac{\Delta P}{\Delta N}$$

由于 ΔN 是从高压指向低压，沿着 ΔN 为正的方向上，气压总是降低的，因此 ΔP 恒为负值，但气压梯度取正值，所以 $\frac{\Delta P}{\Delta N}$ 前加一负号。

气压梯度可以分解为两个分量：水平气压梯度 $-\frac{\Delta P}{\Delta n}$、垂直气压梯度 $-\frac{\Delta P}{\Delta Z}$。

实际观测表明，水平气压梯度很小，一般为 1~3 百帕/赤道度，1 赤道度是赤道上经度相差 1°的纬圈长度，约为 111km。可见，实际大气等压面的倾斜角度很小，一般不超过 1°。而垂直气压梯度在大气低层可达 1hPa/10m，相当于水平气压梯度的 10 万倍，因而气压梯度的方向几乎与垂直气压梯度方向一致，即等压面是近似水平的。

在气象学中讨论空气的水平运动时，通常取单位质量的空气作为讨论对象。在气压梯度存在时，单位质量空气所受到的力，称为气压梯度力（G）。气压梯度力的大小与气压梯度成正比，与空气密度成反比。

$$G = -\frac{1}{\rho}\frac{\Delta P}{\Delta N}$$

气压梯度力可以分解为水平气压梯度力（G_n）和垂直气压梯度力（G_z），即

$$G_n = -\frac{1}{\rho}\frac{\partial P}{\partial N}$$

$$G_z = -\frac{1}{\rho}\frac{\partial P}{\partial z}$$

在大气中，G_z 比 G_n 大得多，但重力与 G_z 始终处于平衡状态，因而在垂直方向上一般不会造成强大的上升气流；而 G_n 虽小，由于无其它实质力与它相平衡，在一定条件下，却能造成较大的空气水平运动。

通常，在同一水平面上，空气密度随时间和地点的变化不很明显，因此 G_n 的大小主要由水平气压梯度决定。公式表明，只要水平面上存在气压差异，就有气压梯度力作用在空气上，使空气由高压区流向低压区。若水平方向没有气压差，则水平气压梯度为零，空气处在相对稳定没有运动的状态。因此，水平方向上存在气压差异，是空气产生水平运动的直接原因和动力。

（二）地转偏向力

若空气只受到气压梯度力的作用，则应沿着气压梯度力的方向做加速运动。但事实并非如此。风往往与气压梯度力的方向不是相互平行，而是接近于相互垂直，而且风速也不

是越来越大，说明空气质点还要受到其它力的作用。由于地球不停地自转，地球上的物体相对于地球发生位移时，物体就要受到一种惯性力的作用，这种力就叫地转偏向力，又叫科里奥利力，简称科氏力。

地转偏向力可以分解为水平和垂直两部分，在讨论空气水平运动时，只考虑水平地转偏向力（用 A 表示，以下简称为地转偏向力）。而垂直分量，因大气中存在静力平衡关系，这个分量对大气运动无关紧要。

为了说明地转偏向力，可以做一个实验。取一个圆盘并让它做逆时针旋转（见图 5-14），同时取一个小球让它从圆盘中心 O 点沿 OB 方向滚去。水平方向上如果没有外力作用于小球，则小球保持着惯性沿 OB 直线匀速地滚动着。但当小球自 O 点沿 OB 方向滚动到圆盘边缘的时间里，站在圆盘上 A 点的人也随圆盘一起转动，并由 A 移到 A_1 位置上。如观察者以其立足的圆盘作为衡量物体运动的参照标准，在他看来，小球并没有做直线运动向他滚来，而是做曲线运动向右（沿小球运动方向看）偏移到 A 的位置上了，如图 5-14 中虚线所示。按牛顿运动定律，这种看来向右偏转，好像是小球在做直线运动时，时刻受到的一个同它运动方向相垂直并指向其右方的作用力，就是由于圆盘转动所产生的偏向力，也就是随圆盘一起转动的观察者所观察到的力。这种力是假想的，事实上并无任何物体作用于小球来产生这个力，只是为了要在一个非惯性系里以牛顿定律来解释所观察到的现象而引进的一个假想力。

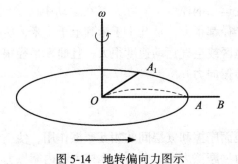

图 5-14 地转偏向力图示

地转偏向力有以下性质：①是一个虚拟力。它垂直于质点（相对地面的）运动方向，只能改变质点运动的方向，不改变运动速度的大小；②是由地球自转与质点相对于地面的运动共同引起的。质点对地面静止时，不受地转偏向力的作用；③在北半球，垂直指向质点运动方向的右方，使质点向原来相对地面运动方向的右侧偏转；在南半球则向左侧偏转；④大小同地转角速度、风速及所在纬度的正弦成正比（$A = 2v\omega\sin\phi$）。在地转角速度及风速相同的条件下，它在两极最大，随纬度的减小而减小，到赤道上减为零。

对动力很大的汽车、飞机以及人的运动而言，地转偏向力可以忽略不计。但在讨论大范围空气运动时，地转偏向力因与水平气压梯度力相近，必须加以考虑。

（三）惯性离心力

当空气做曲线运动时，空气质点时刻受到一个离开曲率中心沿曲率半径向外的作用力，这个力是空气为保持惯性方向运动而产生的，所以叫惯性离心力。惯性离心力与运动的方向相垂直，自曲率中心指向外缘（见图5-15），其大小与空气运动线速度 v 的平方成正比，与曲率半径 r 成反比。表达式为

$$C = \frac{v^2}{r}$$

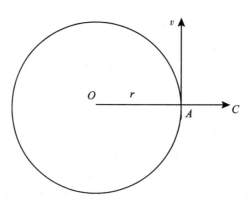

图 5-15　惯性离心力图示

惯性离心力和地转偏向力一样，都不是实际存在的力，而是一种假想力。它也是改变物体运动的方向，不改变运动的速度。实际大气在运动中所受到的惯性离心力通常很小，因为空气运动时的曲率半径都很大，从几十千米到上千千米，所以惯性离心力往往小于地转偏向力。但在低纬度地区或空气运动速度很大，且曲率半径很小时，惯性离心力的数值较大，并有可能超过地转偏向力。

（四）摩擦力

空气运动时，因受地面摩擦和气层间的相互摩擦作用，使空气运动减速，这种因摩擦作用产生的阻力称摩擦力。摩擦力可以分为外摩擦力和内摩擦力，二者的向量和称为总摩擦力。

当空气在近地层运动时，由于粗糙地面对空气运动的阻力称为外摩擦力。它的方向与空气运动方向相反，其大小与空气的运动速度和摩擦系数成正比，即

$$R = - KV$$

式中，R 是摩擦力，K 是摩擦系数，v 是风速，负号表示摩擦力的方向与气流方向相反。一般海上外摩擦力小于陆地。

内摩擦力是速度不同或方向不同的相互接触的两个空气层之间产生的一种相互牵制的力，主要是通过湍流交换作用使气流速度发生改变的力，也称湍流摩擦力。其数值很小，往往不予考虑。

在摩擦力的作用下，空气的运动速度 v 减小，并引起地转偏向力减小，使得气流的运动方向并不与等压线平行，而与等压线构成一定的交角，称摩擦角。摩擦力对空气运动的影响在不同高度有很大差异。在近地层（地面至 30~50m）最为显著，高度越高，作用越

弱，到 1~2km 高度以上，摩擦力的影响就可以忽略不计。所以把此高度以下的气层称为摩擦层（或行星边界层），此层以上称为自由大气。

上述四种力，都是在水平方向上作用于空气的力，它们对于空气运动的影响不同。气压梯度力是使空气产生运动的直接动力，是最基本的力，在讨论空气运动时，必须首先考虑它。其它三种力，只存在于运动着的空气中，而且所起的作用视具体情况而有不同。地转偏向力对高纬地区或大尺度的空气运动影响较大，而对低纬地区特别是赤道附近的空气运动，影响甚小。惯性离心力是在空气做曲线运动时起作用，而在空气运动近于直线时，可以忽略不计。摩擦力在摩擦层中起作用，而在讨论自由大气中的空气运动时也不予考虑。

二、自由大气中的空气水平运动

据观测，在自由大气中，空气的大范围运动有如下特点：①空气运动加速度通常很小，空气作等速运动；②铅直气流一般不强，运动近于水平；③摩擦力影响不明显，风大体沿等压线（或等位势高度线）吹。

（一）地转风

当自由大气中是平直等压线的气压场时，只有气压梯度力和地转偏向力影响空气运动，当这两个力处于平衡时，空气的水平运动就是地转风。由图 5-16 可知，地转风方向与水平气压场之间存在着一定的关系，即白贝罗风压定律（简称为风压律）：在北半球，背风而立，高压在右，低压在左；在南半球则相反，背风而立，高压在左，低压在右。南、北半球的不同，是由地转偏向力的方向不同引起的。

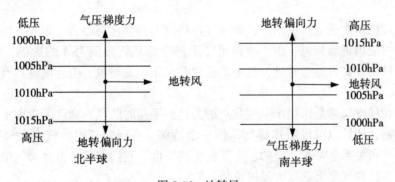

图 5-16　地转风

水平面上的地转风公式为

$$v_g = -\frac{1}{2\rho\sin\phi}\frac{\Delta P}{\Delta n}$$

显然，在纬度和空气密度一定时，地转风风速与气压梯度力成正比，即等压线越密集，风速越强；等压线越稀疏，风速越小。由于低纬度的气压梯度通常很小，地转风速很小。在赤道附近，地转偏向力通常过小，无法与气压梯度力平衡，因而无法形成地转风。

在中、高纬度地区，气压梯度力比较大，所以风速比低纬度地区大得多。

（二）梯度风

实际天气图上的等压线经常是弯曲的。当自由大气中空气质点做曲线运动时，除受气压梯度力和地转偏向力的作用外，还有惯性离心力的作用。当这三个力达到平衡时的风，叫作梯度风。梯度风的风向，仍然遵循风压律。

由于做曲线运动的气压系统有高压和低压之分，而在高压和低压系统中，力的平衡状况不同，其梯度风也各不相同。以等压线为圆形的北半球低压和高压为例（见图 5-17），低压中，气压梯度力 G 指向中心，地转偏向力 A 和惯性离心力 C 指向外，三力达到平衡时（即 $G = A + C$）出现梯度风；高压中，气压梯度力 G 和惯性离心力 C 指向外，地转偏向力 A 指向内，三力达到平衡时（即 $G + C = A$）出现梯度风。低压中梯度风平行于等压线，绕低压中心做逆时针旋转；高压中梯度风平行于等压线，绕高压中心做顺时针旋转，南半球则相反。

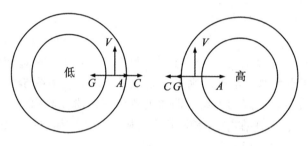

图 5-17 北半球低压、高压中的梯度风

在小尺度低压中或低纬度地区，如果气压梯度力和惯性离心力都很大，而地转偏向力很小时，则可能出现旋衡风。由于这种风已不再考虑地转偏向力 A 的影响，因而其风向既可是顺时针的，又可是逆时针，且中心必定是低压。龙卷风、尘卷风就具有旋衡风的性质。

地转风和梯度风都是作用于空气质点的力达到平衡时的风，梯度风考虑了空气运动路径的曲率影响，地转风可以看作梯度风的一个特例。在研究自由大气中大尺度空气运动时，这两种平衡关系是基本适应的，尤其在中高纬度，它们概括了自由大气中风场和气压场的基本关系，在气象上有很大实用价值。

旋衡风

旋衡风是气压梯度力与惯性离心力平衡时的风。在低纬地区或小尺度低压中，如果气压梯度力和惯性离心力都很大，而地转偏向力很小时，则可能出现旋衡风。因惯性离心力指向圆外，所以气压梯度力指向圆心，故旋衡风圆形迹线中心总是低压。因不涉及地转偏向力，风向不影响上述两力平衡，故风向可以是顺时针的，也可以是逆时针的。旋衡风是大气中一种常见的平衡，像龙卷、水龙卷、尘暴这些小尺度的涡旋，地转偏向力可以忽略，其维持旋衡风平衡。

热成风

由于水平温度梯度的存在而产生的地转风在铅直方向上的速度矢量差，称为热成风。

热成风的方向与气层间的平均等温线平行。在北半球，背热成风而立，高温区在右侧，低温区在左侧；南半球相反。

热成风的大小与气层间的水平温度梯度成正比。即等温线越稀疏，温差越小，热成风就越小；等温线越密集，温差越大，热成风就越大。

在自由大气中，随高度的增加，不论风向如何变化，总是愈来愈趋向于热成风。

例如，北半球由于太阳辐射的影响，总是南面为暖区，北面为冷区，热成风方向总是自西向东，实际风的西风成份随着高度的增加而增加，因而在对流层上层以西风为主。30°N 附近，温度梯度最大，因而对流层顶部出现西风急流。

三、摩擦层中空气的水平运动

在摩擦层中，空气的水平运动受摩擦力作用，不仅风速减弱，而且气流斜穿等压线，从高压吹向低压。

（一）平直等压线气压场

当摩擦层等压线为平行直线时，空气质点受到气压梯度力 G、地转偏向力 A 和地面摩擦力 R 的共同作用，当三力达到平衡时，便出现了稳定的平衡风（图 5-18）。由于摩擦力的作用，风速比减小，进而使地转偏向力相应地减小。减小后的地转偏向力和摩擦力的合力与气压梯度力相平衡时的风，斜穿等压线，由高压吹向低压。

摩擦层中风场与气压场的关系为：在北半球背风而立，高压在右后方，低压在左前方。风向偏离等压线的角度（α）和风速减小的程度，取决于摩擦力的大小。摩擦力越大，交角越大，风速减小得越多。风向与等压线的交角，在陆地上约为 25° ~ 35°，在海洋上约为 10° ~ 20°。据统计，在中纬度地区，陆地上的地面风速约为该气压场所应有地转风速的 35% ~ 45%，在海洋上约为 60% ~ 70%。

（二）弯曲等压线气压场

在等压线弯曲的气压场中，可以得到与上相似的结论，风速比梯度风风速小，风向偏向低压一方，风斜穿等压线吹向低压区。在北半球摩擦层中，低压中的空气，总的来看是逆时针方向流动的，但有内流的分量（见图 5-19（a）），气流向中心辐合；高压中的空气，总的来看是顺时针方向流动的，但有外流的分量（图 5-19（b）），气流向外辐散。

台风登陆后，一般都很快减弱，其原因之一就是，登陆后，摩擦力增大，不仅消耗能

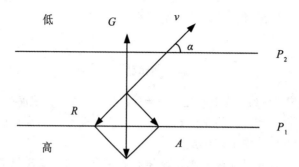

图 5-18 摩擦层中三力平衡时的风（北半球）

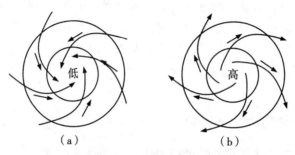

（a） （b）

图 5-19 摩擦层中低压和高压的气流（北半球）

量，而且风向与等压线的夹角增大，气流向中心的辐合作用加强，低压中心就逐渐被填塞。

摩擦力导致气流的辐合、辐散，产生垂直运动，这对成云致雨、天气变化有着重大的影响。上升气流往往伴随阴雨，而下沉气流带来晴朗天气（见图 5-20）。

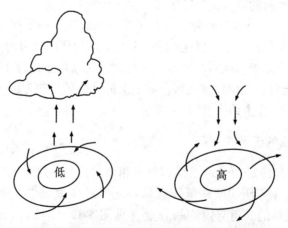

图 5-20 气流的辐合、辐散产生垂直运动

第四节 大气环流的模式

大气环流这个概念，在气象学里应用十分广泛。一般认为：大气环流是指大范围的大气运动状态，其水平范围达数千千米，垂直尺度在 10km 以上，时间尺度在 1~2 天以上。它反映了大气运动的基本状态，并孕育和制约着较小规模的气流运动。它是各种不同尺度的天气系统发生、发展和移动的背景条件。

大气运动状态千变万化，如果将这些随时间和空间不断变化的运动状态对时间和空间进行平均，就可以显现出大气环流的基本特征，得到大气环流的模式。

一、平均纬向环流

大气环流最基本的状态是盛行着以极地为中心旋转的纬向环流，即东风带、西风带。

（一）对流层中上层的平均纬向环流

对流层的中上层，除赤道地区有东风外，各纬度几乎是一致的西风，而且西风跨越的纬距随着高度在扩大（见图 5-21）。这是对流层中、上层由低纬指向高纬的经向温度梯度所决定的。

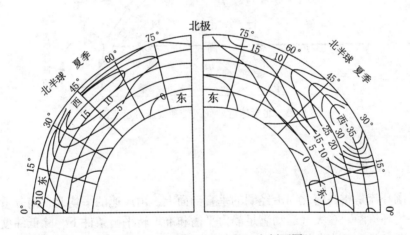

图 5-21 平均纬向环流的经向剖面图

（二）近地面层的平均纬向环流

近地面层的纬向环流分布如下（见图 5-22）：

（1）高纬极地东风带：高纬地区，冬夏都是一层很浅薄的东风带。主要分布在北大西洋低压和北太平洋低压的向极一侧，其厚度、强度都是冬季大于夏季。

（2）中纬盛行西风带：中纬地区，从地面向上都是西风。西风带在纬距上的宽度随高度而增大。北半球为西南风，南半球为西北风。西风风速自地面向上直至 200hPa，差不多是增加的，到对流层顶附近形成一个强西风中心。北半球温带地区，近地层西风不明显，仅在欧洲西部地区，西风终年显著。南半球由于广阔的海洋抑制了静止气压系统的发展，西风风速比北半球要强，风向也更稳定。据统计，40°~60°S地区，一年中有1/3的时间出现狂风恶浪，海浪高达6m，有时竟达15m，人们常把南半球盛行西风带称为"咆哮西风带"。

（3）低纬信风带：低纬地区，自地面到高空是深厚的东风层，称热带东风带或信风带。北半球为东北信风，南半球为东南信风。它是纬向风带中风向最为稳定、风速较大（平均风速4~8m/s）、活动范围广阔（几乎占全球的一半）的风带。南北半球的信风辐合于赤道低压槽中。大洋上，尤其是太平洋中部，这两股气流的辐合非常明显。其它地方的辐合区，在空间和时间上都不是连续的。

此外，北半球夏季，由于太阳直射点的北移，加上热力作用等因素，南半球的东南信风越过赤道，受地转偏向力的作用，逐渐变为西南风。所以，在南亚和非洲出现西风系统，称为赤道西风带。

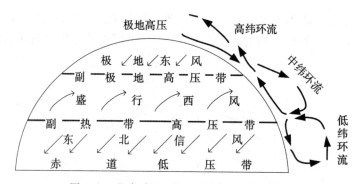

图 5-22　北半球近地面风带和气压带示意图

二、平均经圈环流

平均经圈环流是指在南北向沿经圈的垂直剖面上，由风速的平均北、南分量和垂直分量构成的平均环流圈。在大气运动满足静力平衡和准地转平衡条件下，除低纬度以外，上述风速的南北分量和垂直分量都很小，因而经圈环流同纬圈环流相比要弱得多。

由图5-22可见，北半球有三个经向环流圈：低纬环流圈，是一个直接热力环流圈，由哈德莱最先提出，又称哈德莱环流圈；中纬环流圈，是间接热力环流圈，是费雷尔最先提出的，又称费雷尔环流圈；高纬环流圈，又称极地环流圈，也是一个直接热力环流圈。这三个环流圈中，低纬环流圈最强，高纬环流圈最弱。经向环流圈有季节性移动。在北半球，夏季北移，冬季南移。环流强度也有季节变化，冬季增强，夏季减弱。

三、平均水平环流

平均水平环流，是指纬向环流受到扰动（主要是地球表面海陆分布以及地面摩擦和大地形作用所引起）后发展起来的槽、脊和高、低压环流。

（一）对流层中上层平均水平环流

从图 5-23 可见，北半球对流层中高层极地全年都为低压所占据，中高纬盛行绕极西风，在西风带上有明显的大尺度平均槽、脊。

1 月，500hPa 等压面图上西风带有三个平均槽，即位于亚洲东岸 140°E 附近的东亚大槽、北美东岸 70°~80°W 附近的北美大槽和乌拉尔山西部的欧洲浅槽。在三槽之间并列着三个脊，脊的强度比槽弱得多。

7 月，西风带显著北移，槽脊的位置也发生很大变动，即东亚大槽东移入海，原欧洲浅槽已不存在，并变为脊，而欧洲西岸和贝加尔湖地区各出现一个浅槽，北美大槽位置基本未动。西风带由三个槽转变为四个槽，其强度比冬季明显减弱。

由图 5-23 还可看出，1 月西风风速明显比 7 月强，表现为 1 月等高线比 7 月密集，这是因为冬季南北温差大于夏季。

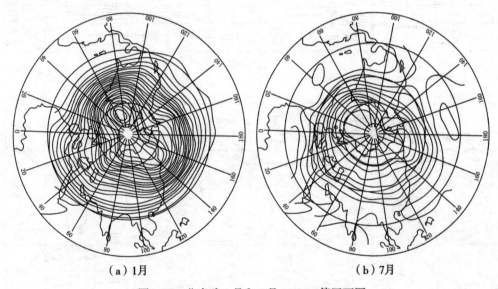

（a）1月　　　　　　　　　（b）7月

图 5-23　北半球 1 月和 7 月 500hPa 等压面图

（二）对流层低层平均水平环流

对流层低层平均水平环流，可用海平面平均气压场表示，见图 5-24。在对流层低层，由于地表海陆性质差异和地表起伏不平所引起的热力、动力变化，使环流沿纬圈的不均匀性更加显著，水平环流在月平均海平面气压分布图上主要表现为一个个巨大的高、低压系统。

1 月，北半球中高纬度有两个大低压，一个是在北太平洋的阿留申群岛附近、中心强度为 1000hPa 左右的阿留申低压；另一个是在北大西洋的冰岛附近、中心强度为 997hPa 的冰岛低压。有两个冷高压，一个是欧亚大陆上的强大西伯利亚高压（也称蒙古高压），中心强度为 1035hPa；另一个是北美大陆上的北美高压（也称加拿大高压），中心强度

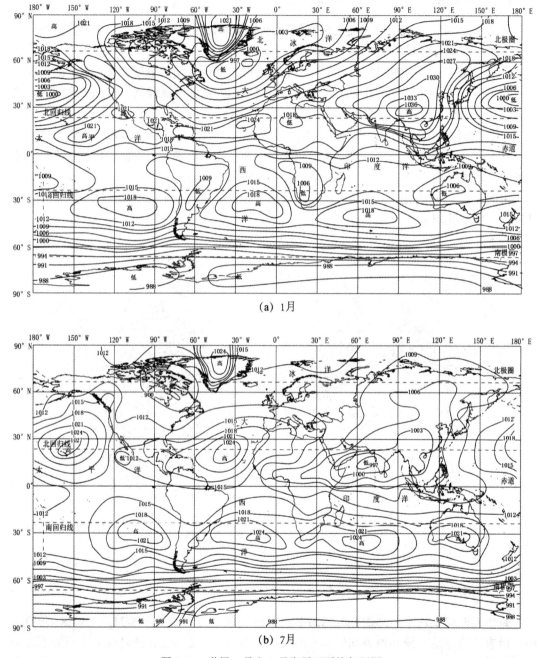

(a) 1月

(b) 7月

图 5-24　世界 1 月和 7 月海平面平均气压图

1020hPa。副热带的高压有两个主要中心，一个在太平洋，称为北太平洋高压（或称夏威夷高压），另一个在大西洋，称为北大西洋高压（或称亚速尔高压），它们范围较小，强度较弱。南半球副热带高压分裂成三个高压中心，分别位于南太平洋、印度洋和南大西洋上，中心气压值都在 1018hPa 左右。而在澳大利亚大陆、非洲南部和南美南部分别形成几个小低压，中心气压值在 1006~1009hPa。

7 月，北半球大陆上发展了两个低压，即亚洲南部低压（或称印度低压）和北美西南部低压，中心强度分别为 997hPa 和 1011hPa。原来海洋上势力很强的阿留申低压和冰岛低压仍然存在，但强度已大为减弱，甚至几乎消失了，而海洋上的北太平洋高压（夏威夷高压）、北大西洋高压（亚速尔高压）强度增强，范围扩大，位置北移，中心气压值增至 1027hPa 左右。南半球高压带几乎环绕全球，中心气压值可超过 1020hPa。

在以上平均气压图上出现的大型高、低压系统，称为大气活动中心。海洋上的太平洋高压、大西洋高压、阿留申低压、冰岛低压常年存在，只是强度、范围随季节有变化，称为常年活动中心；陆地上的南亚低压、北美低压、西伯利亚高压、北美高压等只是季节性存在，称为季节性活动中心。它们的活动和变化对其附近乃至全球的大气环流和天气、气候的形成及演变起着重要作用。

第六章 天气系统

大气中引起天气变化的各种尺度的运动系统称为天气系统。根据水平尺度和时间尺度的不同，可对天气系统进行分类（见表6-1）。不同尺度的天气系统相互交织作用，共同影响区域的天气气候特征。各类天气系统都是在一定的大气环流和地理环境中形成发展演变的，其活动又会对区域天气过程和地理环境演变产生影响。因此，认识和掌握常见天气系统的类型、运动变化规律及对应的天气现象，对于了解区域天气、气候的形成变化，预测天气变化过程，理解区域地理环境的形成演变都具有重要意义。本章主要介绍对我国天气影响较大的几种天气系统的形成、发展和变化过程。

表6-1　　　　　　　　　　　　　各种尺度的天气系统

尺度种类		行星尺度	大尺度	中尺度	小尺度
水平尺度（km）		≥1000	100~1000	10~100	0.1~10
时间尺度		一周以上	3~5 天	≤1 天	1 小时以内
天气系统	温带	超长波、长波	气旋、反气旋、锋	背风波	雷暴单体
	副热带	副热带高压	季风低压、切变线	飑线、暴雨	龙卷风
	热带	热带辐合带、季风	热带气旋、云团、东风波	热带风暴、对流群	对流单体

第一节　气团和锋

一、气团

气团，是指气象要素（主要指温度、湿度和大气静力稳定度）在水平分布上比较均匀的大范围空气团，其水平范围从几百千米到几千千米，垂直范围可达几千米到十几千米，常常从地面伸展到对流层顶。同一气团内的温度水平梯度一般小于 1~2℃/100km，垂直稳定度及天气现象也都变化不大。气团可以作为天气系统及天气过程分析的基本单元。

（一）气团的形成

由于空气团的物理属性主要受其下垫面和大气环流场运动的影响，因此气团的形成源地往往需具备两个条件：①下垫面范围广阔且地表性质比较均匀。空气中的热量、水分主

100

要来自下垫面，因而下垫面性质决定着气团的基本物理属性。因此，要形成一定规模的物理属性水平方向相对均匀的气团，需要存在大范围性质比较均匀的下垫面。例如，在冰雪覆盖的地区往往形成冷而干的气团；在水汽充沛的热带海洋上，常常形成暖而湿的气团；在沙漠或干燥大陆上形成干而热的气团。而地表覆盖和性质变化多样的区域（如地形起伏的山区）往往难以形成大范围的气团。②存在一个能使空气物理属性在水平方向上均匀化的环流场。这样的环流场（往往比较稳定）能保证空气有充足的时间与下垫面进行热量和水分交换，从而获得比较均一的属性，同时减小空气温度、湿度的水平变化梯度。例如，高纬地区的准静止冷高压和副热带高压等缓行的高压（反气旋）系统。在具备了上述两个条件的基础上，通过大气中各种尺度的湍流、大范围系统性垂直运动以及蒸发、凝结和辐射等动力、热力过程，空气与地表间进行水汽和热量交换，并经过足够长的时间来获得下垫面的属性，从而形成一定规模的相对均匀的气团。

（二）气团的变性

环流条件改变时，气团将在大气环流的牵引下离开源地。一旦移动到新环境，由于下垫面性质以及物理过程的改变，气团的属性也随之发生相应的变化，这种气团原有物理属性的改变过程称为气团变性。气团总是随着大气的运动而不停地移动着，气团的变性是经常的，绝对的。停滞或缓行的状态只是暂时的，相对的，是变性过程中的一个相对稳定阶段。日常所见到的气团大多是已经离开源地而有不同程度变性的气团。

气团变性的快慢和变性的程度，主要受气团源地下垫面与流经区下垫面性质差异的大小、气团离开源地的时间以及气团本身的性质影响。一般来说，气团源地与流经区下垫面差异越大，气团离开源地时间越久，气团变性程度越大。冷气团向暖区移动时，更易更快变暖变性；而暖空气向冷区移动时，变冷变性则相对较慢。这是因为冷气团底层受热后，层结不稳定度增加，湍流、对流容易发展，能较快地把底层热量、水汽输送到大气上层，快速改变气团的物理属性；相反，暖气团移向冷区时，气团底层变冷，层结稳定度增加，限制了气团的垂直发展，气团变冷主要通过缓慢的辐射过程进行。从气团水分变性来看，干气团通过海洋或潮湿下垫面的蒸发作用就可增加水汽而变湿，而湿气团则要通过大气中水汽凝结和降水过程才能变干，变干过程要比变湿过程缓慢。

（三）气团的分类

气团的分类方法主要有地理分类法和热力分类法两类。

1. 地理分类法

根据气团源地的地理位置和下垫面性质进行分类。首先按源地的纬度位置将气团分为四个基本类型，即冰洋（北极和南极）气团、极地（中纬度）气团、热带气团和赤道气团；再根据源地的海陆位置，把冰洋气团、极地气团和热带气团又分为海洋型和大陆型两类。赤道气团源地主要是海洋，不再区分海洋型和大陆型。由此，每个半球划可分出 7 种气团，各种气团的特征见表 6-2，其源地在地球上的分布见图 6-1。地理分类法能直接判定气团的形成源地，并可从源地地表的特性了解气团的主要特征，但它不易区分相邻两个气团的属性，也无法表示气团离开源地后的属性变化。

　　我国大部分地区处于中纬度，冷、暖气流交绥频繁，缺少气团形成的环流条件。同时，地表性质复杂，没有大范围均匀的下垫面作为气团源地。因而，活动在我国境内的气团，大多是从其它地区移来的变性气团，其中最主要的是极地大陆（变性）气团和热带海洋气团。

表6-2　　　　　　　　　　　　　　　　气团的地理分类

名称	符号	主要天气特征	主要分布地区
冰洋（北极、南极）大陆气团	Ac	气温低、水汽少，气层非常稳定，冬季入侵大陆时会带来暴风雪天气	南极大陆，65°N以北，冰雪覆盖的极地地区
冰洋（北极、南极）海洋气团	Am	性质与Ac相近，夏季从海洋获得热量和水汽	北极圈内海洋上，南极大陆周围海洋
极地（中纬度或温带）大陆气团	Pc	低温、干燥、天气晴朗，气团低层有逆温层，气层稳定，冬季多霜、雾	北半球中纬度大陆上的西伯利亚、蒙古国、加拿大、阿拉斯加一带
极地（中纬度或温带）海洋气团	Pm	夏季同Pc相近，冬季比Pc气温高，湿度大，可能出现云和降水	主要在南半球中纬度海洋上，以及北太平洋、北大西洋中纬度洋面上
热带大陆气团	Tc	高温、干燥、晴朗少云，底层不稳定	北非、西南亚、澳大利亚和南美洲一部分的副热带沙漠区
热带海洋气团	Tm	低层温暖、潮湿且不稳定，中层带有逆温层	副热带高压控制的海洋
赤道气团	E	湿热不稳定，天气闷热，多雷暴	在南北纬10°之间的范围内

2. 热力分类法

　　依据气团与流经地区下垫面间热力对比进行的分类。气团向比它暖的下垫面移动时称为冷气团；向比它冷的下垫面移动时称为暖气团。冷、暖气团是相比较而言，两者之间并没有绝对的温度数量界限。一般而言，由低纬流向较高纬度的是暖气团；反之为冷气团。前者使到达地区增暖，后者使到达地区变冷。冬季从海洋移向大陆的气团是暖气团，反之是冷气团；夏季情况相反。日常天气分析中还常依据气团与相邻气团间的温度对比划分冷、暖气团，温度相对高的称暖气团，温度相对低的称冷气团。暖气团一般含有丰富的水汽，如遇地形或外力抬升时，容易形成云雨等不稳定天气。冷气团一般水汽含量少，在其控制下气层较稳定，出现稳定性天气。

二、锋

　　锋是冷、暖气团相交绥的地带。该地带冷、暖空气异常活跃，常常形成广阔的云系和降水天气，有时还出现大风、降温和雷暴等剧烈天气现象。因此，锋是温带地区重要的天气系统。

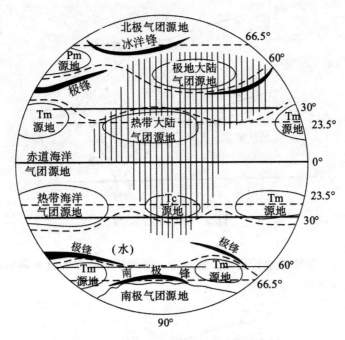

图 6-1 气团和气候锋的地理分类示意图

(一) 锋的概念

锋是由两种性质不同的气团相接触形成,其水平范围与气团水平尺度相当,长达几百千米到几千千米;水平宽度在近地面层一般为几千米到几十千米,到高空增宽,可达 200~400km (见图 6-2)。但锋的宽度与气团宽度相比显得很狭窄,因而常把锋区看成是一个曲面,称为锋面。锋面与地面的交线称为锋线,锋面和锋线统称锋。锋向空间伸展的高度视气团高度的不同而有所不同。

(二) 锋的特征

锋是冷、暖气团之间的过渡带,其两侧气团的温度、湿度、稳定度以及风、云、气压等气象要素和状态都有明显的差异。因此,可以将锋看成空间中气象要素分布的不连续面,其形态、温度场、气压场、风场等均具有显著的特征。

1. 锋面形态

锋在空间呈倾斜状态,其倾斜程度,称锋面坡度。锋面坡度的形成和维持是气压梯度力和地球偏转力综合作用的结果。锋的一侧是冷气团,另一侧是暖气团,由于冷暖气团密度的不同,在两气团间便产生了一个由冷气团指向暖气团的水平气压梯度力 (G),这个力迫使冷气团呈楔形伸向暖气团下方,并将暖气团抬挤到它的上方,使两者分界面趋于水平。然而,当水平气压梯度力开始作用时,地转偏向力 (A) 就随之起作用,并不断地改变着冷空气的运动方向,使其逐渐同锋线趋于平行。当地转偏向力和锋面气压梯度力达到

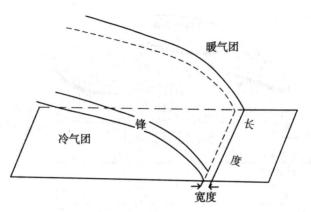

图 6-2　锋面的空间结构

平衡时，气流平行于锋面做地转运动，这时冷、暖气团的分界面就不再向水平方向过渡而呈现为倾斜状态（见图 6-3）。

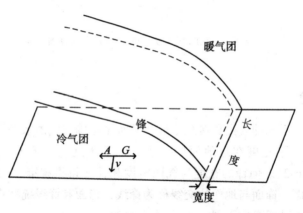

图 6-3　锋面坡度

　　实际大气中，锋面坡度一般都很小，平均约为 1/50～1/300，冷锋坡度大些，约为 1/50～1/100，暖锋坡度约为 1/150～1/200，静止锋坡度最小。冬季中国华南准静止锋坡度更小，约 1/300 左右。锋面坡度虽小，但其覆盖地区却很大，能影响广大地区的天气。

　　2. 锋区温度场

　　锋区的水平温度梯度远大于锋两侧的单一气团内的温度梯度。锋面附近区域内相距 100km，气温差可达几度，甚至可达 10℃ 左右，是两侧单一气团内水平温度梯度的 5～10 倍。锋区温度场在天气图上表现为等温线非常密集，而且同锋面近于平行。

　　3. 锋区气压场

　　锋面两侧是密度不同的冷、暖气团，因而锋面两侧的气压分布是不连续的。如图 6-4 所示，平面上实线表示无锋时暖气团内气压分布状况，当等压线横穿锋面时，由于锋下冷气团气压较高，等压线便产生转折，折角尖端指向高压一方（图 6-4 中虚线），锋落在低压槽中。

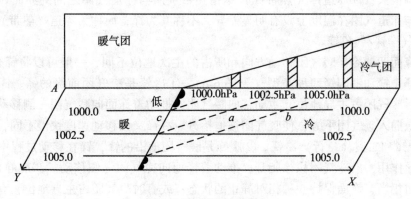

图 6-4　锋附近气压分布

4. 锋区风场

锋附近的风场同其气压场相适应。地面锋处于低压槽内，因此依据梯度风原理，锋线附近的风场应具有气旋性切变，尤其近地面层大气，由于摩擦作用，风向和风速的气旋性切变都很明显。如图 6-5 所示，当冷锋呈东北—西南走向时，锋前多为西南风，锋后多为西北风，表现出风向的气旋式切变。

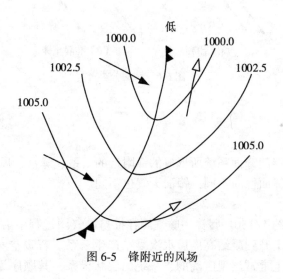

图 6-5　锋附近的风场

（三）锋的类型

目前主要有两种分类法。

1. 气候锋

根据形成锋的气团源地不同，可将锋分为冰洋锋、极锋和赤道锋（热带锋）（见图 6-1）。①冰洋锋是指冰洋气团与极地气团之间的界面，处于高纬地区，势力较弱，位置变化不大；②极锋是指极地气团与热带气团之间的界面，冷暖交绥强烈，位置变化大，对中纬地区影响很大；③赤道锋（热带锋）是指热带气团与赤道气团之间的界面。有人认为热带气团与赤道气团在温度上没有明显差异，不称其为锋，而称为赤道（热带）辐合带。

2. 天气学锋/气象锋

根据锋面两侧冷、暖气团移动方向和所占的主次地位不同，一般可以将锋分为冷锋、暖锋、准静止锋和锢囚锋四种类型（见图6-6）：①冷锋是冷气团前缘的锋。锋在移动过程中，锋后冷气团占主导地位，主动移向暖气团，推动着锋面向暖气团一侧移动，较重的冷气团前缘插入暖气团下方，使暖气团被迫抬升。冷锋又因移动速度快慢不同，分为一型（缓行）冷锋和二型（急行）冷锋。②暖锋是暖气团前沿的锋，锋在移动过程中，锋后暖气团起主导作用，沿冷气团徐徐爬升，推动着锋面向冷气团一侧移动。③准静止锋是冷、暖气团势力相当，锋面保持一种相对静止的状态；或有时冷气团占主导地位，有时暖气团又占主导地位，锋面处于来回摆动状态的锋。④锢囚锋是当冷锋赶上暖锋，两锋间暖空气被抬离地面锢囚到高空，冷锋后的冷气团与暖锋前的冷气团相接触形成的锋。

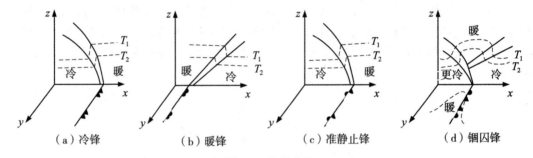

图 6-6　锋的分类

（四）锋面天气

锋面天气主要指伴随锋面系统所形成的锋附近的云系、降水、风、能见度等气象要素的分布和演变状况。锋面性质不同，锋面天气也不同。

1. 暖锋天气

暖锋坡度较小，约1/150。暖锋中暖气团在推挤冷气团过程中沿锋面缓慢爬升，爬升过程中绝热冷却，当上升到凝结高度后水汽凝结产生云系。若暖空气滑行的高度足够高，水汽又比较充足，锋上常常出现广阔的、系统的层状云系，其顺序为：卷云（Ci）、卷层云（Cs）、高层云（As）、雨层云（Ns）（见图6-7）。暖锋降水主要发生在雨层云内，出现在锋前冷区，宽度300~400 km，多是连续性降水，历时较长，但强度较小。在我国明显的暖锋出现得较少，大多伴随着气旋出现。春、秋季一般出现在江淮流域和东北地区，夏季多出现在黄河流域。

2. 冷锋天气

冷锋根据移动速度的快慢可分为两种类型：一型冷锋（缓行冷锋）和二型冷锋（急行冷锋）。

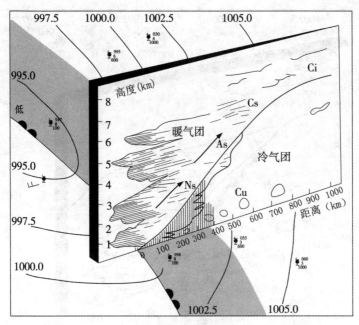

图 6-7 暖锋天气模式

一型冷锋移动缓慢、锋面坡度较小（1/100 左右）。当暖气团比较稳定、水汽比较充沛时，冷锋系统移动相对较缓，产生与暖锋相似的层状云系，但云系的分布序列与暖锋相反，而且云系和雨区主要位于地面锋后。由于锋面坡度大于暖锋，因而云区和雨区都比暖锋窄些，且多稳定性降水（见图 6-8）。但当锋前暖气团不稳定时，在地面锋线附近也常出现积雨云和雷阵雨天气。这类冷锋是影响我国天气的重要天气系统之一，一般由西北向东南移动。夏季出现在西北、华北等地；冬季多在南方活动。

二型冷锋移动快、锋面坡度大（1/40～1/80）。冷锋后的冷气团势力强，移动速度快，猛烈地冲击着暖空气，使暖空气急速上升，形成范围较窄、沿锋线排列很长的积状云带，产生对流性降水天气。夏季时，空气受热不均，对流旺盛，冷锋移来时常常乌云翻滚、狂风大作、电闪雷鸣、大雨倾盆，气象要素发生剧变。但是，这种天气历时短暂，锋线过后气温急降，天气豁然开朗（见图 6-9）。在冬季，由于暖气团湿度较小、气温较低，不可能发展成强烈不稳定天气，只在锋前方出现卷云、卷层云、高层云、雨层云等云系。当水汽充足时，地面锋线附近可能有很厚、很低的云层和宽度不大的连续性降水。锋线一过，云消雨散，出现晴朗、大风、降温天气。在干旱季节，空气湿度小、地面干燥、裸露，还会有沙尘暴天气。在我国北方冬、春季节常见。

冷锋在我国活动范围广，几乎遍及全国，尤其在冬半年，北方地区更为常见，它是影响我国天气的重要天气系统。我国的冷锋大多从俄罗斯、蒙古国进入我国西北地区，然后南下。冬季时多二型冷锋，影响范围可达华南，但其移到长江流域和华南地区后，常常转变为一型冷锋或准静止锋。夏季时多一型冷锋，影响范围较小，一般只到达黄河流域。

3. 准静止锋天气

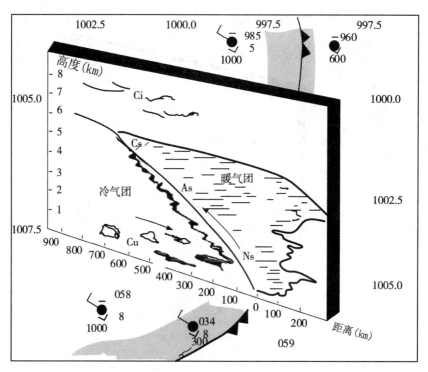

图 6-8　一型冷锋天气模式

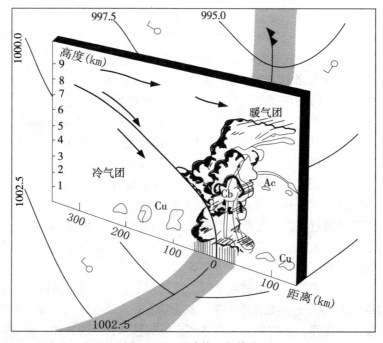

图 6-9　二型冷锋天气模式

准静止锋坡度比暖锋更小（1/200~1/500），沿锋面上滑的暖空气可以伸展到距锋线很远的地方，所以云区和降水区比暖锋更为宽广，降水强度比较小，但持续时间长，可能造成连续阴雨天气。我国准静止锋主要出现在华南、西南和天山北侧，以冬半年为多，对这些地区及其附近天气影响很大。

准静止锋天气可分为两类：①云系发展在锋上且有明显降水。例如我国华南准静止锋，大多由冷锋南下过程中冷气团消弱、暖气团增强演变而成，因而天气和一型冷锋相似，只是锋面坡度更小、云雨区更宽，降水区延伸到锋后很大范围内，降水强度较小，为连续性降水。由于准静止锋移动缓慢，并常常来回摆动，使阴雨天气持续时间长达10天至半个月。初夏时，如果暖气团湿度增大、低层升温，气层可能呈现不稳定状态，锋上也可能形成积雨云和雷阵雨天气。②主要云系发展在锋下，并无明显降水。例如昆明准静止锋，它是南下冷空气被山脉阻挡而呈现准静止状态的，锋上暖空气比较干燥且滑升缓慢，产生不了大规模云系和降水，而锋下冷气团变性含水汽较多，沿山坡滑升，再加上湍流、混合作用容易形成层积云或不厚的雨层云，可伴有连续性降水。

4. 锢囚锋天气

锢囚锋是两个移动锋面相遇形成的，其云系具有原来两种锋的特征，锋面两侧都有降水区。由于锢囚作用，大范围暖空气被迫上升，利于云层变厚，降雨区扩大，锋面两侧降水强度往往较大。冬春季我国东北地区多出现暖式锢囚锋，华北地区多出现冷式锢囚锋（见图6-10）。

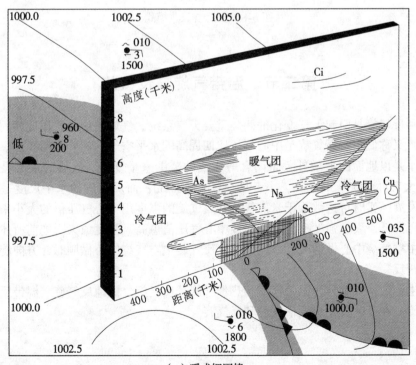

（a）暖式锢囚锋

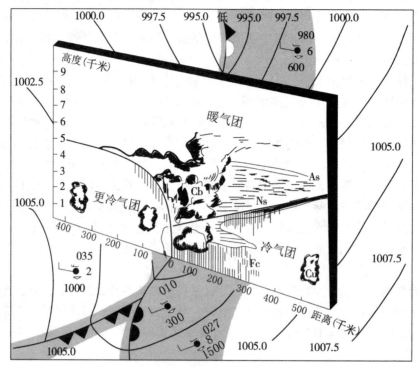

（b）冷式锢囚锋

图 6-10 锢囚锋天气模式

第二节 温带气旋与反气旋

气旋和反气旋是引起天气变化的两类重要天气系统。气旋是中心气压比四周低的水平空气涡旋，又称低压。反气旋是中心气压比四周高的水平空气涡旋，又称高压。气旋和反气旋的大小是以地面图上最外一条闭合等压线的范围来量度的。气旋的水平尺度一般为1000km，大者可2000~3000km，小者只有200~300km；而反气旋的水平尺度一般比气旋大得多，发展强盛时可达数千千米。气旋和反气旋的强度用中心气压值的大小来表示，气旋中心气压愈低，表示强度愈大；反气旋中心气压值愈高，强度愈大。如前所述，在北半球，气旋中空气绕中心做逆时针方向旋转，反气旋中空气绕中心做顺时针方向旋转；南半球则方向相反。

按发生地区，气旋分为温带气旋和热带气旋，反气旋分极地反气旋、温带反气旋和副热带反气旋。本节主要介绍温带气旋和反气旋。

一、温带气旋

温带气旋是指具有锋面结构的低压系统，又称锋面气旋。它主要活动在中高纬度，是温带地区产生大范围云雨天气的主要天气系统。

（一）温带气旋的结构模式

温带气旋（锋面气旋）的结构在不同的发展阶段有较大差异。对发展成熟的温带气旋（见图6-11），从平面看，是一个逆时针方向旋转的涡旋，中心气压最低，自中心向前方伸展一个暖锋，向后方伸出一条冷锋，冷、暖锋之间是暖空气，冷、暖锋以北是冷空气。锋面上的暖空气呈螺旋式上升，锋面下冷空气呈扇形扩展下沉。从垂直方面看，气旋的高层是高空槽前气流辐散区，低层是气流辐合区。在气旋前部和中心区有上升气流，气旋后部有下沉气流。由于气旋自底层到高层是一半冷、一半暖的温度不对称系统，因而其低压中心轴线自下而上向冷区偏斜。

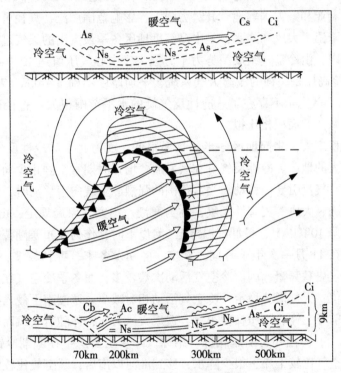

图 6-11　温带气旋结构模式

（二）温带气旋的天气模式

锋面气旋的天气与锋面紧密相关，而且在气旋的不同发展阶段也是不同的。这里仅介绍成熟阶段锋面气旋的天气模式。成熟阶段的锋面气旋云和降水的分布模式如图6-11所示，图中阴影区为降水区。气旋的前方通常是宽阔的暖锋云系及相伴随的连续性降水天气；气旋后方是比较狭窄的冷锋云系和降水天气，气旋中部是暖气团天气，如果暖气团中水汽充足而又不稳定，可出现层云、层积云，并下毛毛雨，有时还出现雾，如果气团干燥，只能生成一些薄云而没有降水。

一个锋面气旋活动时间为5天左右。在我国所产生的天气主要是大风和降水。江淮地区，锋面气旋常带来充沛的降水，并常引起大范围的灾害性暴雨和大雨。在北方，常会造成大风和风沙。

二、温带反气旋

温带反气旋是指活动在中、高纬度地区的反气旋。一般分为两类：相对稳定的冷性反气旋、与锋面气旋相伴移动的移动性反气旋。

（一）冷性反气旋

冷性反气旋常在冬季发生于寒冷的中纬度和高纬度地区，如北半球的格陵兰、加拿大、北极、西伯利亚和蒙古国等地。其势力强大，影响范围广泛，直径可达数千千米。常给活动地区带来降温、大风和降水，是中高纬度地区冬季最突出的天气过程。冷性反气旋出现在近地面层内，由冷空气组成，势力十分强大，中心气压值达 1030~1040hPa，强时可达 1080hPa。冷高压是一种的浅薄天气系统，平均厚度不到 3~4km，700hPa 以上踪迹不清，500hPa 以上就完全不存在了。冷性反气旋的水平范围很大，直径达数千千米，几乎可以和大陆、海洋的面积相比拟。

亚洲大陆面积广大，北部地区冬半年气温很低，成为北半球冷性反气旋活动最为频繁、发展最为强大的地区。冷性反气旋在其发展、增强时期常常静止少动，但当高空形势改变时，会受高空气流引导而移动。当大范围的强烈冷空气向南移动时，常给流经地区造成剧烈降温、霜冻、大风等灾害性天气，称为寒潮。国家气象局规定，由于冷空气侵袭，气温在 24h 内下降 10℃ 以上，最低气温降至 5℃ 以下时，作为发布寒潮警报的标准。我国的寒潮主要出现在 11 月—次年 4 月间，秋末、冬初及冬末、春初较多，隆冬反而较少。春、秋季冷暖空气更替频繁，因而冷空气活动次数较多，而冬季冷空气在我国大部分地区居于绝对优势地位，天气形势稳定，冷空气活动相对减少。寒潮南下侵入我国时，其前缘有一条冷锋作为前导，锋后气压梯度很大，造成大风天气，伴随着大风而来的是温度的骤降，常达 10℃ 以上，降温还可引起霜冻、结冰。降水主要产生在寒潮冷锋附近，在我国淮河以北，由于空气比较干燥，很少降水，移到淮河以南后，暖空气比较活跃，含有水分较多，大多能形成雨雪。

（二）移动性反气旋

移动性反气旋是形成于高空锋区下方与锋面气旋相伴出现的水平范围较小、强度不大的反气旋。它随同锋面气旋一起自西向东移动。当出现气旋族时，它位于两个气旋之间，又称居间反气旋。移动反气旋的天气是：其东部（前部）具有冷锋天气特征，西部（后部）具有暖锋天气特征，中心区附近天气晴朗、风力不大。当移动性反气旋发展强大时可转变成强大的冷性反气旋。

无论是冷性反气旋或移动性反气旋，当其向低纬移动后，冷气团变性增暖，强度减弱，最后前缘锋面消失，并入副热带高压。

第三节 副热带高压和热带气旋

一、副热带高压

在南、北半球副热带地区，经常维持着沿纬圈分布的高压带，称副热带高压带。受海陆纬圈分布的影响，副热带高压带常断裂成若干个高压单体，称副热带高压，简称副高。副高主要位于大洋上，常年存在，在北半球主要分布在北太平洋西部、北太平洋东部、北大西洋中部、北大西洋西部墨西哥湾和北非等地；南半球分布在南太平洋、南大西洋和南印度洋等。此外，夏季大陆高原上空出现的青藏高压和墨西哥高压，也属副热带高压。副高空间范围广，稳定少动，成为副热带地区最重要的大型天气系统。它的维持和活动对低纬度地区与中高纬度地区之间的水汽、热量、能量、动量的输送和平衡起着重要的作用，对低纬度环流和天气变化具有重大影响。

（一）副热带高压概况

副高处于低纬环流和中纬环流的汇合带，由对流层中上层气流辐合、聚积而成。副高结构从垂直剖面看，$600 \sim 100hPa$ 层以质量辐合为主，$600hPa$ 层以下质量辐散占优势，整层空气质量辐合大于辐散，有净质量堆积。副高的强度和规模随季节而有变化。夏季时北半球副高的强度、范围迅速增大，盛夏时增至最强，范围几乎占北半球的 $1/5 \sim 1/4$。冬季时，北半球副高强度减弱，范围缩小，位置南移、东退。南半球副高的季节变化状况与北半球相反。

副高区内的温度水平梯度一般比较小，而高压边缘由于同周围系统相交，温度梯度明显增大，尤其北部和西北部更大。这种温度梯度分布特点导致副高脊线附近气压梯度小、水平风速小，而南北两侧气压梯度增大、水平风速增大。由于盛行下沉气流，副高内的天气以晴朗、少云、微风、炎热为主。高压的北、西北部边缘因与西风带天气系统（锋面、气旋、低槽）相交绥，气流上升运动强烈，水汽比较丰富，多阴雨天气。高压南侧是东风气流，晴朗少云，低层潮湿、闷热，但当热带气旋、东风波等热带天气系统活动时，也可能产生大范围暴雨和中小尺度雷阵雨及大风天气。高压东部受北方冷气流的影响，形成较厚逆温层，产生少云、干燥、多雾天气，长期受其控制的地区，久旱无雨，出现干旱。所以，副高长期控制下的地区，久旱少雨，可能出现沙漠，如非洲撒哈拉沙漠、澳大利亚西部沙漠、智利北部阿塔卡马沙漠、北美加利福尼亚海岸沙漠等。

（二）西太平洋副热带高压

太平洋副高多呈东西扁长形状，中心有时只有 1 个，有时有数个。夏季时一般分裂为东、西两个大单体，位于西太平洋的称为西太平洋副热带高压，简称西太平洋副高。它除在盛夏时偶尔呈南北狭长形状外，一般呈东西向的椭圆形。西太平洋副高的活动具有明显的季节性规律。冬季位置最南，夏季最北，从冬到夏向北偏西移动，强度增大；自夏至冬则向南偏东移动，强度减弱。冬季，副高脊线位于 15° N 附近。随着季节转暖，脊线缓慢

113

地向北移动。大约到 6 月中旬，脊线越过 20° N，在 20°~25° N 间徘徊。7 月中旬出现第二次跳跃，脊线位于 25~30° N 之间。7 月底至 8 月初，脊线跨过 30° N 到达最北位置。9 月以后随着西太平洋副高势力的减弱，脊线开始自北向南迅速撤退，9 月上旬脊线第一次回跳到 25° N 附近，10 月上旬再次跳到 20° N 以南地区，从此结束了一年为周期的季节性南北移动。西太平洋副高的季节性南北移动并不是匀速进行的，而表现出稳定少动、缓慢移动和跳跃三种形式，北进过程持续的时间较久、移动速度较缓，而南退过程经历时间较短、移动速度较快。

西太平洋副高是对我国夏季天气影响最大的天气系统，在副高内部，受其控制将产生干旱、炎热、无风天气，副高还通过与周围天气系统相互作用形成其它类型天气。西太平洋副高的位置、强度的变化对我国（主要是东部）的雨季、旱涝以及台风路径等都有重大的影响。西太平洋副高是影响我国夏季水汽输送的重要天气系统，西太平洋副高的位置和强度关系着东南季风从太平洋向大陆输送水汽的路径和数量，而且还影响着西南气流输送水汽的状况。同时，西太平洋副高北侧是北上暖湿气流与中纬度南下冷气流相交缓的地带，气旋和锋面系统活动频繁，常常形成大范围阴雨和暴雨天气，成为我国东部地区的重要降水带。通常该降水带位于西太平洋副高脊线以北 5~8 个纬距，并随副高作季节性移动。平均而言，每年 2~5 月，主要雨带位于华南；6 月雨带位于长江中下游和淮河流域，使江淮一带进入梅雨期；7 月中旬雨带移到黄河流域，而江淮流域处于高压控制下，进入伏旱期，天气酷热、少雨，如果副高强大，控制时间长久，将造成严重干旱。副高南侧为东风带，常有东风波、热带风暴，甚至台风活动，产生大量降水，因此 7 月中旬后，华南又出现一次雨期。从 7 月下旬到 8 月初，主要雨带移至华北、东北地带。从 9 月上旬起副高脊线开始南撤，降水带也随之南移（见表 6-3）。上述情况仅是西太平洋副高活动对我国东部地区天气影响的一般规律。实际上西太平洋副高的季节性南北移动经常出现异常，往往造成一些地区干旱而另一些地区洪涝。

表 6-3　　　　　　　　　西太平洋副高季节移动与我国雨带的关系

时　　间	西太平洋副高脊线位置	我国东部雨带位置
冬季	15°N 附近	华南沿海
5 月中旬—6 月上旬	18°—20°N	华南前汛期
6 月中、下旬	第一次北跳，20°—25°N	江淮地区，梅雨开始
7 月上、中旬	第二次北跳，25°—30°N	黄淮流域；长江中下游梅雨结束，开始炎热少雨天气
7 月下旬—8 月初	30°N 以北	华北、东北
9 月上旬	第一次回跳，25°N	淮河流域秋雨；长江中下游地区及江南秋高气爽
10 月上旬	第二次回跳，20°N 以南	华南沿海

梅　雨

　　居住在长江中下游的人们，往往有这样的体验：晴雨多变的春天一过，初夏随着而来，但不久，天空又会云层密布，阴雨连绵，有时还会夹带着一阵阵暴雨。这就是人们常说的"梅雨"来临了。每年初夏，宜昌以东，26°~34°N之间的江淮流域，阴雨连绵，降水频繁，雨量充沛，此时正是江南梅子黄熟季节，故称"梅雨"。

　　南宋赵师秀诗云"黄梅时节家家雨，青草池塘处处蛙。"明代医学家李时珍的《本草纲目》中写到"梅雨或作霉雨，言其沾衣及物，皆出黑霉也。""梅雨"或"霉雨"的称谓由来已久，至少已在我国流传一千多年。

　　梅雨是我国东部地区主要雨带北移过程中在长江流域停滞的结果。梅雨天气的主要特征为，多阴雨天气，日照少，空气潮湿，风速较小，天气闷热，降水多属连续性，多大雨和暴雨。梅雨期并非天天阴雨，也有短时间的晴天。

　　入梅日期平均在每年6月中旬，出梅日期平均在每年7月上旬，梅雨期一般历时20多天。对各具体年份来说，梅雨开始和结束的早晚、梅雨的强弱等，存在着很大差异。有的年份梅雨明显，有的年份不明显，甚至产生空梅现象。

二、热带气旋

　　热带气旋是形成于热带海洋上、具有暖心结构、强烈的气旋性涡旋，是热带地区最重要的天气系统。它来临时往往带来狂风、暴雨和巨浪，具有很大的破坏力，威胁着人类的生命和财产安全，是一种灾害性天气。同时，热带气旋也带来充沛雨水，有利于缓和或解除盛夏旱象。

（一）热带气旋的分级和命名

　　根据2006年5月发布的《热带气旋等级》（GB/T 19201—2006）国家标准，我国对西北太平洋和南海的热带气旋，按底层中心附近最大平均风速划分为6个等级，见表6-4。

表6-4　　　　　　　　　　　　　　　热带气旋等级划分表

热带气旋等级	底层中心附近最大平均风速（m/s）	底层中心附近最大风力（级）
热带低压	10.8~17.1	6~7
热带风暴	17.2~24.4	8~9
强热带风暴	24.5~32.6	10~11
台风	32.7~41.4	12~13
强台风	41.5~50.9	14~15
超强台风	≥51.0	16或以上

　　为了识别和追踪热带气旋，需要对其进行命名或编号。我国气象部门规定，凡出现在

东经 150°以西、赤道以北的热带气旋，按每年出现顺序进行编号，用四位数码表示。例如，1002 号表示 2010 年第二号热带气旋。自 2000 年 1 月 1 日开始，西北太平洋和南海的热带气旋还采用了具有亚洲风格的名字命名，旨在增强警报效果。对这一带的台风，分别由世界气象组织所属的亚太地区 14 个成员各提供 10 个名字，并按字母顺序循环使用。这些名字大多出自提供国和地区家喻户晓的传奇故事、自然美景、动物植物等。若某个台风惹下大祸，有关成员可以向台风委员会提出换名申请，把坏名字剔除，如 2001 年给新加坡带来强风暴雨的"画眉"，2007 年以其 17 级的威力横扫福建、浙江、江西和湖南四省的"桑美"。

(二) 台风

1. 台风发生的时间和区域

台风大多数发生在南、北纬 5°~20°的海水温度较高的热带洋面上，主要发生在 8 个海区，即北半球的北太平洋西部和东部、北大西洋西部、孟加拉湾和阿拉伯海 5 个海区，南半球的南太平洋西部、南印度洋西部和东部 3 个海区。每年发生的台风（包括热带风暴）半数以上发生在北太平洋，北半球占总数的 73%，南半球仅占 27%。南大西洋和南太平洋东部没有台风发生。北半球台风（除孟加拉湾和阿拉伯海以外）主要发生在海温较高的 7—10 月，南半球发生在高温的 1—3 月，其他季节显著减少。

2. 台风的结构

台风是一个强大而深厚的气旋性涡旋（见图 6-12），发展成熟的台风，其低层根据气流辐合情况从外至内可分为三个区域：①外圈，又称大风区，自台风边缘到涡旋区外缘，半径为 200~300km，其主要特点是风速向中心急增，风力可达 6 级以上；②中圈，又称涡旋区，从大风区边缘到台风眼壁，半径约 100km，是台风中对流和风、雨最强烈区域，破坏力最大；③内圈，又称台风眼区，半径为 5~30km，风速迅速减小或静风。

台风流场的垂直分布，大致可分为三层：①低层流入层，从地面到 3km，气流强烈向中心辐合，最强的流入层出现在 1km 以下的行星边界层内。由于地转偏向力作用，内流气流呈气旋式旋转，而且在向内流入过程中愈接近台风中心，旋转半径愈短，等压线曲率愈大，惯性离心力也相应增大。结果在地转偏向力和惯性离心力作用下，内流气流并不能到达台风中心，而在台风眼壁附近强烈螺旋上升。②上升气流层，从 3km 到 10km 左右，气流主要沿切线方向环绕台风眼壁上升，上升速度在 700~300hPa 之间达到最大。③高空流出层，大约从 10km 到对流层顶（12~16km），气流在上升过程中释放大量潜热，致台风中部气温高于周围，台风中的水平气压梯度力便随着高度而逐渐减小，当达到某一高度（10~12km）时，水平梯度力小于惯性离心力和水平地转偏向力的合力时，便出现向四周外流的气流。空气的外流量同低层的流入量大体相当，否则台风会加强或减弱。

台风各个等压面上的温度场是近于圆形的暖中心结构。台风低层温度水平分布是自外围向眼区逐渐增高的，但温度梯度很小。随着高度升高，水平温度梯度增大，温度最高的位置位于台风中心的上部，这是眼壁外侧雨区降雨潜热释放和眼区空气下沉增温的共同结果。

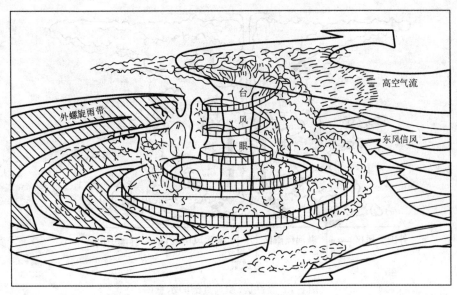

图 6-12 台风的三度空间流场

3. 台风内的天气

依据台风卫星云图和雷达回波，发展成熟的台风云系由外向内有：①外螺旋云带，由层积云或浓积云组成，以较小角度旋向台风内部。云带常常被高空风吹散成"飞云"。②内螺旋云带，由数条积雨云或浓积云组成，直接卷入台风内部，并有降水形成。③云墙，由高耸的积雨云组成的围绕台风中心的同心圆状云带。云顶高度可达 12km 以上，好似一堵高耸云墙，形成狂风、暴雨等恶劣天气。④眼区，气流下沉，晴朗无云天气。与四周恶劣天气区形成明显对比（见图 6-13）。

4. 台风的形成和消亡

台风是由热带弱小扰动发展起来的。当弱小的热带气旋性系统在高温洋面上空产生或由外区移来时，因摩擦作用使气流产生向弱气旋内部流动的分量，把洋面上高温、高湿空气辐合到气旋中心，产生上升对流运动，水汽随上升运动输送到中、上部凝结，释放潜热，加热气旋中心上空的气柱，形成暖心。暖心结构又使空气变轻，中心气压下降，气旋性环流加强。环流加强使低空暖湿空气向内辐合进一步增强，更多的水汽向中心集中，对流更旺盛，中心变得更暖，中心气压更为下降，如此循环，直至增强为台风。在热带海洋面上经常有许多弱小的热带涡旋，它们被称为台风的"胚胎"，其中大约只有百分之十能够发展成台风。

台风形成和发展的重要机制是台风暖心的形成，而暖心的形成、维持和发展需要有合适的环境条件以及产生热带扰动的流场，这两者既是相互关联的，又是缺一不可的。一般认为台风形成的合适环境条件和流场是：①广阔的高温洋面：台风的形成与发展要有巨大的能量，其能量主要来源于大量水汽凝结所释放的潜热。热带洋面上，海温高，蒸发强，通过湍流运动向大气输送大量热量和水汽，具有高温高湿不稳定条件，其大量内能是台风

117

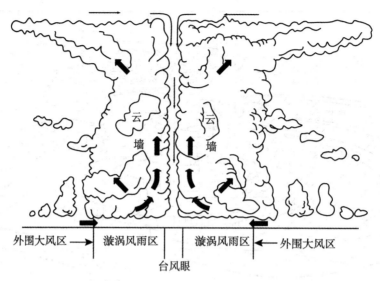

外围大风区 → | 漩涡风雨区 | 漩涡风雨区 | ← 外围大风区

台风眼

图 6-13 台风云系垂直剖面示意图

产生和发展的巨大能量来源。②合适的地转参数值：气流产生扰动后，必须有一定地转偏向力作用。若地转偏向力达不到一定数值时，向中心辐合的气流则会直达低压中心，使之填塞不能形成气旋性涡旋，台风无法形成。所以台风大多发生在南、北纬 5°~20°之间。③气流铅直切变要小：在地转偏向力作用下，辐合上升气流发展为气旋性涡旋。气流上升，绝热冷却产生凝结，凝结释放的潜热使空气增暖。风的垂直切变小，使潜热不向外扩散，保持台风的暖心结构。暖心的反馈作用，使台风中心气压继续降低，空气涡旋愈旋转愈强，最后发展为台风。在 20°N 以北地区，高层风很大，不利于增暖，台风不易出现。④合适的流场：大气中积蓄的大量不稳定能量能否释放出未转化为台风的动能，与有利流场的起动和诱导关系很大。大气低层扰动中有较强的辐合流场，高空有辐散流场，利于潜热释放，尤其当高空辐散流场强于低空辐合流场时，低空扰动就得以加强，逐渐发展成台风。

台风的消亡主要是台风登陆后，高温、高湿空气得不到源源补充，失去了维持强烈对流所需能源。同时低层摩擦加强，内流气流加强，台风中心被逐渐填塞、减弱以至消失。再者，台风移到温带后，有冷空气侵入，破坏了台风的暖心结构，变性为温带气旋。

台风从形成到消亡，一般历时 3~8 天，最长可达 20 天以上，最短的不足 1 天。

5. 台风的移动路径

台风基本上自东向西移动，移动速度一般为 20~30km/h。以北太平洋西部地区台风移动路径为例，其移动路径大体有三条。①西移路径：当北太平洋高压脊呈东西走向，而且强大、稳定时，或北太平洋副高不断增强西伸时，台风从菲律宾以东洋面向西移动，经过南海在我国海南岛或越南一带登陆。②西北路径：当北太平洋高压脊线呈西北—东南走向时，台风从菲律宾以东洋面向西北方向移动，在我国江浙或横穿台湾海峡在浙、闽一带登陆。这条路径对我国尤其是华东地区影响范围较大。③转向路径：北太平洋副高东退海上时，台风从菲律宾以东海区向西北方向移动，然后转向东北方向移去，路径呈抛物线型。对我国东部沿海地区及日本影响较大。

第七章　气候的形成

气候的形成及变化受多种因子的制约，可以归纳为以下五类：①太阳辐射。它是气候形成和变化的最主要的因子，到达地球表面太阳辐射的时空分布及变化，决定了地球气候的基本特征。②宇宙地球物理因子。天体的引潮力或地球运动参数的时空变化，会引起地球上变形力的产生，从而导致地球上大气和海洋发生变形，进而引起气候变化。③环流因子。大气环流和大洋环流不仅对全球的热量分配起着重要作用，同时也参与水循环过程，承担着输送水分的作用，所以影响着气候系统的变化。④下垫面因子。包括海陆分布、地形起伏和冰雪覆盖等，会引起不同的热力作用和大气动力作用，对气候产生影响。⑤人类活动。通过改变大气化学组成、改变下垫面性质从而影响气候变化。本章主要介绍太阳辐射、环流因子、下垫面因子在气候形成过程中的作用。

第一节　太阳辐射对气候的影响

太阳辐射是气候系统的能源，又是大气中一切物理过程和物理现象形成的基本动力，所以它是气候形成的基本因素。不同地区的气候差异和各地气候季节交替，主要是由于太阳辐射在地球表面分布不均及其随时间变化引起的。

一、天文辐射

太阳辐射在大气上界的时空分布是由太阳与地球间的天文位置决定的，又称天文辐射。天文辐射决定了大气温度场的基本气候特征，是形成地球上不同地区气候差异及季节交替的基本因素。

假定太阳辐射经过大气时不被削弱，地球表面又是完全均匀的，那么，在一年之内到达地球表面上各地的太阳辐射总量，就主要由以下三个要素所决定：①日地距离，地球绕太阳公转的轨道为椭圆形，太阳位于两焦点之一上。因此，日地距离时时都在变化，这种变化以一年为周期。地球上受到太阳辐射的强度与日地间距离的平方成反比，大气上界的太阳辐射强度在一年中变动于 3.4% ~ −3.5% 之间。②太阳高度角，指地球上任一地点太阳光入射方向和地平面的夹角。它有日变化和年变化，太阳高度角越大，则太阳辐射越强，所以也是决定天文辐射能量的一个重要因素。③白昼长度，指从日出到日没的时间间隔，赤道上四季白昼长度均为 12 小时，赤道以外昼长四季有变化。23.5°纬度的春、秋分日昼长 12 小时，夏至日昼最长，冬至日白昼最短；到纬度 66°33′ 出现极昼和极夜现象。南北半球的冬夏季节时间正好相反。

受上述因素的影响，天文辐射存在着时空变化的特点（见表7-1），具体如下：

表 7-1   大气上界水平面天文辐射的分布（MJ/m²）

纬度	0°	10°	20°	23.5°	30°	40°	50°	60°	66.5°	70°	80°	90°
夏半年	6585	6970	7161	7182	7157	6963	6601	6118	5801	5704	5519	5476
冬半年	6585	6019	5288	4998	4418	3443	2406	1376	779	556	120	0
年总量	13170	12989	12445	12179	11575	10406	9007	7494	6280	6260	5639	5476

注：$I_0 = 1367W/m^2$

（1）天文辐射能量的分布完全因纬度而异。全球获得天文辐射最多的是赤道，随着纬度的增高，辐射能渐次减少，最小值出现在极点，仅及赤道的40%。这种能量的不均衡分布，必然导致地表各纬度带的气温产生差异。地球上之所以有热带、温带、寒带等气候带的分异，与天文辐射的不均衡分布有密切关系。

（2）夏半年获得天文辐射量的最大值在20°～25°的纬度带上，由此向两极逐渐减少，最小值在极地。这是因为在赤道附近太阳位于或近似位于天顶的时间比较短，而在回归线附近的时间比较长。赤道上终年昼夜长短均等，而在20°～25°纬度带上，夏季白昼时间比赤道长。又由于夏季白昼长度随纬度的增高而增长，所以由热带向极地所受到的天文辐射量，随纬度的增高而递减的程度也趋于和缓，表现在高低纬度间气温和气压的水平梯度也是夏季较小。冬半年北半球获得天文辐射最多的是赤道，随着纬度的增高，天文辐射量也迅速递减，到极点为零，表现在高低纬度间气温和气压的水平梯度也是冬季较大。

（3）夏半年与冬半年天文辐射的差值随着纬度的增高而增大。表现在气温的年较差上是高纬度大，低纬度小。

（4）在极圈以内，有极昼、极夜现象。在极夜期间，天文辐射为零。

二、天文气候带

根据天文辐射的时空分布，可把地球上分为以下几个天文气候带（见图7-1）：

（1）赤道带。在南北纬10°之间，占地球总面积17.36%。在此带内全年正午太阳高度角皆甚大，一年中有两次受到太阳直射，在一年内昼夜长短几乎均等。因此全年受到太阳辐射最强，年变化极小，日变化大。

（2）热带。在纬度10°～25°间，南北半球各占地球总面积的12.45%，夏半年受热最多，大部分地区一年中正午有两次连续受到太阳直射机会（回归线以外地带除外），天文辐射日变化大，年变化仍较小（比赤道带稍大）。

（3）亚热带。位于纬度25°～35°间，南北半球各占地球面积的7.55%，是热带与温带间的过渡地带。这里水平面上已无受太阳直射机会，但夏半年受到太阳天文辐射量仅次于热带，而大于赤道带，冬半年则较少。天文辐射的季节变化比赤道带和热带显著。

（4）温带。位于纬度35°～55°间，南北半球各占地球面积的12.28%，全年天文辐射的季节变化最显著，有四季分明的特点。

（5）亚寒带。位于纬度 55°~60° 间，南北半球各占地球面积 2.34%，是温带与寒带的过渡地带，此带昼夜长短差别大，但无极昼、极夜现象。

（6）寒带。位于纬度 60°~75° 间，南北半球各占地球面积的 5.00%，此带一年中昼夜长短差别更大，在极圈以内有极昼、极夜现象。全年天文辐射总量显著减少。

（7）极地。位于纬度 75°~90° 间，南北半球各占地球面积 1.70%。此带昼夜长短差别最大，在极点半年为昼，半年为夜。即使在昼半年正午太阳高度角也很小，是天文辐射最小、年变化最大的地区。

天文气候带虽然反映了世界气候分布的基本轮廓，但实际上，地面温度或气温的分布情况并不如此简单。因为地面温度在极大程度上是由其辐射收支的差额值所决定的，而地面的辐射收支差额值除随纬度而异外，还与海陆分布、地形起伏、地表干湿、大气透明度及云量等因素有关。所以，在太阳辐射影响下，地面温度不仅有随纬度变化的差异，即使在同一纬度，也不可能是均匀一致的。地面温度既然如此，气温的情况也类似，因为近地面气温与地面温度有密切关系，它随地面温度的变化而变化。各地气温的差异，必然会影响气压、风以及其它气候要素的分布，因而产生各地气候上的差别。所以，不同地区气候的差异及季节变化，归根到底是太阳辐射作用的结果，太阳辐射在气候形成中起着主导作用。

三、辐射收支与地面能量平衡

（一）辐射收支

太阳辐射自大气上界通过大气圈再到达地表，其间辐射能的收支和能量转换十分复杂，因此地球上的实际气候与天文气候有极大的差距。

如第三章所述，地-气系统的辐射能收支差额（R_s）计算公式为

$$R_s = (Q + q)(1 - r) + q_a - F_\infty$$

式中，Q 和 q 分别为到达地表的太阳直接辐射和散射辐射，合称总辐射，r 为地表的反射率，q_a 为大气所吸收的太阳辐射能，F_∞ 为包括透过大气的地面辐射和大气本身向宇宙空间放射的长波辐射。收入部分为短波辐射，支出部分为长波辐射，R_s 又称净辐射。

就全球地-气系统全年各纬圈吸收的太阳辐射和向外射出的长波辐射的年平均值而言，对太阳辐射的吸收值，低纬度明显多于高纬度。这一方面是因为天文辐射的日辐射量本身有很大的差别，另一方面是高纬度冰雪面积广，反射率特别大，所以由热带到极地间太阳辐射的吸收值随纬度的增高而递减的梯度甚大。就长波射出辐射而言，高低纬度间的差值相对小得多。这是因为赤道与极地间的气温梯度不完全是由各纬度所净得的太阳辐射能所决定的。通过大气环流和洋流的作用，可缓和高、低纬度间的温度差，所以长波射出辐射差值减小。

在低纬度地区太阳辐射能的收入大于其长波辐射的支出，有热量的盈余。而在高纬度地区则相反，辐射能的支出大于收入，热量是亏损的。这种辐射能收支的差异是形成气候地带性分布，并驱动大气运动，力图使其达到平衡的基本动力（见图 3-10）。

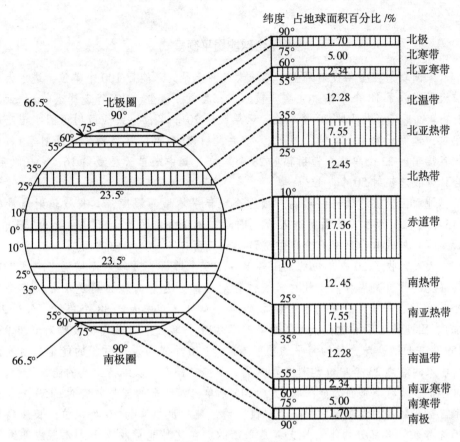

图 7-1 天文气候带

（二）地面能量平衡

如第三章所述，地面辐射差额的计算公式为

$$R_g = (Q + q)(1 - r) - F_0$$

上式表明，影响地面辐射差额的因子有很多，除主要受纬度影响外，还因云量、空气湿度和地面性质而异。地面辐射差额的时空分布与天文辐射有相当大的差距，这是地球上的实际气候比天文气候复杂的原因之一。

当地面收入短波辐射能大于其长波支出辐射，辐射差额为正值时，一方面要升高温度，另一方面盈余的热量就以湍流显热和水分蒸发潜热的形式向空气输送热量，以调节空气温度，并供给空气水分。同时还有一部分热量在地表活动层内部交换，改变下垫面（土壤、海水等）温度的分布。当地面辐射差额为负值时，则地面温度降低，所亏损的热量由土壤（或海水等）下层向上层输送，或通过湍流及水汽凝结从空气获得热量，使空气降温。根据能量守恒定律，这些热能是可以转换的，但其收入与支出的量应该是平衡的，这就是地面能量平衡。地面能量平衡决定着活动层以及贴近活动层空气的增温和冷却，影响着蒸发和凝结的水相变化，是气候形成的重要因素。

全球能量平衡模式

太阳辐射在全年投射到整个地球大气圈上界的总能量100个单位，进入大气圈时被大气吸收了18个单位（主要是被水汽、臭氧、微尘、CO_2等选择吸收），云滴吸收2个单位，二者共吸收20个单位。云层反射20个单位，大气散射返回宇宙空间6个单位，地面反射4个单位，地-气系统共反射30个单位（又称地球反射率）。地面吸收直接辐射22个单位、散射辐射28个单位（其中来自云层漫射16，大气散射12），合计吸收总辐射50个单位。

地面因吸收总辐射而增温。根据全球年平均地面温度，其长波辐射能量相当于115个单位。地面长波辐射进入大气圈时有109个单位为大气（主要为CO_2、水汽、云滴等）所吸收，只有6个单位透过"大气窗口"逸入宇宙空间。

大气吸收了20个单位的太阳辐射和109个地面长波辐射而增温，它本身也根据其温度进行长波辐射。大气和云长波辐射一部分为射向地面的逆辐射，其值相当于95个单位，另一部分射向宇宙空间为64个单位（其中大气38个单位，云层26个单位）。因此通过辐射过程，大气总共吸收129个单位，而大气长波辐射支出95+64＝159个单位。全球大气的年平均辐射差额为-30个单位。这亏损的能量，由地面向大气输入的潜热23个单位和湍流显热7个单位来补充，以维持大气的能量平衡。

整个地球下垫面的能量收支为±145个单位，大气的能量收支为±159个单位，从宇宙空间射入的太阳辐射100个单位，而地球的反射率为30个单位，长波辐射射出70个单位，各部分的能量收支都是平衡的。在这种能量收支下，才形成并维持着现阶段地球稳定的气候状态。

第二节　环流对气候的影响

气候形成的环流因子包括大气环流和洋流，这二者间有密切的关联，而且对气候系统中热量和水分的重新分配起着重要作用，是气候形成和变化的基本因素。

一、环流与热量输送

大气环流和洋流对气候系统中热量的重新分配起着重要作用。它一方面将低纬度的热量传输到高纬度，调节了赤道与两极间的温度差异，另一方面又因大气环流的方向有由海向陆与由陆向海的差异和洋流冷暖的不同，导致同一纬度带上大陆东西岸气温产生明显的差别，破坏了天文气候的地带性分布。

（一）环流对高低纬间的热量输送作用

如前所述，在约南、北纬35°间，地-气系统的辐射热量有盈余，在高纬地区则有亏损。但根据多年的温度观测记录，却未见热带逐年增热，也未见极地逐年变冷，这必然存在着热量由低纬度向高纬度的传输，这种传输是通过大气环流和洋流来实现的。

大气环流输送形式，主要是平均经圈环流输送和大型涡旋输送两种。在显热输送上，两者具同一量级。潜热的经向输送在30°~70°N地带，则以大型涡旋输送为主，平均经圈环流次之，但在低纬度则基本上由信风与反信风的常定输送来完成。大型涡旋是指移动性气旋、反气旋、槽和脊等。气旋移动的方向一般具有向北的分速，且在气旋的前部（反气旋的后部）常有暖平流，槽前（脊后）常有暖平流，所以能把热量由低纬度输送到高纬度。反气旋的移动方向一般具有向南的分速，且在反气旋的前部（气旋的后部）常有冷平流，脊前（槽后）常有冷平流，它们能把冷空气从高纬度输送到低纬度，这是调节高低纬度间热量的一个重要途径。

全球平均而言，在环流的经向热量输送中，大气环流的作用占68%，洋流的作用占32%。在赤道至纬度30°，洋流的输送超过大气环流的输送，占74%；在30°N以北，大气环流的输送超过了洋流的输送。海洋—大气这种接力式的经向热量输送是维持高低纬度能量平衡的主要机制。表7-2列出了各纬圈上辐射差额温度与实际温度的比较，可见，由于环流的作用调节了高低纬度间的温度。

表7-2　　　　　　　　　　**各纬度上辐射差额温度与实际温度的比较**

温度（℃，平均值）	纬　度									
	0°	10°	20°	30°	40°	50°	60°	70°	80°	90°
辐射差额温度 （对于不流动大气的计算）	39	36	32	22	8	−6	−20	−23	−41	−44
观测温度（流动大气）	26	27	25	20	14	6	−1	−9	−18	−22
温度差	−13	−9	−7	−2	+6	+12	+19	+23	+23	+22

由表7-2可见，由于环流经向输送热量的结果，低纬度降低了2~13℃，中高纬度却升高了6~23℃。因此大气环流和洋流在缓和赤道与极地间南北温差上，确实起了巨大作用。

这种作用在洋面上比大陆上更为显著。尤其是冬季，在北大西洋（经度0°）上因暖洋流强度大，赤道至北极圈的气温差别只有22℃，比欧亚大陆（经度130°E）上要小得多（见表7-3）。

表7-3　　　　　　　　　　**大陆和大洋上赤道至北极圈气温（℃）的差别**

经度（地区）	0°（大西洋）	130°E（欧亚大陆）	170°W（太平洋）	90°W（北美大陆）
1月	22	74	47	58
7月	16	8	25	25
平均	17	41	36	41

（二）　环流对海陆间的热量传输作用

大气环流和洋流对海陆间的热量传输，是同纬度大陆东西岸和大陆内部气温差异显著的重要原因。

冬季，海洋是热源，大陆是冷源，在吹海风的沿海地区，热量由海洋输送到大陆，因此迎风海岸气温比同纬度内陆要高。在夏季，大陆是热源，海洋是冷源，这时大陆上热气团在大陆气流作用下向海洋输送热量。不过，这时大陆通过大气环流向海洋输送热量远比冬季海洋向大陆的输送量小。夏季在迎风海岸气温比较凉，在冷洋流海岸因系离岸风，仅贴近海边处，受海洋上翻水温的影响，气温比大陆内部要低得多。

例如，冬季，北半球中高纬度盛行西风，大陆西岸是迎风海岸，又有暖洋流经过，故热量由海洋向大陆输送，提高了大陆西岸的气温。而且北大西洋暖流势力很强，这支暖洋流流经冰岛、挪威的北角，一部分能远达巴伦支海，在盛行西风的作用下，使西北欧的气温特别暖和。位于亚欧大陆西岸的法国波尔多（45°N）和位于亚欧大陆东岸的俄罗斯的海参崴（43°N），纬度仅相差 2°，但是 1 月平均气温却相差 18.5℃。

这种海陆间的热量交换是造成同一纬度带上，大陆东西两岸和大陆内部气温有显著差异的重要原因。

二、环流与水分循环

水分循环的过程通过蒸发、大气中的水分输送、降水和径流四个环节来实现。由于太阳能的输入，从海洋表面蒸发到空中的水汽，被气流输送到大陆上空，通过一定的过程凝结成云而降雨。地面的雨水又通过地表江河和渗透到地下的水流，再回到海洋，这称为水分的外循环或大循环，也就是海陆之间的水分交换。水分从海洋表面蒸发，被气流带至空中凝结，然后以降水的形式回落海中，以及水分通过陆地表面的水体、湿土蒸发及植物的蒸腾作用回到空中凝结，再降落到陆地表面，这是水分内循环或称小循环。在水分循环中，大气环流起着重要作用。

据长期观测，地球上的总水量是不变的，因而水分的收入与支出是平衡的，这就叫作地球上的水量平衡。水量平衡是水分循环的结果，而水分循环又必须通过大气环流来实现。根据水分循环中三个分量（降水、蒸发、大气中的水分输送）的平均经向分布（见图 7-2）可说明大气环流与它们的关系。

1）环流与降水

云和降水的形成以及降水量的大小与大气环流的形势息息相关，图 7-2（a）明显地表示出世界降水的纬度带分布有两个高峰。一个在赤道低压带，这里有辐合上升气流，产生大量的对流雨；一个在中纬度西风带，在冷暖气团交绥的锋带上，气旋活动频繁，降水量也较多，是次于赤道的第二个多雨带。在这两个高峰之间，是副热带高压带，盛行下沉气流，因此即使在海洋表面，降水却很稀少。

2）环流与蒸发

蒸发过程中，在水源充足的条件下，比如海洋，蒸发的快慢和蒸发量的多少受环流方向和速度的影响。从图 7-2（b）可以看出海洋上年平均蒸发量最高峰出现在 15°~20°N 和

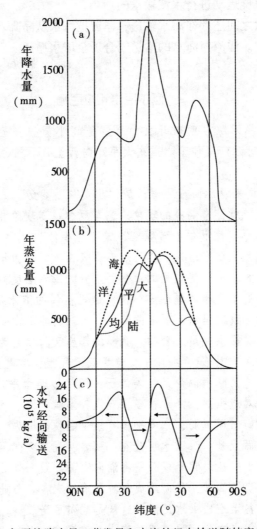

图 7-2 年平均降水量、蒸发量和水汽的经向输送随纬度的分布

10°~20°S 的信风带，这是风向和风速都很稳定的地带。信风又来自副热带高压，最有利于海水的蒸发，而赤道低压带因风速小，海面蒸发量反而较小。

3）环流与水汽输送

如果将图 7-2（b）中全球年平均蒸发量曲线与图 7-2（a）中年平均降水曲线相重叠，则可见在 13°~37°N 地带及 7°~40°S 地带蒸发量大于降水量，水汽有盈余，而在赤道带和中、高纬度降水量大于蒸发量，水汽有亏损，因此要达到水分平衡，则需大气径流将水汽从盈余的地区输送到水汽亏损的地区。从图 7-2（c）中可以看出，以副热带高压为中心，通过信风和盛行西南风（北半球）将水汽分别向南和向北作经向的输送（见图 7-2（c）中箭头方向）。

全球的水分输送计算证明，在低纬度哈德莱环流对水汽输送起的作用甚大，在中、高纬度主要是通过大型涡旋运动进行水汽输送的。

　　另外，在单个海盆之间还存在海水输送，洋流把海水从净降水区输送到净蒸发区，从而避免局地海平面变化。洋流对海水的输送闭合了全球水循环。

厄尔尼诺和拉尼娜

　　"厄尔尼诺"一词源自西班牙文，原意是"小男孩、圣婴"，指在南美西海岸（秘鲁和厄瓜多尔附近）延伸至赤道东太平洋向西至日界线附近的海面温度异常增暖现象。

　　"拉尼娜"一词来源于西班牙语，是"小女孩、圣女"的意思，指赤道太平洋东部和中部海面温度持续异常偏冷的现象。它与厄尔尼诺现象相反，一般出现在厄尔尼诺现象之后，也称为"反厄尔尼诺现象"或"冷事件"。

　　在正常年份，此区域东南信风盛行。赤道表面东风应力把表层暖水向西太平洋输送，在西太平洋堆积，从而使那里的海平面上升，海水温度升高。而东太平洋在离岸风的作用下，表层海水产生离岸漂流，造成这里持续的海水质量辐散，海平面降低，下层冷海水上涌，导致这里海面温度的降低。上涌的冷海水营养盐丰富，使得浮游生物大量繁殖，为鱼类提供充足的食物。鱼类的繁盛又为以鱼为食的鸟类提供了丰盛的食物，所以这里的鸟类甚多。由于海水温度低于气温，空气层结稳定，对流不宜发展，赤道东太平洋地区降雨偏少，气候偏干；而赤道西太平洋地区由于海水温度高，空气层结不稳定，对流强烈，降水较多，气候较湿润。

　　每隔数年，东南信风减弱，东太平洋冷水上翻现象消失，表层暖水向东回流，导致赤道东太平洋海面上升，海面水温升高，秘鲁、厄瓜多尔沿岸由冷洋流转变为暖洋流。下层海水中的无机盐类营养成分不再涌向海面导致当地的浮游生物和鱼类大量死亡，大批鸟类亦因饥饿而死，从而形成一种严重的灾害。与此同时，原来的干旱气候转变为多雨气候，甚至造成洪水泛滥，这就是厄尔尼诺。

　　当信风加强时，赤道东太平洋深层海水上翻现象加剧，导致海表温度异常偏低，使得气流在赤道太平洋东部下沉，而气流在赤道太平洋西部的上升运动更为加剧，潮湿空气积累形成台风和热带风暴，有利于信风加强，这进一步加剧赤道东太平洋海表温度下降，由此引发拉尼娜现象。

　　厄尔尼诺现象和拉尼娜现象常导致全球或区域出现极端天气。

第三节　海陆分布对气候的影响

　　下垫面是大气的主要热源和水源，又是低层空气运动的边界面，它对气候的影响十分显著。就下垫面差异的规模及其对气候形成的作用来说，海陆间的差别是最基本的。

一、海洋性气候与大陆性气候

海洋和大陆由于物理性质不同，在同样的天文辐射之下，其增温和冷却有很大不同，进而海洋上和陆地上的气温、气压、大气运动方向、湿度和降水也有较大差异。使得在同一纬度带内，在海洋条件下和大陆条件下的气候具有差异，形成了海洋性气候和大陆性气候的差别。某一地区的气候受海洋影响较深，且能反映出海洋影响的气候特征的，称为海洋性气候。反之，受大陆影响较大，且能反映出大陆影响的气候特征的，称为大陆性气候。海洋性气候和大陆性气候的差别主要体现在气温和降水方面（见表7-4）。

表7-4　　　　　　海洋性气候与大陆性气候特征对比
（以北半球温带为例）

气候性质	气温					降水				其它		
	日较差	年较差	最热月	最冷月	春温减秋温	类型	降水量	变率	年内分配	湿度	云量	雾日
海洋性气候	小	小	8	2	负值	锋面雨、气旋雨	大	小	全年均有，冬季偏多	大	多	多
大陆性气候	大	大	7	1	正值	对流雨、地形雨	小	大	集中于夏季	小	少	少

（一）气温差别

海洋具有热惰性，它增温慢、降温亦慢，既是一个巨大的热量存储器，又是一个温度调节器。大陆与之相反，它吸收的太阳辐射仅限于表层，热容量又小，具有热敏性。与同纬度海洋相比，大陆具有夏热冬冷的特性。海陆冷热源的作用反映在海陆气温的对比上是十分明显的。由表7-5可见，在纬度30°N上，从海平面到对流层上层，1月亚非大陆上气温都比太平洋上气温低；7月相反，都是大陆上气温比海洋上高，二者的差值，7月比1月大。

表7-5　　　　　　30°N海陆气温及其差值（℃）

等压面（hPa）	月份	（1）亚欧大陆	（2）太平洋	（1）－（2）
海平面	1月	9.2	12.5	-3.3
	7月	31.0	24.7	6.3
850	1月	5.5	6.5	-1.0
	7月	24.0	16.4	7.6

续表

等压面（hPa）	月份	（1）亚欧大陆	（2）太平洋	（1）-（2）
700	1 月	-1.3	-0.3	-1.0
	7 月	13.9	8.6	5.3
500	1 月	-16.5	-14.5	-2.0
	7 月	-4.3	-6.8	2.5
300	1 月	-41.8	-38.5	-3.3
	7 月	-28.1	-33.0	4.9
200	1 月	—	-51.5	—
	7 月	-46.5	-53.4	7.1

以中纬度西风带的亚欧大陆为例，凡伦西亚在爱尔兰西岸，有大西洋暖流经过，终年受海风影响，盛行海洋气团，具有典型的海洋性气候。沿 52°N 由西向东，海洋气团在大陆上逐渐变性，到了伊尔库茨克就具有大陆性气候的特点。从表 7-6、表 7-7 中可以看出以下几个特点。

表 7-6　　　　　　凡伦西亚和伊尔库茨克的平均温度（℃）和降水（mm）

月份		1	2	3	4	5	6	7	8	9	10	11	12	总降水	年较差
凡伦西亚	气温	7.2	7.2	7.6	9.1	11.4	13.8	14.9	15.1	13.7	11.2	8.8	7.7	10.6	7.9
	降水	165	123	104	89	82	85	102	120	114	144	144	164	1436	—
伊尔库茨克	气温	-20.7	-17.5	-9.3	1.4	8.6	14.9	18.0	15.5	8.7	0.3	-10.7	-17.8	-0.7	38.7
	降水	12	8	9	15	29	83	102	99	49	20	17	15	458	—

表 7-7　　　　　　凡伦西亚和伊尔库茨克的气温日较差（℃）

	最大气温日较差	最小气温日较差
凡伦西亚 （51°56′N，10°15′W）	4.1（6月）	1.2（1月）
伊尔库茨克 （52°16′N，104°19′E）	14.1（6月）	5.7（12月）

（1）气温年较差：凡伦西亚冬季温暖，各月平均气温都在 0℃ 以上，出现在 2 月；夏季凉爽，最热月 15.1℃，出现在 8 月，年较差 7.9℃。伊尔库茨克冬季 6 个月在 0℃ 以下，最冷月 -20.7℃，出现在 1 月；夏季暖热，最热月 18℃，出现在 7 月，年较差高达 38.7℃。

（2）气温日较差：气温日较差一般在夏季比冬季大。无论冬夏，凡伦西亚气温日较差皆比伊尔库茨克小。

（3）年温相时：凡伦西亚因受海洋影响，降温、增温皆慢，最冷月（2月）和最热月（8月）出现时间都比伊尔库茨克落后1个月。

（4）春温与秋温差值：气候学上通常以4月和10月气温分别代表春温和秋温。海洋性气候气温变化和缓，春来迟，夏去也迟，春温低于秋温，凡伦西亚 $T_{4月} < T_{10月}$。大陆性气候气温变化急剧，春来速，夏去亦速，春温高于秋温，伊尔库茨克 $T_{4月} > T_{10月}$。

（二）水分差别

大气中的水分主要来自下垫面的蒸发，海洋的蒸发量远比大陆多，上空的水汽含量也较多，所以海洋性气候的绝对湿度和相对湿度一般都比大陆性气候大。而且只要有适当的平流将暖湿空气吹送到比较冷的海面，极易达到饱和而凝结成平流雾，所以在海上，雾日极多。而大陆内部一般都是雾少霾多，以辐射雾为主，只盛行于冬季晴夜和清晨。

海陆分布对降水量的影响比较复杂，海洋表面空气中水汽含量虽多，但要造成降水还必须有足够的抬升作用，使湿空气上升凝云致雨。从表7-4中可以看出，海洋性气候年降水量比同纬度大陆性气候多，其一年中降水的分配比较均匀，而以冬季较多。主要是海洋上气旋雨的频率最大，降水的变率小。例如，凡伦西亚各月降水量都在80毫米以上，12月、1月降水最多。而大陆性气候以对流雨居多，降水集中于夏季，降水变率大。例如，伊尔库茨克6~8月三个月的降水量占全年总降水量的62%。在温带大陆西岸，气旋活动频繁，尤其是在冬季，南北气温差异大，锋面气旋最强，所以气旋雨也很多。越向内陆，海洋气团变性越严重，空气越来越干燥，降水量就逐渐减少，到了大陆中心就形成干旱沙漠气候。

二、海陆分布与周期性风系

由于海陆分布引起气温差异而造成的周期性风系有两种：以一日为周期的海陆风和以一年为周期的季风。

（一）海陆风

在滨海地区，白天风从海洋吹向陆地，夜晚风从陆地吹向海洋，这种风称为海陆风。当白天在日射下，陆地增温快，陆上气温比邻近海上高，陆上暖空气膨胀上升，近地面层气压比海上同一高度平面上要低，产生自海洋指向陆地的水平气压梯度力，形成海风，上层空气则由陆地流向海洋，形成环流。夜间，陆地辐射冷却比海面快，陆上空气冷却收缩，地面气压比海面气压高，于是形成了同白天相反的热力环流，下层风由陆地吹向海洋，这就是陆风（见图7-3）。

海风和陆风转换时间随地区和天气条件而定。一般而言，陆风在上午10时左右转为海风，13—15时海风最盛，日落以后，海风逐渐减弱，17—20时转为陆风。如果是阴天，海风要到中午才能出现，强度减弱。海陆风达到的范围随纬度、季节等条件而不同。一般在热带，海风厚达900m，深入陆地几十千米；陆风较薄，很少达到300m，水平距离和海

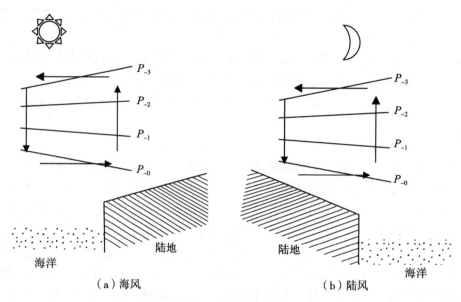

图 7-3 海风和陆风

风相差不大。海风风速能达到 5~6 m/s，陆风一般只有 1~2 m/s。温带海陆风影响范围较小，风力也较弱，主要在夏季出现。在两极地区海陆风比较少见。在滨海地区并不是每天都有海陆风的，有时还可能吹与海陆风风向相反的风。因为当大范围气压场的气压梯度较大时，与这种气压场相应的风"掩盖"了海陆风。海陆间水平气温梯度过小，不足以形成热力环流时，也没有海陆风出现。因此，只有在大范围气压场的气压梯度比较弱而气温日变化大的地区和季节，才会出现海陆风。海陆风对滨海地区的气候有一定的影响。吹海风时，海上水汽输入陆地沿岸，常形成雾或低云，甚至产生降水；同时可降低沿岸气温，使夏季天气不十分炎热。

（二）季风

季风是指大范围地区近地面层的盛行风向随季节而有显著改变的现象。世界上不少地区的盛行风向都随季节而发生改变，但要称为季风必须具备下列条件：1 月与 7 月盛行风向的变移至少有 120°；1 月与 7 月盛行风向的频率超过 40%；至少在 1 月或 7 月中有 1 个月的盛行风的平均合成风速超过 3m/s。这种随季节而改变的风，冬季由大陆吹向海洋，夏季由海洋吹向大陆，随着风向的转变，天气和气候的特点也随之发生变化。

季风的形成与多种因素有关，主要是由于海陆间的热力差异以及这种差异的季节变化，行星风带的季节移动和高原的热力、动力作用也有关系，而它们又是互相联系着的。夏季，大陆上气温比同纬度的海洋高，气压比海洋上低，气压梯度由海洋指向大陆，所以气流分布是从海洋流向大陆的，形成夏季风；冬季则相反，因此气流分布是由大陆流向海洋，形成冬季风（见图 7-4）。季风形成的原理与海陆风基本相同，但海陆风是由海陆之间气压日变化而引起的，仅出现在沿海地区；季风是由海陆之间气压的季节变化而引起的，规模很大，是一年内风向随季节变化的现象。世界上季风区域分布很广，亚洲东部、南部及澳大利亚北部都是世界上著名的季风区。

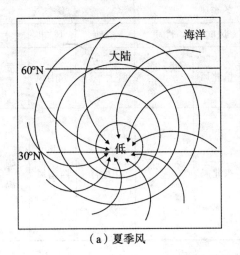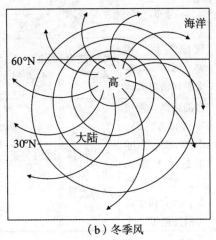

（a）夏季风　　　　　　　　　　（b）冬季风

图 7-4　海陆热力差异引起的夏季风和冬季风

亚洲东部地处世界最大的大洋（太平洋）和世界最大的大陆（亚欧大陆）之间，海陆的气温对比和季节变化都比其它任何地区显著，再加上青藏高原的影响，所以东亚季风特别显著，其范围大致包括我国东部、朝鲜、韩国、日本等地。冬季，亚洲大陆为蒙古-西伯利亚高压所盘据，高压前缘的偏北风就成为亚洲东部的冬季风。由于蒙古-西伯利亚高压比较强大，由陆向海，气压梯度比较陡峻，所以风力较强；夏季，亚洲大陆为热低压所控制，同时太平洋副热带高压西伸北进，因此高低压之间的偏南风就成为亚洲东部的夏季风，由于此时气压梯度比冬季小，所以夏季风比冬季风弱。东亚季风对我国、朝鲜半岛、日本等地区的天气和气候影响很大，在冬季风盛行时，这些地区是低温、干燥和少雨，而在夏季风盛行时是高温、湿润和多雨。

南亚季风主要是由行星风带的季节移动而引起的，也有海陆热力差异的影响，青藏高原、喜马拉雅山等地形对其形成也有重要作用。冬季行星风带南移，赤道低压移到南半球，亚洲大陆冷高压强大，高压南部的东北风就成为亚洲南部的冬季风。夏季行星风带北移，赤道低压移到北半球，再加上大陆热力因子的作用，低压中心出现在印度半岛。而此时正是南半球的冬季，澳大利亚是一个低温高压区，气压梯度由南向北，南来气流跨越赤道后，受地转偏向力的作用，形成西南风，这就是南亚的夏季风。但南亚季风和东亚季风有一个明显差别，即南亚夏季风比冬季风强。这是因为冬季亚洲南部远离蒙古-西伯利亚高压中心，并有青藏高原的阻挡，再加上印度半岛面积较小，纬度较低，海陆之间的气压梯度较弱，因此冬季风不强。相反，夏季印度半岛气温特别高，是热低压中心所在，它与南半球高压中心之间的气压梯度大，因此南亚的夏季风强于冬季风。

东亚季风与南亚季风都是世界著名季风区，二者的成因和特点见表7-8。

表7-8　　　　　　　　　　　东亚季风和南亚季风的比较

季风区	分布	主要成因	冬季风			夏季风		
			源地	风向	性质	源地	风向	性质
东亚季风	我国东部、朝鲜、韩国、日本太平洋沿岸等地	海陆热力差异	西伯利亚、蒙古国	偏北风	强，寒冷干燥	西太平洋	偏南风	弱，高温高湿
南亚季风	台湾南部，雷州半岛和海南岛，中南半岛，印度半岛的大部地区，菲律宾群岛、澳大利亚北部沿海地带	行星风带季节移动、海陆热力差异	西伯利亚、蒙古国	东北风	弱，低温干燥	印度洋	西南风	强，高温高湿

第四节　地形对气候的影响

世界陆地面积占全球面积的29%，分布形势很不规则，根据陆地的海拔高度和起伏形势，可分为山地、高原、平原、丘陵和盆地等类型，它们以不同规模错综分布在各大洲，构成崎岖复杂的下垫面。地形对气候的影响是多方面的且错综复杂的。

一、地形对气温的影响

地形与气温的关系十分复杂，大地形的宏观影响能对大范围内的气温分布和变化产生明显作用，局部地形的影响也能使短距离内的气温有很大的差别。

(一)　海拔高度对气温的影响

一般而言，随着海拔高度增加，气温降低，所以高山或高原上的温度会比同纬度平原地区低。青藏高原由于海拔高，气温特别低，它虽位于副热带、暖温带的纬度上，但在高原主体北部祁连山以及巴颜喀拉山东部1月平均地面气温出现-18~-16℃的闭合等温线，盛夏7月尚有大片面积平均气温<8℃，冬夏皆比同纬度东部平原平均气温低18~20℃。由于气温随海拔高度的增加而递减，反映在山区物候上也因高度不同而有明显差异，唐代白居易游大林寺时写下了"人间四月芳菲尽，山寺桃花始盛开"的诗句，就是鲜明的体现。庐山气温直减率约0.5℃/100m，庐山大林寺海拔为1100~1200m，比九江气温要低5.5~6℃，因此，桃花开放要比九江晚二三十天。

根据我国多数山区实测资料来看，大多是夏季气温递减率大，冬季递减率小，这与我国季风气候有关。冬季大陆偏北风盛行，海拔低的地方冬温不高，其气温随高度递减率较小；夏季偏南风盛行，加上低层日射增温比较强烈，因此气温随海拔高度增加的递减率便增大。

（二）高大地形对气温的影响

庞大的高原和绵亘的高山是气流运行的阻碍，它们对寒潮和热浪移动都有相当大的阻挡作用，同时它们本身的辐射差额和热量平衡情况又具有其独特性，因此它们对气温的影响是非常显著而广泛的。

青藏高原海拔高、面积大、蟊立在29°～40°N间，南北约跨10个纬度，东西约跨35个经度，有相当大的面积海拔在5000m以上，有一系列的山峰超过7000～8000m，占据对流层中低部，对于冬季层结稳定而厚度又不大的冷空气是一个较难越过的障碍。从西伯利亚西部侵入我国的寒潮一般都是通过准噶尔盆地，经河西走廊、黄土高原而直下我国东部平原，这就导致我国东部热带、副热带地区的冬季气温比受青藏高原屏障作用的印度半岛北部要低得多。表7-9中A、C两站位于印度半岛北部，其冬季各月平均气温皆分别比同纬度、同高度我国的B、D两站高。夏季，青藏高原对南来暖湿气流的北上也有一定的阻挡作用。

表7-9　　　　　　印度半岛与我国同纬度地区冬半年气温的比较（℃）

地点	北纬	高度（m）	10月	11月	12月	1月	2月	3月
A. 斯利那加	34°05′	1585	14.1	7.7	3.5	1.1	3.5	8.5
B. 兰州	36°01′	1508	10.1	1.7	-5.3	-6.5	-1.7	5.4
C. 德里	28°35′	220	25.9	20.2	15.7	14.3	17.3	22.9
D. 沅陵	28°30′	200	17.6	12.1	6.8	4.5	6.2	10.8

与同高度的自由大气相比，青藏高原地面，冬季气温偏低，是个冷源，其强度以12月、1月为最大；夏季青藏高原是个强大的热源，以6月和7月为最大。就全年平均而论，青藏高原地-气系统是一个热源。冬季青藏高原的冷区偏于高原的西部。夏季的暖区范围很广，整个对流层的温度都是高原比四周高，再往高层暖区范围扩大，到了100hPa层上，温度分布出现高纬暖、低纬冷的现象。青藏高原巨大的冷热源作用对高原本身及其邻近地区乃至全球的气候产生深远的影响。

（三）坡地方位对气温的影响

由于坡地方位不同，日照和辐射条件各异，导致土温和气温都有明显的差异。在我国，绝大多数山地山南为向阳坡，山北为背阳坡，南坡阳光照射明显好于北坡，气温也随之高于北坡。另外，我国东部地区是典型的季风气候。冬季时，东部绝大部分地区深受冬季风的影响。冬季风来势强劲，席卷范围广。但是，冷空气所能到达的高度非常有限，且在冬季风南下的过程中，厚度就越来越薄，若是遇到高大的山脉，常无法越过。即使越过山脉，冷空气势力也会大大减弱，从而导致南坡的温度要高于北坡。

唐诗中的"南枝向暖北枝寒，一样春风有两般"之句，就是山坡两侧气温悬殊的极好写照。据庐山实测资料，南坡 1.5m 高度的气温在 6—9 月与同高度山顶相比，晴天平均高 2.1℃，多云天高 1.8℃，阴天高 1.5℃，雨天高 0.8℃，在有冷平流时可高 2.6 ~ 3.3℃；北坡的气温在 4—6 月与同高度的山顶相比，晴天平均低 0.8℃，多云天低 0.6℃，阴天低 0.4℃。

（四）凹凸地形对气温的影响

地形凹凸和形态的不同，对气温有明显的影响。在凸起地形，因与陆面接触面积小，受到地面日间增热、夜间冷却的影响较小，又因风速较大，湍流交换强，再加上夜间地面附近的冷空气可以沿坡下沉，而交换来自由大气中较暖的空气，因此气温日较差、年较差皆较小；凹陷地形则相反，气流不通畅，湍流交换弱，又处于周围山坡的围绕之中，白天在强烈阳光下，地温急剧增高，下层气温也随之升高，夜间地面散热快，又因冷气流的下沉，谷底和盆地底部特别寒冷，因此气温日较差很大。从图 7-5 可以看出，无论冬、夏都是山顶气温日振幅小，谷地气温振幅大，陡崖介于二者之间。

在周围山坡围绕的山谷或盆地中，风速小和湍流交换弱，当地表辐射强烈时，周围山坡上的冷空气，因密度大，都沿坡面向谷底注泻并在谷底沉积继续辐射冷却，因此谷底气温最低，形成"冷湖"。而在冷空气沉积的顶部坡地上，因为风速较大，湍流交换较强，换来自由大气中较暖的空气，因此气温相对较高，形成"暖带"。自暖带向上向下气温皆是垂直递减的。暖带的高度因不同山地、不同坡度、不同季节和天气条件而异，如武夷山西北面，1 月平均最低气温和年极端最低气温在 300m 高度皆出现逆温，在东南面这一现象则不明显。奥地利的奥茨山谷其山坡暖带位置，夏季约在谷底以上 350m 处，冬季则在谷底以上 700m 处。在暖带中霜害最轻，生长季长，作物发育最早。在暖带以下，特别是在冷湖中，初霜最早，终霜最晚，作物受冻害机会最多，霜冻灾害最为严重。了解暖带和冷湖的存在，对于山地农林牧业的生产布局至关重要。

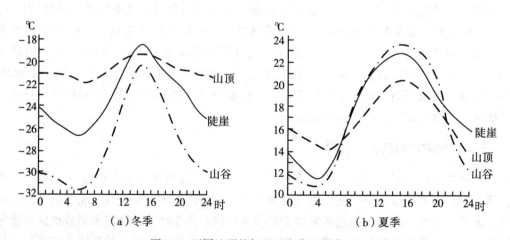

图 7-5　不同地形的气温日变化（黑龙江）

二、地形对降水的影响

地形既能影响降水的形成，又影响降水的分布与强度，一山之隔，山前山后往往干湿悬殊，使局地气候产生显著差异。地形对降水的影响与山地的坡向和高度有着密切关系。

（一）坡向与降水

当海洋气流与山地坡向垂直或交角较大时，迎风坡多成为"雨坡"，背风坡则成为"雨影"区域。

例如，夏季，在青藏高原南坡正当来自印度洋的西南季风的迎风坡，降水量特别丰富，最著名的例子如乞拉朋齐的年平均降水量超过 11000mm，最多年降水量高达 26461.2mm，其中 7 月的降水量就高达 9300mm。西南季风到达高原上空时，水分已经大大减少，因此高原夏季雨量不大。而地处喜马拉雅山脉主峰北麓的定日，海拔约为 4300m，年降水量仅为 318.5mm，再跨过高原，降水量更少于 100mm。

图 7-6 是北美洲加利福尼亚海岸的圣克鲁斯附近到内华达高原一线地形与年降雨量关系图。当地盛行自太平洋吹来的西风，正好与南北走向的海岸山脉垂直相交，在迎风坡气流上升，至山顶降水量达第一高峰。背风坡气流下沉，降水量即锐减。由图 7-6 可见，年降水量分布形势与当地地形起伏十分相似。当西来气流翻越内华达山脉后已经变得很干燥，因此内华达高原所获得的降水量只有 170mm，比迎风坡少 90% 以上。

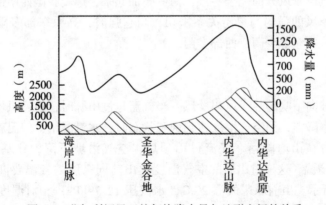

图 7-6 北加利福尼亚的年均降水量与地形之间的关系

（二）高度与降水

在高山的迎风坡，降水量起初是随着高度的增加而递增的，到一定高度降水量达最大值。过此高度后，降水量又随着高度的增加而递减，此高度称为最大降水量高度。因为，在凝结高度以下，由于山坡对气流的动力和热力作用，上升运动加强，促使山坡降水随高度增加。这一过程持续到某一高度，由此向上，空气柱中水汽大为减少，上升运动不可能形成更多的降水，降水量则随着高度的增加而递减。

最大降水量高度所在的高度因气候条件和地区而异，一般是气候愈潮湿，大气层结愈不稳定，最大降水量高度愈低。例如，印度西南沿海山地空气异常潮湿，其最大降水高度一般都在500~700m之间。我国皖浙山地最大降水量高度大致在1000m左右。气候干燥的新疆山地最大降水量高度则出现在2000~4000m间。

三、地形与地方性风

因地形而产生的局部环流主要有高原季风、焚风、山谷风、峡谷风等。

（一）青藏高原季风

在青藏高原，由于它与四周自由大气的热力差异所造成冬夏相反的盛行风系，称为高原季风。冬季高原上出现冷高压，夏季出现热低压，其水平范围低层大，高层小，夏季时其厚度比冬季时大。

高原季风对环流和气候影响很大：①它破坏了对流层中部的行星气压带和行星环流。由于高原冬季冷高压和夏季热低压相当强大，冬季厚度可达5km，夏季可达5~7km，因此从海平面至5~7km高度，冬季空气由高原向外辐散，夏季向高原辐合，加之高原大地形的强迫作用，造成高原上深厚气层的升降运动，形成强的季风经圈环流。冬季出现与哈德莱环流圈相似的环流，夏季则出现与哈德莱环流圈相反的环流，这对南北半球间空气质量的调整也有很大的作用。②它使我国冬夏季风厚度增大。我国西南地区冬夏季分别处在青藏冷高压环流和热低压环流的东南方，应分别盛行东北季风和西南季风，这与由海陆热力差异所形成的低层季风方向完全一致，两者叠加起来，遂使我国西南部地区季风的厚度特别大。高原夏季风的强弱与旱涝关系密切，当它强时，高原东部多雨，西部少雨；反之，夏季风弱时，则东部少雨，西部多雨。

（二）焚风

沿着背风山坡向下吹的热干风叫焚风。当气流越过山脉时，在迎风坡上升冷却，开始是按干绝热直减率降温，当空气湿度达到饱和状态时，水汽凝结，气温就按湿绝热直减率降低。大部分水分在山前降落。气流过山顶后，空气沿坡下降，并基本上按干绝热率（即1℃/100m）增温，这样过山后的空气温度比山前同高度的气温要高得多，湿度也小得多。如图7-7所示，山前原来气温20℃，水汽压12.79hPa，相对湿度为73%；当气流沿山上升到500m高度时，气温为15℃，达到饱和，水汽凝结，然后按湿绝热率平均0.5℃/100m降温，到山顶（3000m）时气温在2℃左右；过山后沿坡下降，按干绝热率增温，当气流到达背风坡山脚时，气温增加到32℃，而相对湿度减小到15%。由此可见，焚风吹来时，确实干热如焚。

焚风是山地经常出现的一种现象，白天夜晚都可出现。在中纬度，当山脉相对高度达到100~200m时，就可以产生焚风效应；当相对高度达到800~1000m以上时，都会出现焚风现象。焚风持续时间一般为1天，也有长达2~3天的。我国不少地区有焚风，如位于太行山东麓的石家庄出现焚风时，其日均温比无焚风时要高10℃左右；夏季武夷山的西北侧也有焚风出现。全球许多山区也经常有焚风现象，如阿尔泰山、阿尔卑斯山及落基山等都是著名焚风区。初春的焚风可加速积雪融化,利于农田灌溉;夏末的焚风可使粮食、水果早熟。若强大的焚风出现在冬季,可引起山区雪崩;出现在春夏会加重旱情,或引起森林火灾。

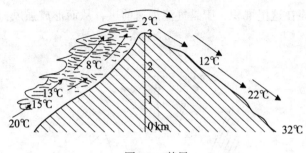

图 7-7 焚风

(三)山谷风

在山区,当大范围水平气压场比较弱时,白天地面风常从谷地吹向山坡,晚上地面风常从山坡吹向谷地,这就是山谷风。山谷风是由于山地热力因子形成的,白天因坡上的空气比同高度上的自由大气增热强烈,于是暖空气沿坡上升,成为谷风,谷地上面较冷的自由大气,由于补偿作用从相反方向流向谷地,称为反谷风;夜间由于山坡上辐射冷却,使邻近坡面的空气迅速变冷,密度增大,因而沿坡下滑,流入谷地,成为山风,谷底的空气因辐合而上升,并在谷地上面向山顶上空分流,称为反山风,形成与白天相反的热力环流(见图 7-8)。

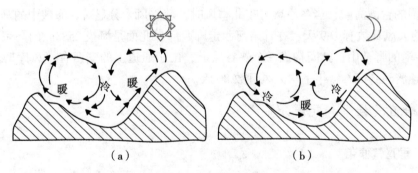

图 7-8 谷风和山风

山谷风是山区经常出现的现象,只要周围气压场比较弱,这种局地热力环流就表现得十分明显。一般在早晨日出后 2~3 小时开始出现谷风,随着地面增热,风速逐渐加强,午后达到最大;以后因为温度下降,风速便逐渐减小,在日落前 1~1.5 小时谷风平息而渐渐代之以山风。山谷风还有明显的季节变化,冬季山风比谷风强,夏季则谷风比山风强。谷风将水汽从谷中带到山上,使谷中湿度减小而加大了山上的湿度,甚至形成云层或降水，山风则情况正相反。

（四）峡谷风

当空气由开阔地区进入山地峡谷口时，气流的横截面积减小，根据流体的连续性原理，空气质量不可能在这里堆积，于是气流加速前进，从而形成强风，这种风称为峡谷风（见图 7-9）。

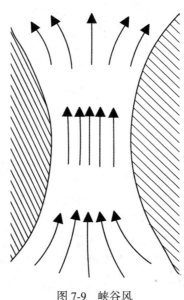

图 7-9　峡谷风

在我国的台湾海峡，当冬季盛行东北季风时，峡谷风十分显著，海峡中的马祖岛全年 6 级以上的大风日数有 169 天；在甘肃河西走廊西部，北面是海拔 2583m 的马宗山，南面是 3000 多米的野马山，其间构成一个峡谷通道，位于通道上的安西有"风库"之称，极端最大风速曾达 34m/s，年平均大风日数 80 天。

四、垂直气候带和气候分界线

（一）垂直气候带

垂直气候带是指高山地区从山麓至山顶间的气候分带。各种气候要素海拔高度增高而发生变化，气温随高度的升高而降低；降水量随高度的升高而增加，达最大降水高度以后，又随高度而减小；气压随高度增加而降低；风速随海拔升高而增大。因此，可依据气候特征量，把一个山地在垂直方向上划分为若干个垂直气候带。

气候垂直差异越明显，垂直分带越多，气候越具有多样性，作物的种类、组合和布局也就越复杂。这是山地气候资源丰富的一个重要原因。气候的垂直分带越少，作物的种类、组合和布局就越简单。例如，云南的红河河谷位于 23°N，从谷底（250m）到山顶

（2540m），相对高度2290m，气候带包括热带、准热带、低亚热带、中亚热带、高亚热带、暖温带和温带。而长白山位于中纬度，从山麓（约600m）到山顶（2700m），相对高度约2100m。虽然相对高度与红河河谷差不多，但因基带是温带，所以垂直气候带就简单多了，包括山地针阔林气候带、山地针叶林气候带、山地岳桦林气候带、高山灌丛气候带、高山荒漠气候带（见图7-10）。

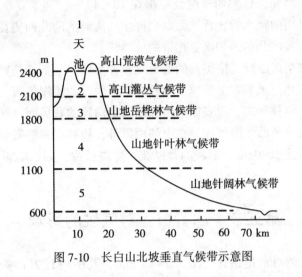

图7-10　长白山北坡垂直气候带示意图

（二）高大山脉是气候分界线

高大山脉不仅本身具有特别的气候特征，而且还影响邻近地区的气候。任何高大山脉只要可以阻障或改变盛行气流的活动，在其迎风坡和背风坡就会形成不同的水热条件，使两侧气候状况发生很大差异，山脉就成为气候的分界线。

喜马拉雅山脉对西南季风的阻挡作用，使南麓形成典型的热带季风气候，而北麓则是高寒荒漠气候。夏季，喜马拉雅山阻挡了南亚季风的北进，使位于南坡的乞拉朋齐成为世界上降水量最多的地区之一，而喜马拉雅山北麓的年降雨量一般不超过200～500mm，如羌塘地区，仅50mm。冬季又由于喜马拉雅山及青藏高原的对冬季风的阻挡，使南亚大部分地区冬季的温度比同纬度我国华南地区要高出许多。

秦岭山脉，因其对冬季风和夏季风的阻挡作用而成为我国北亚热带气候与南温带气候的重要分界线。秦岭山脉横亘东西，其一般高度约在2000～3000m，使冬季风的南下与夏季风的北上受到阻障，导致华北、华中气候显然不同。秦岭以南地区1月均温在0℃以上，以北地区在0℃以下，年降水量在秦岭以南多在1000mm以上，而秦岭以北一般只有500～700mm。西安与南郑相距不远，气温和降水却明显不同。西安1月均温为−0.5℃，南郑则为3℃，西安年降水量只有518mm，而南郑则有791mm。

天山山脉是南疆干旱气候和北疆半干旱气候的分界线。新疆地处内陆，东亚和南亚季风都难以深入，水汽主要来源于北冰洋，东西走向的天山山脉刚好阻挡了由北向南的水汽输送，使天山南北的降水量产生较大差异，天山北麓的乌鲁木齐年平均降水量为

277.6mm，而天山以南大部分地区的年降水量少于 50mm。冬季天山山脉对西伯利亚冷空气也有一定的阻挡作用，天山以北平均气温高于 0℃ 的时间不足 220 天，天山以南的塔里木盆地则有 260 天。

南岭山脉虽然海拔高度低，也并非连续山脉，但冬季对寒潮的南侵也起到了屏障作用。南下的寒潮到达南岭时势力已大为减弱，在山脉的阻挡作用下，处于背风面的南岭南部地区冬季气候较为温和，日平均气温全年都在 10℃ 以上。到了夏季，南岭又成为东南季风的屏障，使迎风面的降水量比背风面高出许多。南岭的南北两侧在气温和降水上的显著差别，也使其成为我国北热带和南亚热带的分界线。

太平洋沿岸的安第斯山脉是南美洲的重要气候分界线。在低纬信风带，安第斯山脉以东是广袤的平原，东北信风和东南信风从大西洋带来大量的暖湿气流，迎风坡全年降水量特别丰富，形成热带雨林气候；而安斯第山脉以西是信风的背风面，气候干燥少雨，加上冷洋流的影响，形成典型的沙漠气候。在中纬西风带，智利南部的安第斯山脉西坡，降雨量丰沛，有些地方多达 5080mm；东坡为背风坡，降雨极少，如巴塔哥尼亚不少地方降水量少于 250mm。

第五节　冰雪覆盖对气候的影响

地球上各种形式的总水量估计为 $1.384 \times 10^9 km^3$，其中约有 2.15% 是冻结的。冰雪圈是气候系统的组成部分之一，是指地球表层存在的固态水体，包括大陆冰盖、高山冰川、海冰、季节性雪被和永冻土等。由于它们的物理性质与无冰雪覆盖的陆地和海洋不同，形成一种特殊性质的下垫面。

全球约有 10% 的面积被冰雪覆盖，主要分布在高纬地区和高海拔地区。南极冰盖是世界上最大的冰原，面积达 $1.36 \times 10^7 km^2$；格陵兰冰盖面积约为 $1.8 \times 10^6 km^2$；山岳冰川的面积合计约为 $0.5 \times 10^6 km^2$，三者冰体的体积之比约为 90：9：1。全球海洋表面的 6.7% 为冰所覆盖。海冰主要指在北冰洋及环绕南极大陆的海洋中，漂浮在海上的冰。海冰覆盖在海面并不结成一个整体，而是分裂成块，冰块之间为水体。越接近极区，水体越少；越到低纬地区，冰块所占比例越小。大陆雪盖以季节性积雪为主，夏季亦有积雪，但面积大为缩小，有时有的地区积雪可维持数年之久，但不稳定。如果积雪长期维持则会转变为大陆冰盖。永冻土分布在亚欧大陆和北美大陆的高纬地区，其最大深度在西伯利亚，为 1500m，在北美为 600m。

据卫星探测资料，全球冰雪覆盖面积有明显的季节变化和年际变化。北半球海冰和雪盖面积均以 2 月为最大，8 月为最小。2 月海冰面积相当于 8 月的 2 倍强，雪盖面积更相当于 8 月的 10 倍有余。南半球海冰面积以 9 月为最大，2 月最小，其 9 月海冰面积相当于 2 月的 4 倍多。可见南半球海冰面积的季节变化比北半球更大，南半球海冰对天气气候的影响可能更显著。

冰雪覆盖不仅影响其所在地的气候，而且还能对另一洲、另一半球的大气环流、气温和降水产生显著的影响。

一、冰雪覆盖与气温

冰雪覆盖是大气的冷源，它不仅使冰雪覆盖地区的气温降低，而且通过大气环流的调整，可影响大范围甚至全球的气候。冰雪覆盖面积的季节变化，使全球的平均气温亦发生相应的季变。全球平均 1 月气温远低于 7 月。根据近年日地距离的情况看来，1 月接近近日点，1 月的天文辐射量比 7 月约高 7%。全球平均气温出现上述情况，显然与冰雪覆盖面积有关。1 月全球冰雪覆盖面积约为 $7.81×10^7 km^2$，7 月约为 $4.4×10^7 km^2$。冰雪面积大，平均气温低。

产生这种致冷效应，主要与冰雪覆盖的辐射特性和冰雪与大气之间的能量交换有关。

（1）冰雪表面的反射率大。冰雪表面对太阳辐射的反射率很大，一般新雪或紧密而干洁的雪面反射率可达 86%~95%；而陈雪反射率可降至 50%~70% 左右。大陆冰原的反射率与雪面类似。海冰表面反射率约在 40%~65%。由于地面有大范围的冰雪覆盖，导致地球上损失大量的太阳辐射能。这是冰雪致冷的一个重要因素。

（2）雪盖表面长波辐射能力强。地面对长波辐射多为灰体，而雪盖则几乎与黑体相似，其长波辐射能力特别强，这就使得雪盖表面由于反射率加大而产生的净辐射亏损进一步加大，使雪面温度更低。

（3）冰雪表面与大气间的能量交换能力很微弱。冰雪对太阳辐射的透射率和导热率都很小。当冰雪厚度达到 50cm 时，地表与大气之间的热量交换基本上被切断。北极海冰的厚度平均为 3m，南极海冰的厚度为 1~2m，南极大陆冰盖的厚度更高达 2000m。因此大气就得不到地表的热量输送。特别是海冰的隔离效应，有效地削弱了海洋向大气的感热和潜热输送。

（4）冰雪融化时需消耗大量热能。随着季节转暖，融冰化雪还需消耗大量热能。在春季无风的天气下，融雪地区的气温往往比附近无积雪覆盖区的气温低数十度。

由于上述因素的作用，冰雪表面的致冷效应十分显著。而气温降低又有利于冰面积的扩大和持久，而冰雪表面的高反射率可进一步减少太阳辐射的吸收，使气温进一步降低。冰雪和气温之间有明显的正反馈关系。

二、冰雪覆盖与大气环流和降水

冰雪覆盖的辐射特性和热力性质会影响地表的辐射收支、热量平衡和水分平衡过程，从而对大气环流和气候产生重要影响。冰雪覆盖与大气环流和降水的关系很复杂，现举 3 个例子予以说明。

冰雪覆盖使气温降低，在冰雪未全部融化之前，附近下垫面和气温都不可能显著高于冰点温度，因此冰雪又在一定程度上起到了使寒冷气候在春夏继续维持稳定的作用，它往往成为冷源，从而影响大气环流和降水。鄂霍次克海在初夏期间是同纬度地带中最寒冷的地区，比亚洲寒极附近的雅库茨克还要寒冷，其差值在 6 月、7 月两月最显著（见表 7-10），而这两个月正是我国长江中下游的梅雨期。梅雨实质上是从南方来的暖湿空气同北方来的寒冷空气在长江中下游一带持续冲突影响的结果。鄂霍次克海表面的寒冷使得该海区成为向南移动的主要冷空气源地之一，在梅雨的形成中起了主要的作用。鄂霍次克海冰的形成与西伯利亚内陆冬季寒冷的气候有关，整个冬半年寒冷的空气顺着西风气流到达鄂霍次克海区，使这里温度降低，并逐渐冰冻。这一寒冷效应一直贮存到初夏，发挥它的冷源作用。因此，在对梅雨进行长期预报时，必须考虑鄂霍次克海年初的冰雪覆盖面积。

表 7-10　　　　　　　　　　　　　鄂霍次克海东南角表层水温与雅库茨克气温（℃）

月份 项目	1	2	3	4	5	6	7	8	9	10	11	12
鄂霍次克海 东南角表层水温	1.42	0.16	-0.09	1.03	3.33	8.31	2.98	16.73	15.60	11.55	10.13	8.56
雅库茨克水温	-43.5	-35.3	-22.2	-7.9	5.6	15.5	19.0	14.5	6.0	-8.0	-28.0	-40.0
差值	44.9	35.5	22.1	8.9	-2.3	-7.2	-6.1	2.2	9.6	19.6	38.1	48.6

据研究，南极冰雪状况与我国梅雨也有密切关系。从大气环流形势来看，当南极海冰面积扩展的年份，其后期南极大陆极地反气旋加强，副极地低压带向低纬扩展，整个行星风带向北推进，从而使赤道辐合带北移，并导致北半球的副热带高压北移。又由于南极冰况分布有明显的偏心现象，最冷中心偏在东半球（70°—90°E），由此向北呈螺旋状扩展至澳大利亚，由澳大利亚向北推进的冷空气势力更强，因此对北太平洋西部环流的影响更大。以 1972 年为例，这一年南极冰雪量正距平值甚大，自南半球跨越赤道而来的西南气流势力甚强。西太平洋赤道辐合带位置偏东、偏北，副热带高压弱而偏东，东亚沿岸西风槽很不明显，而在 80°E 附近却有低槽发展，这种形势不利于冷暖空气在江淮流域交绥，因此这一年梅雨季短、量少。相反，在 1969 年南极冰雪量少，行星风带位置偏南，北半球西太平洋赤道辐合带位置比 1972 年偏南约 15 个纬距（在 160°E 以西），副热带高压西伸，且偏南，我国大陆东部有明显的西风槽，有利于锋区在此滞留，这一年梅雨期长，雨量高达 2800mm，约相当于 1972 年（960mm）的 3 倍。

研究表明，南亚夏季风降水与亚欧大陆中高纬地区积雪面积及春季融雪的快慢呈现显著的负相关关系。如果冬春季亚欧雪盖面积大，春季融雪慢，将增加下垫面的反射率，并由于融雪耗热，使气温降低，地面气压偏高，使季风环流减弱，南亚夏季风偏弱，夏季风推进偏慢，雨量偏少；相反，如果冬春季亚欧雪盖面积小，融雪速度快，将减小地表反射率，使气温升高，地面气压降低，南亚夏季风强且季风进程短，南亚雨量偏多。

第八章 气候分类

地理环境的复杂性使得世界不同地区影响气候的因素大相径庭，造就了世界各地纷繁多样的气候类型。但追溯影响气候形成的主要因素，并考虑气候的基本特点，会发现不同气候类型本质上存在一定的共同点，以此为据，便可将全世界划分成若干气候带和气候型，使错综复杂的世界气候变得有规律可循。系统化的世界气候也为进一步的研究提供便利，有助于人类对气候资源的认识、开发和利用。

第一节 气候分类法

气候带与气候型的划分有多种方法，归纳起来可分为两大类：实验分类法（也称为经验分类法）、成因分类法。

实验分类法，是根据大量观测记录，将某些气候要素的长期统计平均值及其季节变化与自然界的植物分布、土壤水分平衡、水文情况及自然景观等相对照，从而划分气候带和气候型。柯本（W. P. Köppen）气候分类法为实验分类法的典型代表。

成因分类法，是根据气候形成的辐射因子、环流因子和下垫面因子来划分气候带和气候型。一般先以辐射和环流因子划分气候带，再结合大陆东西岸位置、海陆影响、地形等因子确定气候型。斯查勒（A. N. Strahler）气候分类法是成因分类法的典型代表。

我国气候学家周淑贞教授对斯查勒气候分类法进行了适当的修订。

本节主要介绍这三种国内外地学上应用最广的气候分类法。

一、柯本气候分类法

柯本气候分类法，由柯本及其学生盖格尔、波耳等经几十年（1884—1953 年）的反复修改提出，是以气温和降水两个气候要素为基础，并参照自然植被的分布而确定的。这一分类法首先将全球气候分为 A、B、C、D、E 五个气候带，其中 A、C、D、E 为湿润气候，B 为干旱气候，各带之中又划分为若干气候型（见表 8-1）。为了进一步明晰气候副型，柯本在上述主要气候类型符号后又加上第三个、第四个字母，这种符号有 20 余个。

图 8-1 是在理想大陆（低平且均一的大陆）上柯本气候分类法中主要气候类型的分布图。实际条件下的柯本气候分类图比在理想大陆上的分布模型复杂得多（图略）。

表 8-1 　　　　　　　　　　　　　　　　　柯本气候分类法

气候带	特　征	气候型	特　征
A 热带	全年炎热，最冷月平均气温≥18℃	Af 热带雨林气候	全年多雨，最干月降水量≥6cm
		Aw 热带疏林草原气候	一年中有干季和湿季，最干月降水量小于 6cm，也小于 $\left(10-\frac{r}{25}\right)$ cm
		Am 热带季风气候	受季风影响，一年中有一特别多雨的雨季，最干月降水量 < 6cm 但 ≥ $\left(10-\frac{r}{25}\right)$ cm
B 干旱带	全年降水稀少，根据一年中降水的季节分配，分冬雨区、夏雨区和年雨区来确定干旱带的界限	Bs 草原气候	冬雨区*：$r<2t$ 年雨区*：$r<2\,(t+7)$ 夏雨区*：$r<2\,(t+14)$
		Bw 沙漠气候	冬雨区：$r<t$ 年雨区：$r<t+7$ 夏雨区：$r<t+14$
C 温暖带	最热月平均气温>10℃，最冷月平均气温在 0~18℃ 之间	Cs 夏干温暖气候（又称地中海气候）	气候温暖，夏半年最干月降水量 < 4cm，小于冬季最多雨月降水量的1/3
		Cw 冬干温暖气候	气候温暖，冬半年最干月降水量小于夏季最多雨月降水量的1/10
		Cf 常湿温暖气候	气候温暖，全年降水分配均匀，不足上述比例者
D 冷温带	最热月平均气温在 10℃ 以上，最冷月平均气温在 0℃ 以下	Df 常湿冷温气候	冬长、低温，全年降水分配均匀
		Dw 冬干冷温气候	冬长、低温，夏季最多月降水量至少10 倍于冬季最干月降水量
E 极地带	全年寒冷，最热月平均气温在 10℃ 以下	ET 苔原气候	最热月平均气温在 10℃ 以下，0℃ 以上，可生长些苔藓、地衣类植物
		EF 冰原气候	最热月平均气温在 0℃ 以下，终年冰雪不化

注：*夏雨区指一年中占年降水总量≥70%的降水，集中在夏季 6 个月（北半球 4—9 月）；冬雨区指一年中占年降水量≥70%的降水，集中在冬季 6 个月（北半球 10 月至次年 3 月）；年雨区指降水全年分配均匀，不足上述比例者；表中 r 表示年降水量（mm），t 表示年平均气温℃。

柯本在世界气候分类史上有着不可磨灭的功绩，他首先提出气候相似性的原则，把世界上错综复杂的气候归纳为 5 个气候带和 12 个主要气候型。但干燥气候指标的物理意义不明确，且忽略了高度因素的影响，只注意气候要素数值的分析和气候表面特征的描述，

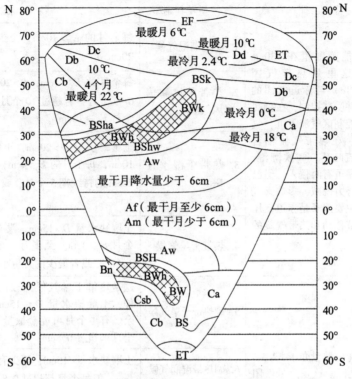

图 8-1　理想大陆上柯本气候分类模型

未从成因上分析气候类型的形成，是其一大缺点。

二、斯查勒气候分类法

斯查勒气候分类法，是斯查勒在 1958 年至 1978 年间先后几次修改后的分类法。他认为天气是气候的基础，而天气特征和变化又受气团、锋面、气旋和反气旋支配。因此，他首先根据气团源地、分布、锋的位置及其季节变化将全球气候分为低纬度、中纬度、高纬度三大带，按桑斯维特气候分类原则中计算可能蒸散量 E_p 和水分平衡的方法，以年总可能蒸散量、土壤缺水量（D）、土壤储水量（S）和土壤多余水量（R）等项来确定气候带和气候型的界限，最终将全球气候分为 3 个气候带、13 个气候型（见表 8-2）和若干副型，高地气候则另列一类。

斯查勒分类法重视气候的形成因素，把高地气候与低地气候区分开来，照顾了气候的纬度地带性以及大陆东西岸和内陆的差异性。同时，又和土壤水分收支平衡结合起来，界限清晰，干燥气候与湿润气候的划分明确细致，在农业生产和农田水利建设上具有实用价值。但是，斯查勒气候分类法对季风气候没有足够的重视，把我国的副热带季风气候、温带季风气候与北美东部的副热带湿润气候、温带大陆性湿润气候划为同类，又把我国南方的热带季风气候与非洲、南美洲的热带干湿季气候划为一类，这都是错误的，应该予以纠正。

表 8-2 　　　　　　　　　　　　　　　斯查勒气候分类法

气候带	特　征	气候型及其副型	特　征
低纬度气候带	年总可能蒸散量在 130cm 以上，这里是热带气团（Tm 和 Tc）与赤道气团的源地，并受其控制，在副热带高压控制区气流下沉，气候干燥，在热带气流辐合带，对流旺盛，气候潮湿，极地气团虽有时侵入，但已变性，势力锐减，影响天气气候的主要因子是赤道低压槽的季节移动和热带气旋的活动	1. 赤道潮湿气候	每个月的 $E_p>10cm$，至少有 10 个月 $R>20cm$
		2. 热带季风和信风气候	每个月的 $E_p>4cm$，$R>20cm$ 的持续期有 6~9 个月，若超过 10 个月，则至少连续 5 个月 $E_p \geqslant 10cm$
		3. 热带干湿季气候	土壤缺水量 $D>20cm$，土壤多余水量 $R>10cm$，每个月的 $E_p>4cm$，土壤储水量 $S>20cm$ 的持续期 5 个月，或 S 最小月份小于 3cm
		4. 热带干旱气候	土壤缺水量 $D>15cm$，没有水分多余。每个月 $E_p>4cm$。至多有 5 个月土壤储水量 $S>20cm$ 或者最少的月份小于 3cm
中纬度气候带	年总可能蒸散量介于 52.5~130cm 之间。这是热带气团和极地气团交绥角逐的地带，极锋出现在此带，由西向东移动的温带气旋活动频繁，夏秋季节亦有热带气旋活动频繁，夏秋季节亦有热带气旋侵入，天气的非周期性变化和一年四季的变化都很明显	5. 副热带干旱气候	这是热带干旱气候向较高纬度方向的延伸，土壤缺水量 $D \leqslant 15cm$，没有水分盈余。有 1 个月可能蒸散量小于 4cm，但每个月都超过 0.8cm
		6. 副热带湿润气候	土壤缺水量 $<15cm$，至少有 1 个月 E_p 小于 4cm，但每个月都超过 0.8cm
		7. 副热带地中海气候（或副热带夏干气候）	土壤缺水量 $D>15cm$，$R>0$，每个月 $E_p>0.8cm$，水分贮存指数（土壤储水量在一年内的相对较差）大于 75%，或最热月的降水量与实际蒸散量之比小于 40%
		8. 温带海洋性气候	土壤缺水量小于 15cm，年 E_p 大于 80cm，每个月可能蒸散量都超过 0.8cm
		9. 温带干旱气候	土壤缺水量大于 15cm，没有水分盈余，可能蒸散量至少有 1 个月小于 0.7cm
		10. 温带湿润大陆性气候	土壤缺水量小于 15cm，没有水分盈余，可能蒸散量至少有 1 个月小于 0.7cm
高纬度气候带	年总可能蒸散量小于 52.5cm，这带盛行极地气团、冰洋气团和南极气团（南半球）且系这些气团的源地。在北半球极地海洋气团 Pm 与冰洋气团交绥，形成冰洋锋，在南半球极地海洋气团 Pm 与南极气团交绥形成南极锋，在这些锋带经过地区产生一定量的降水。	11. 副极地大陆气候	年总可能蒸散量介于 52.5cm 和 35cm 之间，可能蒸散量等于零的时间至多持续 7 个月
		12. 苔原气候	年总可能蒸散量小于 35cm，连续 8 个月以上出现可能蒸散量等于零
		13. 冰原气候	全年各月的可能蒸散量都等于零

三、周淑贞气候分类法

我国气候学家周淑贞教授认为，就全球来讲，季风气候的面积相当大，因此，这一极其重要的气候形成因子和气候现象，在气候分类中必须明确提出。季风气候又因所在纬度不同划分为热带、副热带和温带季风气候等类型。因此周淑贞等在斯查勒动力气候分类法的基础上进行适当修改，将全球气候分为3个纬度带、16个气候型，另列高地气候一大类（见表8-3）。

表8-3　　　　　　　　　　　　　周淑贞气候分类

气候类	气候带	气候型
低地气候	低纬度气候带	①赤道多雨气候 ②热带海洋性气候 ③热带干湿季气候 ④热带季风气候 ⑤热带干旱与半干旱气候
	中纬度气候带	⑥副热带干旱与半干旱气候 ⑦副热带季风气候 ⑧副热带湿润气候 ⑨副热带夏干气候（地中海气候） ⑩温带海洋性气候 ⑪温带季风气候 ⑫温带大陆性湿润气候 ⑬温带干旱与半干旱气候
	高纬度气候带	⑭副极地大陆性气候 ⑮极地长寒气候 ⑯极地冰原气候
高地气候		

周淑贞教授对斯查勒气候分类做的修改主要有：列出季风气候型，且细分为热带季风气候、副热带季风气候和温带季风气候；增加了"热带海洋性气候"，因为在热带海岛和某些迎风海岸（非季风区），气温变化和缓，降水丰沛，年内分配均匀，但因可受热带气旋的影响，相对而言，夏雨较多些；取消了"热带季风和信风气候"中的"信风气候"，一部分归于"热带季风气候"，一部分归于"热带海洋性气候"。

周淑贞气候分类各气候型的全球地理分布图如图8-2所示。

周淑贞简介

周淑贞（1915—1997年），江苏南京人，著名地理学家、城市气候学家、地理教

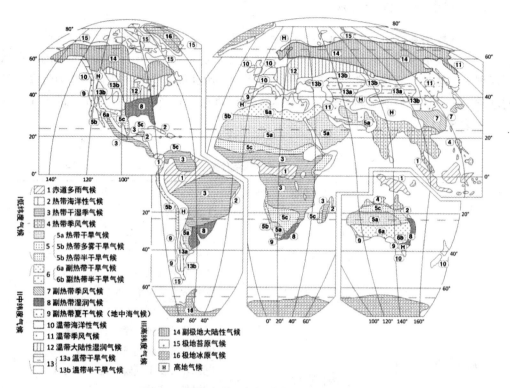

图 8-2 周淑贞世界气候分类图（概略图）

育家。1938 年毕业于中央大学地理系，获理学学士学位，留校任气象学助教。先后任教于重庆中央大学（及其附中）、上海交通大学、上海航务学院，1953 年调入华东师范大学地理系，讲授"气象学与气候学""海洋气象学""区域气候学""城市气候学"等课程，并从事大气科学的学术研究。她曾任九三学社华东师大副主任委员、上海气象学会副理事长、中国地理学会气候专业委员会委员兼城市气候研究组组长、原国家教委高校地理教材编审委员兼气象水文组组长、全国高校城市气候研究中心主任委员、全国高师"气象学与气候学"教学研究会理事长。

　　周淑贞从事大气科学教学与科研 50 余年，在国际国内刊物上发表论文 70 余篇。20 世纪 50 年代末，她在上海发现了城市热岛现象，率先在我国提出城市气候的"五岛效应"，开创了我国城市气候研究的先河，是我国城市气候学研究领域的奠基人。她先后获得原国家教委颁发的"优秀科技成果奖""科学技术进步奖"和"优秀教材二等奖"等。她先后八次赴德国、美国、墨西哥、日本等国，在国际城市气候学术会议上作报告，向国际同行介绍上海城市气候研究的成果。在 1989 年日本京都城市气候会议上，她被国际城市气候学界誉为全球功绩卓著的"五大先驱学者"之一。

第二节　低地气候

本节将从分布、特征、成因、植被、土壤等几个方面对周淑贞气候分类法中的 16 个气候型做简要介绍。

一、赤道多雨气候

赤道多雨气候，也称热带雨林气候，位于赤道区域和赤道的两侧，大约向南、向北伸展到纬度 5°~10° 左右，各地的宽窄不一，主要分布在非洲扎伊尔河流域、南美亚马孙河流域和亚洲与大洋洲间的从苏门答腊岛到伊里安岛一带（见图 8-2）。

它是在赤道低压带中形成的。在赤道低压带中，水平的风力很小，南北两半球的信风在此辐合上升。这一带海洋面积宽广，陆地面积小，是赤道气团的源地。全年正午太阳高度角都很大，一年有两次受到太阳直射，全年昼夜长短差别小，基本上昼夜平分。其主要气候特征有：①全年长夏，无季节变化。各月平均气温在 25~28℃，年平均气温在 26℃左右。因多云多雨，地表又有大量森林植被，绝对最高气温很少超过 38℃，绝对最低气温也极少在 18℃ 以下。②气温年较差小于日较差。气温年较差一般小于 3℃，日较差可达 6~12℃，气温昼夜周期性变化显著。③全年多雨，无干季。全年皆在赤道气团控制下，风力微弱，以辐合上升气流为主，多对流雨，天气变化单调，降水量年内分配较均匀。年降水量大于 2000mm，如秘鲁伊基托斯年降水量达 2620mm（见图 8-3），最少月也在 60mm以上。

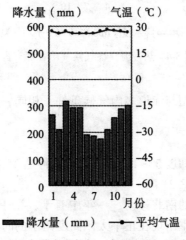

图 8-3　赤道多雨气候（伊基托斯，秘鲁）

由于全年高温多雨，植物的生长不受水分的限制，适宜赤道雨林生长，此处森林高大茂密，品种繁多，是世界上生物生长率最高的地方。地带性土壤为热带雨林砖红壤。

二、热带海洋性气候

热带海洋性气候出现在南北纬 10°～25°信风带大陆东岸及热带海洋中的若干岛屿上，如加勒比海沿岸及诸岛、巴西高原东侧沿海、马达加斯加东岸、澳大利亚昆士兰州沿海地带和夏威夷群岛等（见图8-2）。

这里长时期受信风影响，正当迎风海岸，终年盛行热带海洋气团，气候具有海洋性。因为陆地面积小，海陆热力对比不显著，所以没有热带季风现象。其主要气候特征是：①气温年较差、日较差皆小。这里正当迎风海岸，全年盛行热带海洋气团，最热月平均气温在28℃上下，最冷月平均气温在18～25℃间，如哈瓦那年较差仅5.6℃（见图8-4）。②全年降水量皆多。年降水量在1000mm以上，一般以5—10月较集中，除对流雨、热带气旋雨外，沿海迎风坡还多地形雨，无明显干季。

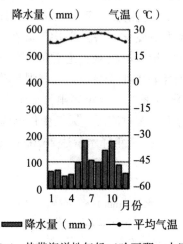

图 8-4 热带海洋性气候（哈瓦那，古巴）

这里形成的植被土壤类型与赤道多雨气候条件下相同，为热带雨林砖红壤。

三、热带干湿季气候

热带干湿季气候出现在纬度5°～15°左右，也有伸达25°左右的，主要分布在上述纬度的中美、南美和非洲（见图8-2）。

由于一年中赤道低压槽的南北移动，一年中有干、湿季的区别。其主要气候特征为：①一年中干、湿季分明。干季出现在正午太阳高度角小的时期，这时太阳直射点位于另一半球，本区受热带大陆气团控制，盛行下沉气流，是为干季，一年中至少有1～2个月的干季。当太阳直射本半球时，这里正午太阳高度角大，赤道气流辐合带移来，这里受到赤道海洋气团控制，因此潮湿多雨，是为雨季。全年降水量在750～1600mm左右，降水变率很大。②一年分三季，最热月出现在干季之末、雨季之前，为热季。在干季之末，正午太阳高度角已接近一年中之最高值，而这时少云少雨，日照强烈，地面气温易增高。在雨季时，正午太阳高度角虽大，但在密云暴雨下能使气温降低。例如，廷博最高温出现在

3月（见图8-5）。全年高温，最冷月平均气温在16~18℃以上。

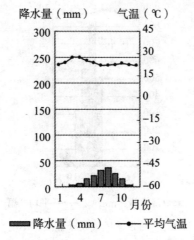

图 8-5 热带干湿季气候（廷博，几内亚）

这里雨季时高温、闷热，多对流雨，类似赤道多雨气候，植物生长茂盛。但一到干季，天气状况大变，晴朗少雨或滴雨不降，水分严重不足，植物凋萎，形成一片枯黄景色。自然景观属于赤道雨林与热带荒漠草原的过渡类型，称为热带疏林草原，又称萨瓦纳。土壤为热带稀树草原红棕色土。

四、热带季风气候

热带季风气候出现在纬度10°到回归线附近的亚洲大陆东岸，如我国台湾南部、雷州半岛和海南岛，中南半岛，印度半岛大部、菲律宾群岛和澳大利亚北部沿海等地（见图8-2）。

主要气候特征有：①热带季风发达，一年中风向的季节变化明显。北半球在太阳高度角大的季节，这里盛行着西南转向信风，也就是"夏季风"。在太阳高度角小的季节，这里盛行着东北风，也就是这里的"冬季风"。在南半球，"夏季风"为西北风，"冬季风"为东南风，出现月份与北半球相反。②年降水量大，集中于夏季。年降水量一般在1500~2000mm，集中在6—10月（北半球）。如印度孟买7月的降水量就在800mm以上（见图8-6）。在热带大陆气团控制时，降水稀少；而当赤道海洋气团控制时，多对流雨，加上热带气旋经过时，有大量的降水。③长夏无冬，春秋短暂。全年高温，年平均气温在20℃以上，年较差在3~10℃左右，春秋极短。

这一气候区森林生长茂盛，由于存在干季和湿季，自然植被除常绿阔叶林外，还混有落叶阔叶树种成分，此处植被类型称为热带季雨林。在内陆向半干旱气候过渡地区亦有疏林草原景观。

五、热带干旱与半干旱气候

热带干旱与半干旱气候出现在副热带高压带及信风带的大陆中心和大陆西岸。在南、

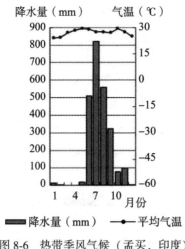

图 8-6 热带季风气候（孟买，印度）

北半球各约以回归线为中心向南北伸展，平均位置约在纬度 15°～25°间（见图 8-2）。因干旱程度和气候特征不同，可分三个亚型：热带干旱气候、热带西岸多雾干旱气候和热带半干旱气候。

（一）热带干旱气候

典型的热带干旱气候区有非洲撒哈拉沙漠、卡拉哈里沙漠，西亚、南亚的阿拉伯大沙漠、塔尔沙漠、澳大利亚西部和中部沙漠、南美的阿塔卡马沙漠等。

这些地方具有典型的热带干旱气候特征，终年受副热带高压下沉气流的控制，又处于信风带的背风海岸，是热带大陆气团的源地，离赤道低压槽和极锋都很远。在沿岸地带亦因冷洋流的影响，空气稳定，雨量也极为稀少，荒漠面积一直延伸到海岸。气候特点是：①降水量极少，降水变率大。北非的阿斯旺经常是连续多年无雨，偶有降水多属暴发性阵雨，年雨量一般小于 250mm，降水变率大多在 40%以上（见图 8-7）。②云量少，相对湿度极小，日照强。在撒哈拉沙漠上，12 月和 1 月的平均云量为 1/10，6～10 月为 1/30。（3）全年高温，日较差巨大。白天气温特高，可达 48℃以上，夜间最低气温可降至 7～12℃左右。最热月平均气温在 30～35℃左右，年较差在 10～20℃上下。

地表缺乏水分，植被土壤类型为热带荒漠土。

（二）热带西岸多雾干旱气候

纬度 10°—30°附近，在热带大陆西岸，有寒流经过的海滨地带，如北美的加利福尼亚寒流沿岸、南美秘鲁寒流沿岸、北非加那利寒流沿岸、南非本格拉寒流沿岸，为热带西岸多雾干旱气候。

热带西岸多雾干旱气候位于副热带高压下沉气流区，又受冷洋流影响，空气层结稳定，多雾而少雨。例如，南美秘鲁的利马常年降水量仅 15mm 左右（见图 8-8）。气温的年较差、日较差都小。由于多低层云，常出现逆温，日照不强，相对湿度大。不过，这种

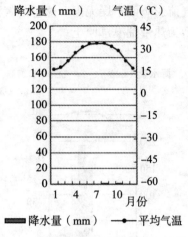

图 8-7 热带干旱气候（阿斯旺，埃及）

热带多雾干旱气候仅出现在贴近冷洋流的海岸地带。因为在冷流表面形成的雾，随着轻微的海风登陆的范围是不广的，一般只能在沿岸几千米至几十千米的滨海地带存在，再向内陆因地面气温高，雾即蒸发消散。

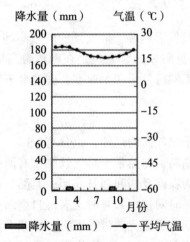

图 8-8 热带西岸多雾干旱气候（利马，秘鲁）

（三）热带半干旱气候

热带半干旱气候分布在热带干旱气候区的外缘，是干旱气候和湿润气候间的过渡地带。

热带半干旱气候的雨季出现在正午太阳高度角大的季节，正午太阳高度角大时。如墨西哥的库利亚坎（见图 8-9），因赤道低压北移，这里受到热带海洋气团和赤道低压槽中

155

辐合上升气流的影响，有对流雨，因而有一短暂雨季。年雨量在 250~750mm。其余大半年时间因受副热带高压下沉气流影响而干燥无雨。这里的气温年较差、日较差都较大，降水的变率亦大。植被土壤类型为热带荒漠草原土。

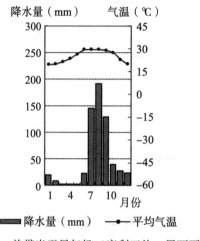

图 8-9　热带半干旱气候（库利亚坎，墨西哥）

六、副热带干旱与半干旱气候

副热带干旱与半干旱气候位于热带干旱气候的向较高纬度的一侧，约在南北纬 25°—35°的大陆西岸和内陆地区（见图 8-2）。它也是在副热带高压下沉气流和信风带背岸风的作用下形成的。因干旱程度不同可分为两个亚型：副热带干旱气候与副热带半干旱气候。

（一）副热带干旱气候

副热带干旱气候是热带干旱气候的延伸，也具有少雨、少云、日照强、气温高、蒸发盛等特点。但由于纬度位置稍高，与热带干旱气候相比有两点差异：①凉季气温较低，年较差比热带干旱气候大。因为在盛夏期间烈日高照，其酷热程度与热带沙漠相似；而因凉季正午太阳高度角较小，白昼时间较短，有时又有源自高纬度的极地大陆气团侵入，气温较低。②凉季有气旋雨，土壤蓄水量比热带沙漠大。在凉季温带气旋路径偏南时，这里有少量的气旋雨。尤马的年降水量为 80mm，比热带沙漠稍多（对比图 8-7 和图 8-10），在夏季 5 月、6 月两个月尤马没有降水，土壤缺水情况与热带沙漠相似。凉季因气温较低、又有一定量的降水，所以土壤蓄水量比热带沙漠大。

（二）副热带半干旱气候

副热带半干旱气候出现在副热带干旱气候区（副热带沙漠）的外缘，与地中海气候区相毗连，与副热带干旱气候相比，有以下两点差别：①夏季气温比副热带沙漠低。如北非利比亚的班加西，盛夏 7—9 月三个月的月平均气温皆为 26℃，没有一个月的月平均气温在 30℃以上（见图 8-11）。②冬季降水量比副热带沙漠稍多。因为冬季温带气旋南移，

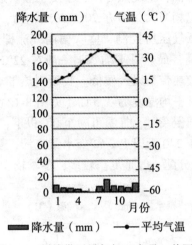

图 8-10　副热带干旱气候（尤马，美国）

此区所获得的降水量比较多。这时气温又较低，蒸发弱，所以土壤储水量增多，能够维持草类生长。这里的植被类型属于荒漠草原，通常生长有旱生灌木及禾本科植物，土壤属于半荒漠的淡棕色土。

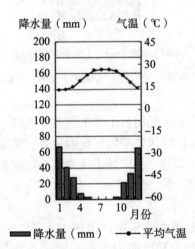

图 8-11　副热带半干旱气候（班加西，利比亚）

七、副热带季风气候

副热带季风气候位于副热带亚欧大陆东岸，约以 30°N 为中心，向南北各伸展 5°左右。它是热带海洋气团与极地大陆气团交替控制和互相角逐交绥的地带，夏秋间又受热带气旋活动的影响。主要分布在我国东部秦岭淮河以南，热带季风气候型以北的地带，以及日本南部和朝鲜半岛南部等地（见图 8-2）。

副热带季风气候的主要特征：①夏热冬温，季变明显。这里纬度位置已在北回归线以北，但夏季正午太阳高度角仍相当大（常在70°~80°以上），白昼时间又较长，海洋上副热带高压强大，亚洲大陆为低气压所控制，盛吹偏南气流即夏季风。沿岸又有暖流（黑潮）经过，因此夏季气温很高，最热月平均气温一般在22℃以上。但冬季因受温带大陆冷气团南下的影响，冬温则较热带季风气候低。我国副热带季风气候，最冷月气温在0~15℃之间。例如，上海最冷月平均温度为3.5℃（见图8-12）。主要是因为东亚冬季风强大而较冷的缘故。在强大寒潮侵袭时，气温可降至0℃以下，发生短时间的严重霜冻。年较差约在15~25℃。无霜期在240天以上。②降水量充沛，夏雨较集中。降水量在750~1000mm以上，降水量的季节分配一般是夏季较多，冬季较少，无明显的干季。

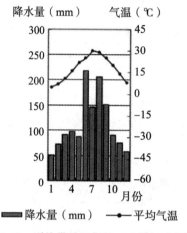

图8-12　副热带季风气候（上海，中国）

在这种夏热冬温、降水充足又无明显干季的气候条件下，最适宜常绿阔叶林的生长。自然景观为副热带季风林。在接近热带季风气候的地带，常绿阔叶林较多，向北因气温逐渐降低，则渐混有落叶阔叶林。与之相应的土壤类型为红壤和黄壤。

八、副热带湿润气候

副热带湿润气候出现在北美大陆东岸，美国25°~35°N的大西洋沿岸和墨西哥湾沿岸地带，南美的阿根廷、乌拉圭和巴西南部，非洲的东南海岸和澳大利亚的东岸（见图8-2）。

从纬度位置和海陆位置（大陆东岸）来看，与东亚副热带季风气候相似，但由于所处的大陆面积较小，海陆的热力差异不像东亚那样突出，因此没有形成季风气候。与东亚副热带季风气候相比，其冬夏温差比季风区小，且降水分配比季风区均匀（比较图8-13和图8-12）。

这里的自然景观与副热带季风气候区相类似，主要是常绿阔叶林，向北则渐混有落叶阔叶林。与之相应的土壤类型为红壤和黄壤。

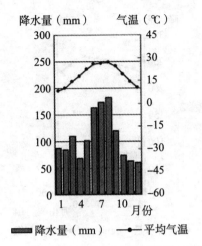

图 8-13　副热带湿润气候（查尔斯顿，美国）

九、副热带夏干气候（地中海气候）

副热带夏干气候（地中海气候）位于副热带大陆西岸，纬度 30°～40° 之间的地带，包括地中海沿岸、美国加利福尼亚州沿岸、南美洲智利中部海岸、南非南端和澳大利亚南端（见图 8-2）。

这里受副热带高压季节移动的影响，夏季正位于副高中心范围之内或在其东缘，气流下沉，因此干燥少雨，日照强烈；冬季副高移向较低纬度，这里受极锋影响，锋面气旋活动频繁，带来大量降水。全年降水量在 300～1000mm 左右。冬季气温比较暖和，最冷月平均气温在 4～10℃ 左右。因夏温不同，分为两个亚型：凉夏型、暖夏型。

（一）凉夏型

贴近冷洋流沿岸，夏季凉爽多雾，少雨。最热月平均气温在 22℃ 以下，最冷月平均气温在 10℃ 以上。气温年较差小（见图 8-14）。

（二）暖夏型

离海岸较远，夏季干热，最热月平均气温在 22℃ 以上，冬季温和湿润，年较差稍大。例如，那不勒斯年较差为 16℃（见图 8-15）。

在雨热不同期的气候条件下，植物为了度过炎热而干燥的夏季，必然产生一些旱生结构以适应这种环境，故此气候区树叶多是坚硬革质化的，自然景观以硬叶常绿灌木林为主。

十、温带海洋性气候

温带海洋性气候分布在温带大陆西岸，纬度约 40°～60°，包括欧洲西部、阿拉斯加南部、加拿大的哥伦比亚、美国华盛顿和俄勒冈两州、南美洲 40°～60°S 西岸、澳大利亚的

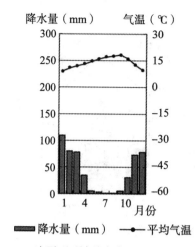

图 8-14 凉夏型地中海气候（旧金山，美国）

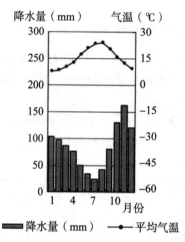

图 8-15 暖夏型地中海气候（那不勒斯，意大利）

东南角、塔斯马尼亚岛和新西兰等地（见图 8-2）。

这种气候的特点是：①终年盛行西风，受温带海洋气团控制，冬暖夏凉，气温年较差小。冬季，沿岸因有暖流经过，西风从暖洋面吹来，带来了温暖的温带海洋气团，气温比同纬度的大陆中心和大陆东岸要暖和得多，最冷月平均气温皆在0℃以上。夏季，洋流水温比大陆低，海风比陆风凉得多，这里受西风影响，最热月平均气温在22℃以下。例如，布勒斯特为18.3℃（见图 8-16）。这类气候的年较差约在6~14℃。②全年湿润多雨，冬雨较多。年降水量约在750~1000mm，迎风山地可达2000mm以上。这里正当温带锋面气旋活动的路径上，气旋雨丰沛。冬季温带气旋更为活跃，雨日很多，但降水强度并不大。冬季降水量在全年中所占比例稍大。全年没有干季，相对湿度比较大。

这里自然植被为落叶阔叶林和针阔混交林。

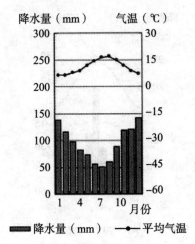

降水量（mm）　　气温（℃）

图 8-16　温带海洋性气候（布勒斯特，法国）

十一、温带季风气候

温带季风气候出现在亚欧大陆东岸纬度 35°~55°N 地带，包括中国的华北和东北，朝鲜大部，日本北部及俄罗斯远东部分地区（见图 8-2）。

主要气候特征：①冬季受温带大陆气团影响，寒冷干燥，南北温差大。冬季亚欧大陆冷高压特别强大，在东亚冬季吹西北风、北风和东北风，盛行着极地大陆气团，多晴寒天气，最冷月平均气温在 0℃ 以下。又由于这时北方不仅比南方正午太阳高度角小，而且白昼时间又较南方短，更促使南北气温差别大。例如，北京 1 月平均气温为 -4.7℃（见图 8-17），齐齐哈尔为 -20.5℃，两地纬度相差不到 8°，而 1 月平均温度竟相差达 15.8℃，平均每 1°（纬度），1 月平均气温就相差 2℃ 以上。②夏季受温带海洋气团或变性热带海洋气团影响，暖热多雨，南北温差小。初夏季风交替季节多锋面雨，盛夏多对流雨，在沿海地带还可受到台风雨的影响，因此夏季降水量远比冬季多。例如，北京 6~8 月三个月的降水占全年总降水量的 75% 强。降水量有由南向北、由沿海向内陆递减的趋势。夏季东亚盛行东风和东南风，气温偏高，最热月平均气温在 20℃ 以上。以北京和齐齐哈尔为例，两地 7 月份气温分别为 26.1℃ 和 23℃，两者仅相差 3.1℃，平均每 1°（纬度）仅相差 0.4℃。③天气的非周期性变化显著。冬季寒潮爆发时，气温在 24h 内可下降 10 多摄氏度，甚至 20 多摄氏度。而暖空气北上时，在秋冬亦可出现"小阳春"的天气。

在偏南地区以落叶阔叶林为主。逐渐向北过渡，因冬温较低，自然植被为针阔混交林。

十二、温带大陆性湿润气候

温带大陆性湿润气候主要出现在亚欧大陆温带海洋性气候区的东侧和北美 100°W 以东约 40°~60°N 的温带地区（见图 8-2）。

温带大陆性湿润气候在气温、降水的变化上和温带季风气候有些类似（比较图 8-17

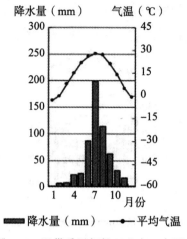

图 8-17　温带季风气候（北京，中国）

与图 8-18），但在风向、风力上不像温带季风气候那样有明显的季变。从成因上讲，它的冬季寒冷少雨不是由于大陆季风的作用，而是由于从海洋吹来的西风入陆已深，经过大陆变性作用，气温不像温带海洋气候那样暖和；空气湿度已大大减小，所以虽有锋面气旋经过，但冬雨也不如温带海洋性气候那样多，但比温带季风气候的冬雨稍多。夏季有对流雨，但夏雨集中程度不像温带季风气候那样显著。天气的非周期性变化也很大。

　　在偏南地区以落叶阔叶林为主。逐渐向北过渡，因冬温较低，自然植被为针阔混交林。

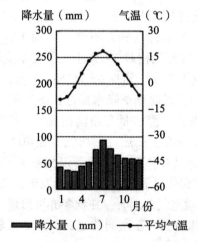

图 8-18　温带大陆性湿润气候（莫斯科，俄罗斯）

十三、温带干旱与半干旱气候

　　温带干旱与半干旱气候区包括温带的荒漠和草原，在北半球占有广大的面积，分布在

35°~50°N 的亚洲和北美大陆中心部分。在南半球只有南美洲南端伸入到温带纬度，在阿根廷的大西洋沿岸有一块面积不大的巴塔哥尼亚干旱气候区（见图 8-2）。

北半球是因位居大陆中心或沿海有高山屏峙，无法受到海风的影响，终年在大陆气团控制下，因此气候干燥；南半球巴塔哥尼亚干旱气候区的形成原因与半球情况不同，不是因大陆面积广大，在大陆中心形成的，而是因为正当西风带的大陆东岸，是西风带的雨影区域，西岸有安第斯山脉屏峙，西风过山后下沉，绝热增温，空气干燥；又因沿岸有冷流经过，空气稳定，因此全年少雨。虽然内陆面积狭小，又濒临海岸，却仍然是干旱气候。

因干旱程度不同又可分两个亚型：温带干旱气候与温带半干旱气候。

（一）温带干旱气候

1. 热夏型

热夏型分布于西南亚，中亚，中国内蒙古、新疆、甘肃等地，美国内华达州、犹他州和加利福尼亚州东南部。

与热带、副热带干旱气候有许多共同点，但也有差异：降水量少、降水变率大、有少量冬雪；相对日照高；冬寒夏热，气温变化急剧，年较差大；天气的非周期性变化比较显著。温带干旱气候年降水量一般在 250mm 以下，新疆准噶尔盆地全年降水量为 100~200mm，南疆为 5~50mm，例如，吐鲁番年降水量为 22.7mm；吐鲁番虽然纬度已在 43°N 附近，但夏季 6~8 月三个月的平均气温都在 30℃ 以上（见图 8-19）。极端最高气温曾达 48.9℃，极端最高地温竟达 75℃，年较差达 43.5℃。寒潮、锋面、气旋和雷雨等剧烈的天气变化要比热带干旱气候区显著得多。

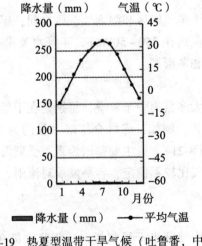

图 8-19　热夏型温带干旱气候（吐鲁番，中国）

2. 凉夏型

分布于南美洲阿根廷的大西洋沿岸。年降水量稀少，一般小于 200mm。因大陆面积小且位于冷洋流沿岸，因此夏季气温不高，最热月平均气温小于 15℃，冬季最冷月平均气温在0℃以上，气温的年较差和日较差均小。如圣卡洛斯，1月（最热月）平均气温只有15.0℃，冬季各月平均气温都在0℃以上，气温的年较差很小，只有13.3℃（见图8-20）。

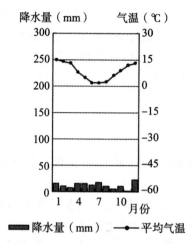

图 8-20　凉夏型温带干旱气候（圣卡洛斯，阿根廷）

在温带干旱气候区，自然植物种类异常贫乏，只有耐旱力极强的小灌木和草类能够生长，自然景观为各种性质不同的荒漠。

（二）温带半干旱气候

温带半干旱气候区位于干旱气候区和湿润气候区之间，年降水量比干旱气候稍多，我国温带半干旱气候区年降水量约在250~500mm，年降水变率很大。从降水的季节分配来讲，可分两种类型：夏雨型和冬雨型。

1. 夏雨型

温带半干旱气候区降水大多数集中于夏季，特别是在干旱气候区与季风气候区间的过渡地区，夏雨集中程度更显著。例如，赤峰全年降水量约为360mm，有70%的降水集中在夏季6~8月三个月（见图8-21）。这主要是因为夏季受到海洋季风的影响，空气比较潮湿，再加上地表温度高，空气比较不稳定，容易发展对流雨。夏热冬寒，年较差仅次于温带干旱气候。

2. 冬雨型

在接近地中海气候区的中纬度半干旱气候区，年降水量在250mm以上，冬季受到气旋活动影响，雨量集中。例如，伊朗的德黑兰，夏季各月每月只有1~2mm的降水，全年降水量集中在冬半年（11~次年4月）（见图8-22）。

半干旱气候因水分条件比干旱气候稍好，自然景观为草原（矮草）。

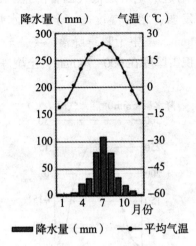

图 8-21 夏雨型温带半干旱气候（赤峰，中国）

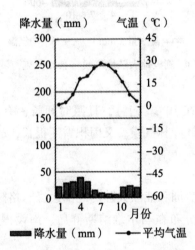

图 8-22 冬雨型温带半干旱气候（德黑兰，伊朗）

十四、副极地大陆性气候

副极地大陆性气候分布在 50°N 或 55°N 到 65°N 地区，在北半球占有很大的面积。在北美从阿拉斯加经加拿大到拉布拉多和纽芬兰的大部分。在亚欧大陆所占面积更广，自西向东包括斯堪的纳维亚半岛（南部除外），芬兰和俄罗斯西部、俄罗斯东部的大部分（见图 8-2）。

气候特征是：①冬季长而严寒，暖季短促，气温年较差大。该气候型所在地区冬季黑夜时间长，正午高度角小，在亚欧大陆中部和偏东地区又为冷高压中心，风小、云少、地面辐射冷却剧烈，大陆性极强，冬温极低，一年中至少有 9 个月为冬季。夏季白昼时间长，7 月平均气温在 15℃以上，气温年较差巨大（见图 8-23）。西伯利亚的维尔霍扬斯克

1 月平均气温低至-50℃，其附近的绝对最低气温曾降至-73℃，有世界"寒极"之称。②降水量少，集中暖季，蒸发弱、相对湿度高。全年降水量少，在东西伯利亚不超过380mm，在加拿大不超过 500mm，集中于暖季降落，冬雪较少，但蒸发弱，融化慢，每年有 5~7 个月的积雪覆盖，积雪厚度在 600~700mm，土壤冻结现象严重。

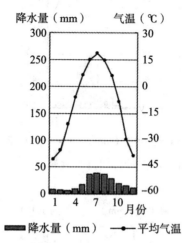

图 8-23　副极地大陆性气候（雅库茨克，俄罗斯）

这里因暖季温度适中（在 10℃ 以上），日照时间长，有一定的热量、降水量和生长期，适宜针叶林生长，又称针叶林气候。又因积雪期很长，故又称雪林气候。

十五、极地长寒气候

极地长寒气候分布在北美洲和亚欧大陆的北部边缘、格陵兰沿海的一部分和北冰洋中的若干岛屿中。在南半球则分布在马尔维纳斯群岛、南设得兰群岛和南奥克尼群岛等地（见图 8-2）。

主要气候特征有：①全年皆冬，一年中仅 1~4 个月月平均气温在 0~10℃。其纬度位置已接近或位于极圈以内，所以极昼、极夜现象很明显。在极夜期间气温很低，但因邻近海洋比副极地大陆性气候尚稍高。内陆地区比沿海更冷，一般可达-30℃至-40℃。最热月平均气温在 1~5℃，个别晴暖天气中，气温能升到 25℃，但在 7 月、8 月，夜间气温仍可降到 0℃ 以下。②降水量少，多云雾。在冰洋锋上有一定降水，但因气温低，空气含水汽小，一般年降水量在 200~300mm 左右，在内陆地区尚不足 200mm。大多为干雪，暖季为雨或湿雪。由于风速大，常形成雪雾，能见度不佳，地面积雪面积不大。

这里冬季严寒程度虽稍逊于副极地大陆性气候，但因最热月平均气温低于 10℃，冻土层接近地表，暖季水分不能下渗，引起土壤表层停滞积水，土温进一步降低，限制了乔木的生长，自然植被只有苔藓、地衣及小灌木等，构成了苔原景观。这里又称为苔原气候区。苔原出自芬兰语，意指无森林的地方。

十六、极地冰原气候

极地冰原气候出现在格陵兰、南极大陆和北冰洋的若干岛屿上（见图8-2）。

这里是冰洋气团和南极气团的源地，主要气候特征为：①全年严寒，各月平均气温皆在0℃以下，具有全球的最低年平均气温。北极地区年平均气温约为-22.3℃，南极大陆为-28.9℃至-35℃左右。一年中有长时期的极昼、极夜现象。②全年降水量小于250mm，皆为干雪，不会融化，长期累积形成很厚的冰原。长年大风，寒风夹雪，能见度很低。

冰原上因各月温度皆在0℃以下，冰雪无融化期，几乎无植被，但在个别没有大陆冰的地方也生长一些低等植物，如苔藓、地衣等。

第三节　高地气候

如第七章第四节所述，在高山地带，随着高度的增加，气象要素发生变化，导致高山气候具有明显的垂直地带性，这种垂直地带性又因高山所在地的纬度和区域气候条件而有所差别。高地气候出现在55°S～70°N之间的大陆高山高原地区。在北半球中纬度地区分布较广，在南半球主要分布于安第斯山脉。

一、高地气候的主要特征

山地的垂直气候带与随纬度而异的水平气候带在成因和特征上都有所不同，不能把两者等同起来。

山地垂直气候带的分异因所在地的纬度和山地本身的高差而异。在低纬山地，山麓为赤道或热带气候，随着海拔高度的增加，地表热量和水分条件逐渐变化，直到雪线以上，可划分的垂直气候带数目较多。若山地高差较小，气候垂直带的分异也就相应减少。在高纬度地区，山麓已经常年积雪，所以那里山地气候垂直分异就不显著了。山地垂直气候带具有所在地大气候类型的"烙印"，例如，赤道山地从山麓到山顶都具有全年季节变化不明显的特征。湿润气候区山地垂直气候的分异，主要以热量条件的垂直差异为决定因素；而干旱、半干旱气候区山地垂直气候的分异，与热量和湿润状况都有密切关系。同一山地还因坡向、坡度及地形起伏、凹凸、显隐等局地条件不同，气候的垂直变化各不相同。

二、高地气候举例

拉丁美洲的安第斯山脉自北向南纵贯大陆西岸，中经赤道，在赤道带的高山山足带，有赤道多雨气候。图8-24展示了在赤道处安第斯山由山麓到山顶的6个垂直气候带。

（1）热带作物带：自山麓向上约至海拔640m左右，年平均气温为28～24℃左右，降水量十分丰沛，自然植被为赤道雨林，农作物有橡胶、香蕉和可可等。

（2）暖带咖啡带：由640m至1830～2000m左右，年平均气温为24～18℃，盛产咖啡、稻米、可可、茶、棉花、玉米等作物，咖啡种植面积最广。

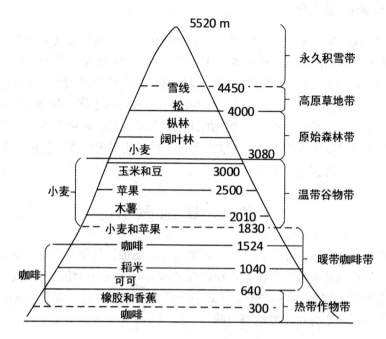

图 8-24 安第斯山（赤道区）垂直气候带

（3）温带谷物带：由暖带向上至海拔 3000～3500m 范围内，年平均气温为 18～12℃ 左右。农作物有小麦、大麦、苹果、番薯和玉米等，畜牧业也很发达。小麦种植面积最广。

（4）原始森林带：由温带谷物带向上约至 4000m 高度，由阔叶林逐渐变为枞林、松林等针叶林。

（5）高山草地带：约在 4000m 以上，森林已不能生长，自然植被为高山草地。

（6）永久积雪带：在海拔 4450m 高度为雪线，由此向上为永久积雪带。

第九章 气候变化

气候变化指气候平均状态统计学意义上的巨大改变或者持续较长一段时间（典型的为10年或更长）的气候变动。气候变化的时间尺度可从几千万年到年际变化不等，涉及的范围也从全球到一个很小的区域不等，冷暖更替和干湿变化一直是气候变化的基本特征。气候的变化和人类的进化以及生物、海洋、地质等的演变存在着相互促进和相互制约的关系，气候变化已成为科学研究的热点问题。研究地球气候变化的历史，弄清现代气候变化的趋势，一方面具有重大理论科学意义，另一方面有助于采取适当的措施及早预防或抗御气候变化可能造成的灾难。

本章着重论述各时期的气候变化，探讨导致气候变化的主要因素。

第一节 气候变化概况

地球形成行星的时间尺度约为45亿~55亿年，但是地球气候史的时间尺度目前可以追溯到的约在18亿~22亿年。据地质考古资料、历史文献记录和气候观测记录分析，世界上的气候都经历着长度为几十年到几亿年为周期的气候变化，且以温暖时期与寒冷时期交替出现为基本特征。

现在为世界科学界所公认的至少有：①大冰期与大间冰期气候：时间尺度约为几百万年到几万万年。②亚冰期气候与亚间冰期气候：时间尺度约为几十万年。③副冰期与副间冰期气候：时间尺度约为几万年。④寒冷期（或小冰期）与温暖期（或小间冰期）气候：时间尺度约为几百年到几千年。⑤世纪及世纪内的气候变动：时间尺度为几年到几十年。

在研究气候变化时，一般将气候变化史划分为三段：地质时期的气候变化、人类历史时期的气候变化和近现代气候变化。

一、地质时期的气候变化

地质时期的气候变化时间跨度从距今约22亿年到距今1万年，其最大特点是冰期与间冰期交替出现。地球古气候史的时间划分，采用地质年代表示。自元古代的晚期（震旦纪）以来，地球上曾发生过三次大冰期和两次大间冰期（图9-1）。在三次大冰期即震旦纪大冰期、石炭纪—二叠纪大冰期和第四纪大冰期之间为温暖的大间冰期气候。在震旦纪以前，还有过大冰期的反复出现，其出现时间目前尚有不同意见。这三次大冰期，好像三个里程碑，把地球气候史分成了几个自然段，同时也绘出了气候史演变的大致轮廓。

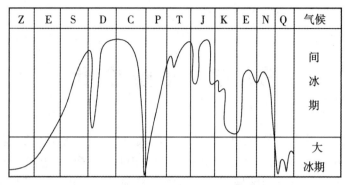

图 9-1 地质时代的气候变迁

（一）震旦纪大冰期

震旦纪大冰期发生在距今约 6 亿年前。据分析，这次冰期的强度比其它两次冰期都大，持续时间也长，气候很寒冷，影响范围相当广，几乎遍及世界五大洲，是一次具有世界规模的大冰期。据地质研究证实，在亚洲的东部和北部、欧洲的西北部、北美的五大湖地区、非洲的南部和中部、澳大利亚的中南部地区，都发现了震旦纪的冰碛层，说明在这一时期这些地区都发生过大冰期气候。当然也有少数地区相对温暖而干燥，如我国黄河以北地区震旦纪地层中分布有石膏层和龟裂纹现象，说明那里当时曾是温暖而干燥的气候。可见，尽管震旦纪大冰期强度很大，持续时间很长，影响范围很广，但是不同类型的气候依然是存在的。

（二）寒武纪—石炭纪大间冰期

寒武纪-石炭纪大间冰期发生在距今约 3 亿~6 亿年。包括寒武纪、奥陶纪、志留纪、泥盆纪和石炭纪五个地质时期，共经历 3.3 亿年，都属于大间冰期气候。其基本特征是雪线升高，冰川后退，气候显著变暖。寒武纪时气候变暖，干湿气候带分布明显，这种干湿气候带的分布一直延续到志留纪。志留纪后期到泥盆纪的前期，地球气候又有变冷趋势，这是大间冰期温暖气候中的气候相对寒冷阶段。这次寒冷阶段持续时间不长，影响范围不大。从泥盆纪中期起，地球上的气候又迅速回暖，一直持续到石炭纪。石炭纪时，气候演变为典型温和而湿润的气候，整个地球出现海洋性气候特征，森林生长繁茂，遍及滨海沼泽和大陆内部，最后形成大规模的煤层，是地质历史时期最重要的成煤期之一。故石炭纪在地质史上被称为"成煤纪"。石炭纪时期整个中国处于热带气候条件下。石炭纪后期气候变冷。

（三）石炭纪—二叠纪大冰期

石炭纪—二叠纪大冰期发生在距今约 2 亿~3 亿年。从寒冷程度来说，这次冰期的降温幅度较大（平均达 10~11℃），气候十分寒冷；从持续时间来看，这次冰期的寒冷气候的极盛期只有 2000 万~3000 万年，相对于震旦纪冰期来说要短一些。从影响范围来说，这次大冰期的主要势力范围在南半球，如南美、南非和澳大利亚的东部等。北半球除印度以外，到现在还未发现属于这次冰期的可靠遗迹。这次大冰期的后期（二叠纪），我国的广大地区，气候相当炎热潮湿，如我国南方发现的大量二叠纪时期的珊瑚礁就是证明。在中南半岛、马来半岛以及欧洲南部等地区，先后发现了二叠纪煤层（分布不如石炭纪广泛）。这些都说明，在石炭纪—二叠纪大冰期，北半球的不少地区，气候还是相当炎热而潮湿的。

（四）三叠纪—第三纪大间冰期

三叠纪—第三纪大间冰期发生在距今约 2 亿~200 万年。这次气候温暖期历时很长，包括整个中生代的三叠纪、侏罗纪、白垩纪和新生代第三纪，长达 2 亿年以上。三叠纪时气候炎热而干燥，在中国、欧洲、北美发现红土的沉积范围都很广，说明当时气候炎热，氧化作用剧烈；与此同时，也发现在三叠纪的地层沉积中，还含有石膏和岩盐，这是炎热而干燥气候的象征。从三叠纪到侏罗纪气候由干热转为湿热，有利于植物的生长，造成了煤层的形成条件，故侏罗纪是继石炭纪之后的第二个成煤期。到侏罗纪后期，气候又由湿热转为干燥，白垩纪是干燥气候继续发展并达到顶峰时期，帕米尔和昆仑山的沙漠区域就是在这个时期形成的。据古生物学的研究，恐龙就是在白垩纪末期逐渐灭绝的。到了新生代的古近纪，世界气候更加普遍变暖。当时中国地层中的沉积物大多带有红色。欧洲气候也比现在暖和得多，在格陵兰岛北部曾生长红杉、木兰、白杨、樟、板栗等温带树种。到第三纪末期，世界气温普遍下降，整个北半球都有热带种属植物被寒带植物排挤的普遍现象，喜热植物逐渐向南退缩。

（五）第四纪大冰期

第四纪大冰期约从距今 200 万年前开始直到现在，是距今最近的一次大冰期，也是地质资料最丰富的时期。当冰期最盛时在北半球有三个主要大陆冰川中心，即斯堪的那维亚冰川中心：冰川曾向低纬伸展到 51°N 左右；北美冰川中心：冰流曾向低纬伸展到 38°N 左右；西伯利亚冰川中心：冰层分布于北极圈附近 60°~70°N 之间，有时可能伸展到 50°N 的贝加尔湖附近。估计当时陆地有 24% 的面积为冰所覆盖，还有 20% 的面积为永冻土，这是冰川最盛时的情况。在这次大冰期中，气候变动很大，冰川有多次进退。根据对欧洲阿尔卑斯山区第四纪山岳冰川的研究，确定第四纪大冰期中有 5 个亚冰期；在中国也发现不少第四纪冰川遗迹，定出有 4 次亚冰期。在亚冰期内，平均气温约比现代低 8~12℃。在两个亚冰期之间的亚间冰期内，气温比现代高，北极约比现代高 10℃ 以上，低纬地区约比现代高 5.5℃ 左右；覆盖在中纬度的冰盖消失，甚至极地冰盖整个消失。在每个亚冰期之中，气候也有波动，例如在大理亚冰期中就至少有 5 次冷期（或称副冰期），而其间为相对温暖时期（或称副间冰期）。每个相对温暖时期一般维持 1 万年左右。目前正处于一个相对温暖的后期。

据研究，在距今 1.8 万年前为第四纪冰川最盛时期一直到 1.65 万年前，冰川开始融化，大约在 1 万年前大理亚冰期消退，北半球各大陆的气候带分布和气候条件基本上形成现代气候的格局。

二、人类历史时期的气候变化

人类历史时期的气候通常指第四纪大冰期中大理亚冰期最近一次副冰期结束后约 1 万年左右的时期，也称为冰后期，这正是人类历史发展的重要时期。这一时期，地质、地貌、植被等资料进一步丰富，尤其是后五千年开始有了文字记载，人类活动的遗迹和数千年以来有关气候的历史文字记载，是研究历史时期气候变迁的重要依据。冰后期以来地球气候虽然趋向暖化，但期间也曾反复发生过多次冷暖波动。

关于冰后期一万年来气候的冷暖变化情况，挪威气候学家们曾做出冰后期近一万年来的挪威的雪线升降图（图 9-2 中的实线），我国著名的气候学家竺可桢根据对历史文献记载和考古发掘等有关资料的研究，得到了中国近 5000 年来温度变化曲线（图 9-2 中的虚线）。从图中可看出，两条曲线的变化趋势基本一致，说明冰后期以来的气候变化在全球具有普遍性。

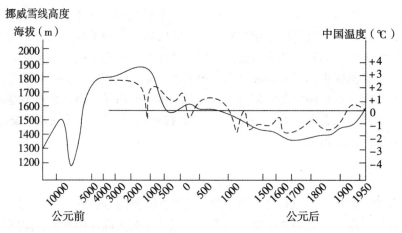

图 9-2　一万年来挪威雪线高度（实线）与五千年来中国气温（虚线）变化图

（一）挪威气候学家的研究成果

图 9-2 中的实线上升阶段，表示雪线正在升高，气候正在变暖；实线下降阶段，表示雪线正在降低，气候正在变冷。有学者根据挪威雪线高度的变化，把冰后期以来的气候划分为四个寒冷期和三个温暖期。

第一次寒冷期发生于距今约 8000~9000 年，是武木亚冰期最近一次副冰期的残余阶段，主要寒冷期在公元前 6300 年前后。第二次寒冷期发生于公元前 5000 年到公元前 1500年的气候温暖时期中间的一次相对较短暂的气候寒冷期，主要寒冷时期位于距今 3400 年前后。第三次寒冷期发生于公元前 1000 到公元 100 年之间，主要寒冷时段位于公元前1300 到公元前 830 年前后，这次寒冷期又称为新冰期。第四次寒冷期发生于 1500—1900年间，主要寒冷期在 1725 年前后，在欧洲称为现代小冰期。在每两次寒冷期之间为相对温暖期。第一次温暖期主要发生在距今 7000 年前后，第二次温暖期主要发生在距今 4000 年前后。由于这两次温暖期之间的寒冷期降温幅度小，这两次温暖期又往往合称为气候最适期。第三次温暖期发生在距今 1100~700 年之间，称为第二次气候最适期。期间仍有一系列较小尺度的冷暖起伏。

（二）我国气候学家竺可桢的研究成果

我国气候学家竺可桢，将 5000 年来中国的气候划分为 4 个温暖时期和 4 个寒冷时期。

第一个温暖期：在公元前 3500 年—公元前 1000 年左右，即从仰韶文化时代到河南安阳殷墟时代。大部分时间的年平均温度比现在高 2℃ 左右，最冷月温度约比现在高 3~5℃，年降水量比现在多 200mm 以上，是我国近 5000 年来最温暖的时代。殷墟发现大量的竹鼠、獏、水牛、象等遗骨。在武丁时代（约公元前 1365 年—前 1324 年）的一个甲骨文中有打猎获得一象的记载，更证明当时该地有野象生存，气候相当温暖。

第一个寒冷期：从公元前 1000 年左右到公元前 850 年（周代初期），有一个短暂的寒冷期，年平均气温在 0℃ 以下。《竹书纪年》上记载，周孝王时，汉水在公元前 903 年和公元前 897 年有过两次结冰，之后出现大旱，气候寒冷干燥。

第二个温暖期：从公元前 770 年到公元初年，即春秋、秦汉时代，又进入到一个新的温暖时期。竹、梅等亚热带植物在《左传》《诗经》等古书中经常提到。孟子说到齐鲁地区（山东）可一年两熟，鲁国经常冬季无冰。公元前 659—前 627 年，淮河流域有象栖息。说明当时气候比现在暖湿。

第二个寒冷期：从公元初年到公元 600 年，即东汉、三国到六朝时代，进入第二个寒冷时期。据史书记载，公元 225 年淮河结冰；公元 366 年前后，从昌黎到营口的渤海海面连续三年冰冻，冰上可以过往车马及三四千人的军队。南京的复舟山建立冰房，证明当时有大量的天然冰可以利用。《齐民要术》中所谈到的物候和农事活动比现在晚 15~28 天。

第三个温暖期：从 600 年到 1000 年，即隋唐时代，是第三个温暖期。据记载，650 年、669 年、678 年的冬季，长安（现西安）无冰雪；梅和柑橘都能关中地区生长，但华北已不能种梅。8 世纪梅树生长于皇宫，9 世纪初西安还种有梅花。象群只分布在长江以南—信安（浙江衢县）和广东、云南一带。

第三个寒冷期：从 1000 年到 1200 年，即北宋末至南宋。华北已无野生梅树，苏东坡在诗中叹梅在关中消失。1111 年太湖封冻，可通车马，杭州暮春仍有降雪。1153—1155 年、1170 年，苏州附近的南运河冬季结冰。1110 年和 1178 年，福建荔枝两次冻死。

第四个温暖期：从 1200 年到 1300 年，即宋末元初。但是这次不如隋唐时那样温暖。1200 年、1213 年、1216 年，杭州无冰雪。北京的杏花在清明开放，与现在相同。元初，西安等地重新设立"竹监司"的衙门管理竹类。

第四个寒冷期：在 1300 年以后，即明、清时代以来，是第四个寒冷期，温度比现代要低 1~2℃，长达 500 年。1329 年、1353 年，太湖冰冻数尺，冰上可走人。1650—1700 年间，太湖、汉水、淮河均结冰四次，洞庭湖也结冰三次。1670 年长江几乎封冻。北京附近运河封冻期比现在长 50 天左右。极端初霜冻日期平均比现在提早 25~30 天，极端终霜冻日期平均比现在推迟约 1 个月。

从图 9-2 中可以看出，中国近五千年气候变迁的特点是：温暖期越来越短，温暖程度越来越低；寒冷期越来越长，寒冷程度越来越强。

竺可桢简介

竺可桢（1890—1974 年）是我国卓越的科学家和教育家、当代著名的地理学家和气象学家、中国近代地理学的奠基人。是我国近代科学家、教育家的一面旗帜，气象学界、地理学界的一代宗师。

1910 年他以优异的成绩考取了赴美公费留学生，1918 年以台风研究的优秀论文获得了博士学位，怀着"科学救国"的理想回到了祖国，先后执教于多所学校。在东南大学任教期间，他积极筹建校南农场气象测候所，这是我国自建和创办气象事业的起点和标志。1927 年，担任中国气象学会副会长的竺可桢，又被任命为气象研究所所长。在气象所成立的当年，就建成了南京北极阁气象台，这是我国近代气象科学事业的发祥地，也是当时中国气象科学研究中心和业务指导中心。此外，他还开展了天气预报业务，拟订了《气象观测实施规程》，统一了观测时制、电码型式、风力等级标准、天气现象的编码等，开展了气象资料整编的出版业务。1934 年他发起成立中国地理学会。中华人民共和国成立后，竺可桢被任命为中国科学院副院长，兼任中国科学院生物学地学部主任、综合考察委员会主任、中国地理学会理事长、中国气象学会名誉理事长、全国科学技术协会副主席等职务，还被选为历届人民代表大会代表、人大常委会委员。

竺可桢在气象气候学研究中的成就卓著。他早年就从事台风和东亚季风的研究，也是我国物候学研究的创始者，在气候变迁领域的研究中更有着卓越的贡献。1972 年他发表了学术论文《中国近五千年来气候变迁初步研究》。这篇论文，是他数十年深入研究历史气候的心血的结晶，是一项震动国内外的重大学术成就。他充分利用了我国古代典籍与方志的记载以及考古的成果、物候观测和仪器记录资料，进行去粗取精、去伪存真的研究，得出了令人信服的结论。这项研究，博大精深，严谨缜密，为学术界树立了光辉的榜样，受到国内外学者的高度赞扬。历史地理学家谭其骧说："每读一遍使我觉得此文功夫之深，分量之重，为多年所少见的作品，理应侧身于世界名著之林。"日本气候学家吉野正敏说："在气候学的历史中，竺可桢起了巨大的作用……经过半个世纪到今天，他所发表的论文，仍然走在学术界的前面。"

竺可桢热爱党，热爱社会主义事业，1962 年 6 月他以 72 岁高龄，光荣地参加了中国共产党，实现了他多年的夙愿。他不仅在创建近代地理学和气象气候学方面作出了卓越贡献，他追求真理、公而忘私的精神，他的治学态度和工作态度，也为青年一代树立了光辉的榜样。

三、近现代气候变化

近现代气候变化主要是指 19 世纪末以来一百多年的全球气候变化。1873 年第一届国际气象会议后，世界范围的气象观测网逐步建成。近百余年来由于有了大量的气温观测记录，区域的和全球的气温序列不必再用代用资料，因此可以获得更加准确的结论。图 9-3 是 1850—2020 年全球平均气温距平（相对于 1850—1900 年平均值）图。

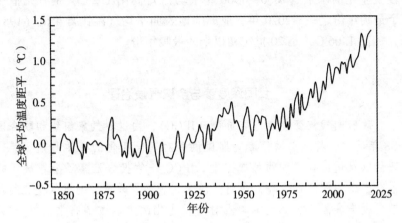

图 9-3　1850—2020 年全球平均气温距平（相对于 1850—1900 年平均值）

统计资料表明，从 19 世纪末到 20 世纪 40 年代，世界气温曾出现明显的波动上升现象。高山冰川退缩，雪线高度上升，极地区域冰层变薄、冻土带向高纬推移，海水温度升高，融冰提早，封冰推迟，冰封期缩短等。这种增暖在北极最突出，1919—1928 年间的巴伦支海水面温度比 1912—1918 年时高出 8℃，巴伦支海在 20 世纪 30 年代出现过许多以前从没有来过的喜热性鱼类，1938 年有一艘破冰船深入新西伯利亚岛海域，直到 83°05′N，创造世界上船舶自由航行的最北纪录。这种增暖现象到 20 世纪 40 年代达到顶点。

20 世纪 40 年代以后世界气候开始变冷，60°N 以北的高纬地区降温更加明显，从 1950 年起到 20 世纪 60 年代后期平均降温达 2℃之多，高山冰川有所前伸，雪线高度有所下降，冰层厚度增加更为明显。1963 年冬季，由于北大西洋结冰范围扩大，形成了北半球中高纬度遍及美洲、欧洲和亚洲广大地区特别寒冷的严冬。从欧洲向北，一直到靠近北极圈的广大地区，温度大幅度下降，降温最剧烈的地区气温比常年低 10℃之多。这一年的冬季，法国剧寒，出现了百年不遇的低温；欧洲阿尔卑斯山地区，大雪封山，交通瘫痪，电讯中断，人畜大量伤亡；日本北海道地区出现了历史上少有的暴风雪，以致千吨巨轮被封冻在北海道西南部的室兰港。1968 年冬，原来隔着大洋的冰岛和格陵兰，竟被冰块连接起来，发生了北极熊从格陵兰踏冰走到冰岛的罕见现象。

进入 20 世纪 70 年代以后，世界气候又趋变暖，到 1980 年以后，世界气温增暖的形势更为突出。据研究，自 19 世纪中期至 20 世纪末，全球年平均气温已升高约 0.5 - 1.0℃。

2021 年 8 月 9 日，政府间气候变化专门委员会（IPCC）正式发布了第六次评估报告第一工作组报告《气候变化 2021：自然科学基础》。报告指出，1970 年以来的 50 年是过去 2000 年以来最暖的 50 年，1901—2018 年全球平均海平面上升了 0.20m，上升速度比过去 3000 年中任何一个世纪都快，2019 年全球二氧化碳浓度达 410ppm，高于 200 万年以来的任何时候。全球变暖对整个气候系统的影响是过去几个世纪甚至几千年来前所未有的。

2021 年 8 月 4 日中国气象局气候变化中心发布的《中国气候变化蓝皮书（2021）》指出，气候系统的综合观测和多项关键指标表明，气候系统变暖仍在持续。2020 年，全球平均温度较工业化前水平（1850—1900 年平均值）高出 1.2℃，是有完整气象观测记录以来的三个最暖年份之一。2020 年，亚洲陆地表面平均气温比常年值（1981—2010 年气候基准期）偏高 1.06℃，是 20 世纪初以来的最暖年份。

我国深度参与全球气候治理

联合国政府间气候变化专门委员会（IPCC），由世界气象组织和联合国环境规划署于 1988 年建立，旨在为决策者定期提供针对气候变化的科学基础、其影响和未来风险的评估以及适应和缓和的可选方案。IPCC 评估报告汇集了全球最新的气候变化科研成果，已成为国际社会建立应对气候变化制度、采取应对气候变化行动最重要的科学基础，也是各国政府制定本国应对气候变化政策的主要科学依据。1990 至 2021 年，IPCC 已发布了六次评估报告。

30 多年来，我国深度参与 IPCC 的制度构建和改革，团结各发展中国家，坚持从机制上保障发展中国家的参与力度，从流程上确保评估过程的透明性，参与制定 IPCC 评估报告框架，推荐中国优秀科学家参与评估报告的编写工作，组织相关部门对评估报告开展政府评审，提交数千条中国政府意见，为确保评估的科学性、全面性和客观性发挥了积极建设性作用。

IPCC 历次评估报告，由来自全世界的气候变化领域的科学家共同编写完成，我国深度参与历次评估报告，上千位来自各行业的科学家参与了 IPCC 的评估进程，其中 148 位科学家成为各工作组报告和综合报告作者。从第三次评估开始，丁一汇院士、秦大河院士和翟盘茂研究员，连续担任 IPCC 第一工作组联合主席，充分发挥了在 IPCC 科学评估中的领导作用，他们和各位中国学者一起，积极向国际社会展示了中国科学家在气候变化方面的研究成果和观点。

对 IPCC 评估报告的积极参与和突出贡献，成为中国深度参与全球气候治理、贡献中国智慧、推动构建人类命运共同体的一个范例。

第二节　气候变化的原因

由于气候变化的复杂性，其原因和物理机制还不是特别清楚。20 世纪以来，学者们提出了许多理论，很多探讨还停留在假设层面。本节主要介绍公认的气候变化原因。

一、太阳辐射的变化

太阳辐射是驱动气候系统的唯一重要的外部能源，是大气运动和大气中一切物理过程的基本能源，通过转化为地面辐射、显热和潜热加热大气。太阳辐射是气候形成的最主要因素。气候的变化与到达地表的太阳辐射能的变化关系最为密切，引起太阳辐射能变化的条件是多方面的，主要体现在三个方面。

(一) 太阳活动的变化

太阳黑子活动具有大约 11 年的沃尔夫周期、22 年的黑尔周期、80 年的世纪周期和 180 年的双世纪周期。据测定，太阳黑子峰值时太阳常数减小。但太阳黑子使太阳辐射下降只是一个短期行为，而太阳光斑可使太阳辐射增强。太阳活动增强，不仅太阳黑子增加，太阳光斑也增加。光斑增加所造成的太阳辐射增强，抵消掉因黑子增加而造成的削弱还有余。因此，在 11 年周期太阳活动增强时，太阳辐射也增强，即从长期变化来看太阳辐射与太阳活动为正相关。

据研究，太阳常数可能变化在 1% ~ 2% 左右。模拟试验证明，太阳常数增加 2%，地面气温可能上升 3℃；但减少 2%，地面气温可能下降 4.3℃。

太阳黑子活动减弱的主要时期有：奥特极小期（1010—1050 年）、沃尔夫极小期（1280—1340 年）、斯波瑞尔极小期（1420—1530 年）和蒙德极小期（1645—1715 年）。我国近 500 年来的寒冷时期正好处于太阳活动的低水平阶段，其中三次冷期对应着太阳活动的不活跃期。第一次冷期（1470—1520 年）对应着 1460—1550 年的斯波勒极小期；第二次冷期（1650—1700 年）对应着 1645—1715 年的蒙德尔极小期；第三次冷期（1840—1890 年）较弱，也对应着 19 世纪后半期的一次较弱的太阳活动期。

(二) 地球轨道参数变化

地球在自己的公转轨道上，接受太阳辐射能。地球公转轨道的三个因素（偏心率、地轴倾角和春分点的位置）都以一定的周期变动着，这就导致地球上所受到的天文辐射发生变动，引起气候变化。

1. 地球轨道偏心率的变化

地球绕太阳公转轨道是一个椭圆形，目前这个椭圆形的偏心率约为 0.016。目前北半球冬季位于近日点附近，因此北半球冬半年比较短（从秋分至春分，比夏半年短 7.5 日）。但偏心率是在 0.005 ~ 0.06 之间变动的，其周期约为 96000 年。到达地球表面单位面积上的天文辐射强度与日地距离的平方成反比，目前地球在近日点时所获得的天文辐射量（不考虑其它条件的影响）较现在远日点的辐射量约大 1/15。当偏心率值为极大时，则此差异就成为 1/3。如果冬季在远日点，夏季在近日点，则冬季长而冷，夏季热而短，一年之内冷热差异非常大。

2. 地轴倾斜度的变化

地轴倾斜（即赤道面与黄道面的夹角，又称黄赤交角）是产生四季的原因。由于地球轨道平面在空间有变动，所以地轴对于这个平面的倾斜度也在变动。目前地轴倾斜度是 23.44°，最大时可达 24.24°，最小时为 22.1°，变动周期约 40000 年。这个变动使得夏季太阳直射达到的极限纬度（北极圈）发生变动。当倾斜度增加时，高纬度的年辐射量要增加，赤道地区的年辐射量会减少。倾斜度愈大，地球冬夏接受的太阳辐射量差值就愈大。尤其是在高纬度地区必然是冬寒夏热，气温年较差增大；相反，当倾斜度小时，则冬暖夏凉，气温年较差减小。夏凉最利于冰川的发展。

3. 春分点的移动

春分点沿黄道向西缓慢移动，大约每 21000 年春分点绕地球轨道一周。春分点位置的变动引起四季开始时间的移动和近日点与远日点的变化。地球近日点所在季节的变化，每 70 年推迟 1 天。大约在 1 万年前，北半球在冬季是处于远日点的位置（现在是近日点）．那时北半球冬季比现在更冷，南半球则相反。

以上三个轨道要素不同周期的变化，是同时对气候产生影响的。20 世纪 20—30 年代，塞尔维亚学者米兰柯维奇综合计算了它们总的作用，提出了一种假说：冰期和间冰期的反复交替是由地球轨道三要素的自然的小波动所引起的。1991 年 8 月，第 13 届国际第四纪大会在北京召开，来自各国的学者提供了大量的证据，令人信服地证明：以 10 万年为平均周期的冰期和间冰期的反复交替，乃是由地球轨道三要素的自然变动所导致的。于是这一理论被称为米兰柯维奇理论。

（三）火山活动的影响

20 世纪 70 年代以来，近代气候学的重要进展之一是更深刻地认识到火山活动对气候变化的重大作用。

到达地表的太阳辐射的强弱要受大气透明度的影响，而火山活动对大气透明度的影响最大。强火山爆发喷出的火山尘和硫酸气溶胶能喷入平流层，并随风系和涡流扩散到大片区域乃至全球。由于不会受雨水冲刷跌落，它们能强烈地反射和散射太阳辐射，削弱到达地面的直接辐射。据分析，火山尘在高空停留的时间一般只有几个月，而硫酸气溶胶则可形成火山云在平流层飘浮数年，能长时间对地面产生净冷却效应。

据记载，1815 年 4 月初印度尼西亚的坦博拉火山爆发时，500km 范围内三天不见天日，各方面估计喷出的固体物质可达 $100\sim300km^3$。大量浓烟和尘埃长期环绕平流层漂浮，显著减弱太阳辐射，1816 年欧美各国普遍出现了"无夏之年"。据估计，当年整个北半球中纬度气温平均比常年偏低 1℃ 左右。在英格兰夏季气温偏低 3℃，在加拿大 6 月即开始下雪。从我国历史气候资料中可见，在 1817 年农历六月廿九日（公历 8 月 11 日）赣北彭泽见雪，木棉多冻伤；皖南东至县在同年农历七月二日（公历 8 月 14 日）降雨雪，平地寸许。在我国中部夏季有两处以上出现霜雪记载的这类严重冷夏在 1500—1865 年间竟有 35 年，这类"六月雪"绝大多数出现在大火山爆发后的两年间。

20 世纪以来，火山强烈喷发后的太阳直接辐射的减弱有了实测记录，例如，美国西北部华盛顿州的圣海伦斯火山喷发后的 1980 年，我国 5 站的太阳直接辐射比之前下降 15%。1991 年 6 月菲律宾皮纳图博火山爆发是 20 世纪最强烈的火山爆发之一，据测定，在热带（20°S~30°N），火山爆发后气溶胶不断堆积，3 个月后气溶胶厚度达到峰值，直到 1993 年 5 月才基本恢复正常。显然，气溶胶光学厚度增大，太阳辐射削弱的程度亦增大。1992 年 4—10 月北半球两个大陆气温距平在 -0.5~-1.0℃ 之间。1990—1991 年曾经是 20 世纪近百年来最暖的两年，但 1992 年全球平均气温下降了 0.2℃，北半球下降 0.4℃。

历史上寒冷时期往往同火山爆发次数多、强度大的活跃时期有关。据分析，可以认为

1550—1900 年，特别是 1750—1850 年的火山喷发频繁期与欧洲等地出现的"小冰期"有对应关系。1912 年以后至 20 世纪 40 年代，北半球火山活动极少，因此气温增高，形成温暖时期。

二、宇宙—地球物理因子的影响

宇宙因子主要指月球和太阳的引潮力，地球物理因子指的是地球重力空间的变化、地球转动瞬时极的运动和地球自转速度的变化等。这些宇宙—地球物理因子的时间或空间变化，引起地球上变形力的产生，从而导致地球上海洋和大气的变形，并进而影响气候发生变化。

月球和太阳对地球都具有一定的引潮力，月球的质量虽比太阳要小得多，但因离地球近，它的引潮力等于太阳引潮力的 2.17 倍。月球引潮力是重力的 0.56%～1.12%，其多年变化在海洋中产生多年月球潮汐大尺度的波动，这种波动在极地最显著，可使海平面高度改变 40～50mm，因而使海洋环流系统发生变化，进而影响海-气间的热交换，引起气候变化。

地球表面重力的分布是不均匀的。由于重力分布的不均匀引起海平面高度的不均匀，并且使大气发生变形。北半球大气的四个活动中心的产生及其宽度，外形和深度，都带有变形的性质。天文观测证明，地轴是在不断移动的，地球自转速度也在变动着，这些都会引起离心力的改变，相应地也会引起海洋和大气的变化，从而导致气候变化。据研究，厄尔尼诺事件的发生与地球自转速度变化有密切的联系。从地球自转的年际变化来看，20 世纪发生的 15 次厄尔尼诺事件，绝大多数发生在地球自转速度减慢时段，尤其是自转连续减慢两年之时，表明地球自转速度减慢有可能是形成厄尔尼诺的原因，其物理解释是：当地球自转突然减慢时，必然出现"刹车效应"，使大气和海水获得一个向东的惯性力，从而使自东向西流动的赤道洋流和赤道信风减弱，导致赤道太平洋东部的冷水上翻减弱而发生海水增暖的厄尔尼诺现象。

三、下垫面地理条件的变化

如前所述，下垫面是大气的主要热源和水源，又是低层空气运动的边界面，对于气候的影响非常显著。在整个地质时期中，下垫面的地理条件发生了多次大规模变化，对气候变化产生了深刻的影响。其中主要介绍对气候变化影响最大的两个方面。

（一）海陆分布的变化

地球岩石圈是由可以运动的刚性板块组成的，板块运动导致的海底扩张和大陆漂移以及与此相关的海面升降，造成海陆分布格局及海陆面积的变化，从而对全球气候产生深刻影响。

例如，近南极陆地在南极附近已存在 1.2 亿年，而大陆冰盖没那么久。冰盖仅在南美洲、非洲和澳大利亚与大陆分离后才有所发展。大约在距今 5000 万年之后，澳大利亚向北运动，形成有重要意义的南大洋通道，使得南极绕极环流建立并发展。环流阻止了来自赤道的暖水与南极水的交换，引起南极大陆降温，并最终发育成冰川。

又例如，大西洋中从格陵兰到欧洲经过冰岛与英国有一条水下高地，这条高地因地壳运动有时会上升到海面之上，从而隔断了墨西哥湾流向北流入北冰洋。这时整个欧洲西北部受不到湾流热量的影响，因而形成大量冰川。不少学者认为，第四纪冰川的形成就与此密切相关。当此高地下沉到海底时，就给湾流进入北冰洋让出了通道，西北欧气候即转暖。

（二）地形的变化

在地球的演化史上地形的变化是十分显著的，对气候变化的影响是非常深远的。

例如，高大的喜马拉雅山脉，在现代有"世界屋脊"之称，但在地史上这里却曾是一片汪洋，称为喜马拉雅海。直到距今约7000万—4000万年的新生代古近纪，这里地壳才上升，变成一片温暖的浅海，在这片浅海里缓慢地沉积着以碳酸盐为主的沉积物。从沉积层中发现有不少海生的孔虫、珊瑚、海胆、介形虫、鹦鹉螺等多种生物的化石，足以证明当时那里的确是一片海区。由于这片海区的存在，有海洋湿润气流吹向今日我国西北地区，所以那时新疆、内蒙古一带气候是很湿润的。其后由于造山运动，出现了喜马拉雅山等山脉，这些山脉成了阻止海洋季风进入亚洲中部的障碍，因此新疆和内蒙古的气候才变得干旱。

另外，喜马拉雅山和青藏高原的隆起，扰乱了北半球的大气环流，干扰了低纬度的哈德莱环流，对于东亚季风环流和南亚季风环流的形成和维持都具有重要意义。

四、陆-海-气系统的影响

陆地表面、海洋和大气是气候系统五大圈层的重要组成部分，陆-海-气相互作用是气候变化的重要驱动力。气候的形成和维持与该系统的加热率和输送过程有关。有了一定的加热率后，气候状态的形成还取决于大气和海洋如何响应，风、洋流和大尺度涡旋通过对能量的输送到达稳定平衡，如果气候系统的能量收支与时空分布的平衡受到破坏，将导致物理气候系统状态发生改变，即产生气候变化。

（一）温室效应

进入地球系统中的太阳能在地球系统中滞留的时间，与地球的温室气体含量相关。大气层中各种微量气体对地球表面长波辐射的吸收是决定地面温度的关键因素，水汽、二氧化碳、一氧化二氮、甲烷和氯氟烃等温室气体对太阳的短波辐射进入地球的影响不大，却能强烈地吸收地球的长波辐射，从而形成一个保温层，使地球所接收的太阳能在返回宇宙空间之前反复地加热地球，这就是通常所说的"温室效应"。自然状况下大气的温室气体是通过生物过程和海洋过程来调节的，人类活动向大气排放大量的温室气体导致自然平衡受到破坏。

（二）水汽、云、冰雪的反馈

水汽反馈是最重要的反馈之一。大气中的水汽作为重要的温室气体，有效地保持了地球表面的温度，温暖的大气会使更多的水汽从下垫面蒸发，较暖的大气有较高的水汽含量，从而增强了大气的温室效应，因此，水汽的反馈总体上是正反馈。

云对大气中辐射传输的影响有两种方式：①云是短波辐射的极好反射体，对地球的行星反射率有重要影响，云减少了系统可能获得的总辐射量，使地球变冷；②云又是红外辐射的良好吸收体，对于下垫面的长波辐射，具有类似温室气体的作用，吸收下垫面的热辐射，自身也释放出热辐射，从而起到减少地面向空间损失热量的作用。云对短波辐射的反射和对长波辐射的反射约占留在大气中总辐射的50%。若只算短波辐射，云约占行星反射率的2/3。具体哪种作用占主导地位，取决于云的温度（高度）和云的光学特性。一般而言，低云以反射作用为主，常导致降温；而高云则以保温效应为主，常使系统增暖。因此，云的反馈，既可能是正反馈，也可能是负反馈。

雪盖、海冰、冰川、冰原，构成了气候系统的低温层，冰雪通过其高反射率和融解潜热成为有效的热汇，它们在大气热量平衡中起着冷却作用。如前所述，冰雪圈的反射率具有强烈的正反馈放大作用：温度降低（升高）→冰雪覆盖面积增大（减小）→地表反射率增大（减小）→吸收太阳辐射减少（增加）→温度降低（升高）。

通过上述一系列的反馈作用，微小的扰动有可能被放大，并最终导致全球气候变化。

（三）海洋的加热和冷却

海洋占地球表面的71%、占地球水量的97%以上。海洋是一个巨大的能量贮存库，到达地表的太阳辐射能，80%为海洋表面吸收，100m深的表层海水，占气候系统总热量的95.6%。正是海洋储存了地球所接收的太阳能并将其转化为驱动气候系统的动力。海洋的热状况及其表面蒸发的强度，都对大气运动的能量产生重要影响。海洋有极大的热容量，相对大气而言，海洋的运动比较稳定，运动和变化比较缓慢，能够对气候系统的状态进行有效的调节，降低气候系统对某些因素变化的敏感性。

（四）海洋环流的影响

大气环流驱动大洋表层水体发生运动，形成大洋表层环流。在大洋表层水被从原地吹离的地区，下面的次表层水将会上涌补充，形成上升流；在表层水汇聚地区，又会形成下降流。在有上升流和下降流的地区，海洋表面温度低于或高于其它海区，从而形成海洋上空的大气环流；当海洋表面温度发生变化时，大气环流也会随之发生变化。例如，赤道地区大洋两侧海水温度的差别导致了沃克环流的出现，这里的海温异常时引起厄尔尼诺与拉尼娜现象的发生，并通过海-气作用导致沃克环流异常，造成大尺度的环流异常与全球气候异常。

除表层风生流之外，大洋中还存在由海水的密度分布引起的海洋环流，由于密度又取决于温度和盐度，所以也称为热盐环流（图9-4）。北大西洋的高盐度水以深层流的形式向南流，在绕过非洲南端后，除部分向北流到印度洋外，其余的一直向东流入太平洋，在此，受温暖和入注淡水的稀释作用，海水密度降低并上升到表面，然后向西运动返回到大西洋以平衡外流的水体。上述发生在大西洋和太平洋之间的水体流动构成了一个跨越大洋的海洋"传送带"。全球大洋中有90%的水体受温盐环流影响，是全球大气-海洋能量交换的主要方式。研究认为，该传送带向高纬地区输送的热量远超过地球轨道要素引起的日照率变化所产生的影响，是影响高纬地区冰盖生消的重要原因，进而提出了大洋环流—气候模式来解释第四纪冰期—间冰期的转换机制，即冰期、间冰期的转换是通过大洋传送带的开启和关闭来控制的：在大洋传送带"开启"时期，维持与现代相当的间冰期气候；在大洋传送带被"关闭"或严重削弱的时期则转变为冰期气候。有些科学家估计，一旦这种环流停止，北欧的温度将比现在降低 10℃ 左右。由于全球持续增暖，极地的冰川大面积融化，气候变暖又使中高纬降水增加，这使该地区的海水盐度下降，当达到脱盐点的时候，就不存在盐度和密度差，热盐环流就失去了在高纬度地区的下沉支，环流中断，大洋环流失去了它对气候的调节功能。低纬地区的热量不能输送到高纬地区，北半球气温骤降，即将进入新的冰期。

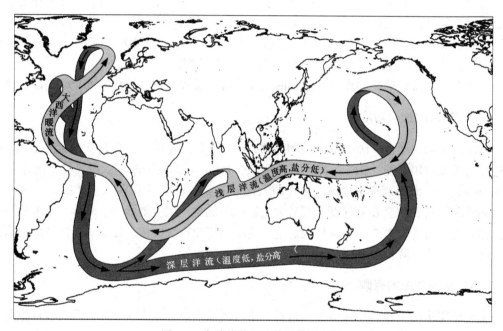

图 9-4　全球热盐环流输送带示意图

五、人类活动的影响

人类在生产和生活过程中，有意识或无意识地通过改变大气成分、改变下垫面性质、向大气释放热量而对气候产生影响。近 200 年来，随着人口的剧增、科学技术发展和生产规模的迅速扩大，人类活动对气候的影响越来越大。

（一）改变大气的组成

工农业生产排入大量废气、微尘等污染物质进入大气，主要有 CO_2、CH_4、N_2O、CFCs 等。观测数据表明，近数十年来大气中这些气体的含量都在急剧增加，而平流层的臭氧（O_3）总量则明显下降。如前所述，这些气体都具有明显的温室效应，即有较强烈地吸收长波辐射的能力，从而引起气候变化，这些温室气体在大气中浓度的增加必然对气候变化起着重要作用。硫酸盐气溶胶、大气尘埃等，会遮挡太阳辐射而改变地—气系统的辐射收支，进而影响气候。

1. "温室效应"

IPCC 第六次评估报告第一工作组报告《气候变化 2021：自然科学基础》明确指出，1750 年左右以来，温室气体浓度的增加主要是由人类活动造成的。研究表明，人类活动排放到大气中的温室气体在大气中存留的时间可长达几十年至几百年，故温室效应也可延续几十年至几百年。大气中温室气体浓度的增加，将导致全球气候明显的变化（主要表现为气温的升高），也将对人类社会产生重大影响。有些变化，如海平面上升，对于某些沿海的低海拔国家和地区，更可能带来毁灭性的灾难。

1) 二氧化碳（CO_2）

CO_2是最重要的温室气体。大气中 CO_2 浓度在工业化之前很长一段时间里大致稳定在280ppm。自工业革命以来，大气中 CO_2 浓度有了明显的增长，而且增长速度有越来越快的趋势，到 2005 年已经增至 379ppm（见图 9-5）。大气中 CO_2 浓度急剧增加的原因，主要是大量燃烧化石燃料和大量砍伐森林。据研究排放入大气中的 CO_2 有一部分（约有 50%）为海洋所吸收，另有一部分被森林吸收变成固态生物体，贮存于自然界，但由于目前有大量森林被毁，致使森林不但减少了对大气中 CO_2 的吸收，而且由于被毁森林的燃烧和腐烂，更增加大量的 CO_2 排放至大气中。

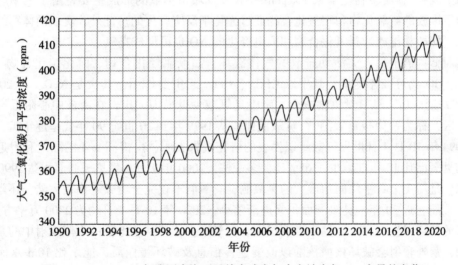

图 9-5 1990—2020 年我国青海瓦里关全球大气本底站大气 CO_2 含量的变化

2) 甲烷

甲烷（CH_4，又称沼气）是另一种重要的温室气体，每摩尔 CH_4 的温室效应比 CO_2 大22 倍。它主要由水稻田、沼泽湿地、反刍动物和生物体的燃烧而排放入大气。在工业化之前 CH_4 的浓度约为 0.71ppm，近年来增长很快，1990 年约为 1.72ppm，2005 年达到1.77ppm。

3) 一氧化二氮

一氧化二氮（N_2O）也是重要的温室气体，每摩尔 N_2O 的温室效应是 CO_2 的 396 倍。N_2O 除了引起全球增暖外，还可通过光化学作用破坏平流层中的臭氧层。在工业化前大气中 N_2O 浓度约为 270ppb，1980 年增至 301ppb，2005 年达 319ppb。大气中 N_2O 来源于人们向农田中施大量氮肥、化石燃料燃烧、生物质燃烧、牲畜养殖、各类汽车尾气排放等。

4）氟氯烃化合物

氟氯烃化合物（CFCs），是制冷剂、喷雾剂、发泡剂、消防灭火剂和清洗剂的主要原料。此族的某些化合物如氟里昂 11（CCl_2F_2，CFC_{11}）和氟利昂 12（CCl_2F_2，CFC_{12}）是具有强烈增温效应的温室气体，而且还是破坏平流层臭氧的主要因子。在制冷工业发展前，大气中本没有这种气体成分，CFC_{12} 在 1935 年、CFC_{11} 在 1945 年才开始有工业排放。到 1980 年，对流层低层 CFC_{11} 含量约为 168ppt 而 CFC_{12} 为 285ppt，到 1990 年则分别增至 280ppt 和 484ppt，增长十分迅速。

5）臭氧

臭氧（O_3）是一种有刺激性、强氧化性的淡蓝色气体，在低浓度时，它就能够损伤橡胶和塑料，危害人和动植物健康。大气臭氧主要分布在 10~50km 的大气层中，极大值在 20~25km 处。约 90% 的大气臭氧集中在平流层，而对流层大气中所占比例不到 10%，但温室效应很显著。

它主要受自然因子影响而产生（太阳辐射中紫外辐射对高层大气氧分子进行光化学作用而生成）。荷兰生物化学家 Haagen-Smit 发现城市臭氧的形成主要是由于汽车尾气以及炼油厂排放的氮氧化物和碳氢化合物通过光化学反应产生的。此外，臭氧前体物的各种自然源，如植物排放的碳氢化合物和闪电产生的 NO 也可形成臭氧。

然而，臭氧也受人类活动排放的气体破坏，如氟氯烃化合物、卤化烷化合物、N_2O 和 CH_4、CO 均可破坏臭氧，其中以 CFC_{11}、CFC_{12} 起主要作用，其次是 N_2O。自 20 世纪 80 年代初期以后，臭氧量急剧减少，南极臭氧减少得最为突出，在南极中心附近形成一个极小区，称为"南极臭氧洞"。臭氧洞面积从 1979 年到 20 世纪 90 年代呈逐年扩大的趋势。1994 年 10 月 4 日世界气象组织发表的研究报告表明，南极洲 3/4 的陆地和附近海面上空的臭氧已比 10 年前减少了 65% 还要多一些。2000 年 9 月 9 日臭氧洞面积达 2990 万平方千米，是历史上日平均面积最大的臭氧洞，臭氧洞不仅完全覆盖了南极大陆，还延伸到了南美大陆。近 20 年，臭氧洞面积又逐渐缩小，2020 年 10 月 7 日约为 2300 万平方千米。臭氧层的破坏对生态和人体健康影响很大。臭氧减少，使到达地面的太阳辐射中的紫外辐射增加，紫外辐射会破坏核糖核酸以改变遗传信息及破坏蛋白质，能杀死 10m 水深内的单细胞海洋浮游生物，减少渔产，破坏森林，减少农作物产量和降低质量，削弱人体免疫力、损害眼睛、增加皮肤癌等疾病。

但有资料表明，对流层的臭氧浓度却在逐年增大，工业革命前为 10~15ppb，2000 年增长到 30~40ppb。主要是因为工业革命后，化石燃料使用量的快速增长导致氮氧化物排放量增加。对流层大气中臭氧的温室效应非常显著。

2."阳伞效应"

人类活动通过改变大气组成进而影响地球气候的第二种方式是"阳伞效应"。它指的是人类活动所造成的硫酸盐气溶胶、大气尘埃等大气颗粒物的增加，可以像阳伞那样遮挡太阳辐射而改变地气系统的辐射收支进而影响地球气候。"阳伞效应"不是一个用来描述大气气溶胶气候效应的恰当科学名词，例如，它无法表达化石燃料燃烧所产生的黑炭气溶胶有可能使地面增暖。

大气气溶胶粒子的来源和化学成分十分复杂，既有自然界自身产生的，也有是人类活动产生的。此处，我们主要分析人类活动的影响。工业产生的硫化物以干、湿两种状态存在于大气中，它们主要是 SO_2 在平流层低层化学反应的产物。SO_2 在无云大气中经过几天的化学反应后便会生成干态硫酸盐。湿态硫酸盐主要是在云中由 SO_2 与水滴反应生成的。当水分蒸发时，硫酸盐就会留在大气中的其它粒子上。除了硫酸盐气溶胶之外，化石燃料燃烧和生物体的燃烧也会产生大量黑炭气溶胶。最近几年我国北方地区频繁发生的沙尘暴，既有气候变化的原因，也与人类活动的影响密切相关。沙尘实际上是一种矿物气溶胶。

大气气溶胶（主要是硫酸盐和尘埃）的作用有：使白天地表温度稍低于正常值，导致对流减弱；夜晚，高空尘埃放出长波辐射，使地面上方空气的温度高于正常值，并抑制露水的形成。下沉空气使大气层结稳定，而缺少露水则使陆面干燥、坚硬，从而助长干旱化。

除以上直接气候效应外，大气气溶胶粒子还可以作为云的凝结核影响云滴谱并进而影响云的反射率以及云的寿命和降水效率来改变地球气候。北美和亚洲一些最大的云量增长区位于硫酸盐气溶胶排放的下风方向。从北美的点源释放出的硫酸盐气溶胶呈羽毛状，扩散到大西洋上空然后进入北极。欧洲、亚洲东部、南美和非洲工业区的上空存在浓厚的霾，可作为大气气溶胶间接效应的一些例证。

（二）改变下垫面性质

人类活动改变下垫面的自然性质是多方面的，目前最突出的是破坏森林、坡地、干旱地的植被及造成海洋石油污染等。

1. 伐林与植林

森林覆盖区气候湿润，水土保持良好。历史上世界森林曾占地球陆地面积的 2/3，但随着人口增加，农、牧和工业的发展，城市和道路的兴建以及战争的破坏，森林面积逐渐减少，到 19 世纪全球森林面积下降到 46%，20 世纪初下降到约 37%，目前全球森林覆盖率约为 32%。大片森林被砍伐、大片草地被开垦、大片农田被占用，极大地改变了地球气候系统的下垫面特征。最显著的影响是使地表反射率发生了改变。而且，森林砍伐和燃烧减少了植物光合作用所消耗的二氧化碳量，从而进一步增加了大气中的二氧化碳。由于大面积森林遭到破坏，使气候变旱变暖，风沙尘暴加剧，水土流失严重，气候恶化。

中华人民共和国成立之初，森林覆盖率仅有 8.6%，森林面积仅有 8000 多万公顷。经过 70 多年坚持不懈地植树造林，我国的森林覆盖率增加了 1.6 倍多，2020 年底达到 23.04%，森林面积达到 2.2 亿公顷。从 1949 年到改革开放初期，我国平均每年约新增森林面积 1000km²；改革开放 40 多年来，平均每年新增森林面积 2500km² 以上。在全球森林资源总体减少的情况下，我国森林面积和蓄积量连续 30 多年保持"双增长"，人工林面积长期居世界首位。在全球 2000 年到 2017 年新增绿化面积中，约 1/4 来自中国，贡献比例居全球首位。我国大规模的绿化行动，不仅使得森林资源越来越丰富，同时也让水土流失和沙化荒漠化的土地面积持续减少，特别是各类防护林，如东北西部防护林、豫东防护林、西北防护林、冀西防护林、山东沿海防护林等，在改造自然、改造气候条件上起到了显著的作用。

2. 城市化

20 世纪初，全球城市人口约 2.5 亿，仅占世界总人口的 15%。到 2018 年，全球 76 亿人口中，42 亿人居住在城市里。一系列的物理过程使城市不同于其周围的乡村：植被的砍伐，大量的建筑物、沥青路、混凝土、停车场等比热小而导热率大，增大了地表对太阳辐射的吸收；密集建筑物里高能耗，包括矿物燃料的使用和电力消耗；下垫面坚硬结实，干燥且不透水，加上城市良好的排水系统，减少了水汽蒸发及潜热消耗所引起的降温；工商业和交通运输频繁，耗能最多，有大量温室气体、人为热、人为水汽、微尘和污染物排放至大气中。这些影响的总体效应是形成"城市气候"：城市比其周围郊区大幅度增暖，晴朗而静风的夜晚，特大城市比周围郊区气温高 10℃ 以上；低云量和阴天日数远比郊区多，能见度小于郊区；相对湿度小于郊区；水汽压，白天小于郊区，晚上大于郊区；城市及其下风方向降水量增加；风速减小；形成热岛环流。

另外，海洋石油污染、大规模灌溉、疏干沼泽、填湖造陆、开凿运河以及建造大型水库等，改变下垫面性质，也会对气候产生显著影响。

第十章 实　验

实验一　空气温度的测定

一、实验目的

通过测定空气温度这一过程指导学生了解常用温度表的构造及工作原理，熟悉常用温度表的种类、用途和安装操作，并掌握其使用以及气温观测的方法。完成本实验，学生们将会对测温的基本概念有更全面的认识，并具备一定的对温度观测资料进行整理和分析的能力。

二、实验准备

本实验需要准备的主要仪器有干球温度表、湿球温度表、最高温度表、最低温度表、温度计。

三、测温基本概念和温标

温度是一种用来表示物体冷热程度的物理量，不同的物体有不同的温度，并且物体在接触时热量总是由温度较高的物体传递到较低的物体上，所以物体的温度实质上是物体之间进行冷热交换的一种能力。从微观的角度来看，这种冷热变换的能力来源于物体分子热运动的剧烈程度，因此可以认为温度是分子间平均动能的一种表现形式。

当然，温度不能仅从直观上感受到较冷或者较热，而是需要通过一定的方法具体测量出一个物体温度的高低。两个物体会在相互接触中逐渐达到热平衡状态，并最终具有相同的温度，由此就提供给人们一种使用接触式手段进行温度测定的方法。温度表就是一种通过与被测物体接触达到两者温度平衡，并使用热平衡方程式来尽可能精确地估算出被测物体温度值的一种仪器。

除了温度的测定方法之外，为了保证温度量值的统一和准确，需要建立一个用来衡量温度的标准尺度。于是定义了"温标"这一概念，并确定了温度的单位，各种温度计的数值都是由温标决定的。常用的温标有热力学温标、摄氏温标和华氏温标。热力学温标，又称绝对温标，规定了一个温度固定点，即水的三相点，其温度为273.16K；测温物质为理想气体；测温特性为理想气体的压强。规定理想气体在容积固定的条件下，容器内的气体压强每改变1/273.16，相当于温度变化绝对温度1K。开尔文（K）是热力学温标定义的温度单位，也是国际单位制温度单位。华氏温标由德国物理学家华伦海创立，规定水的冰点为 32 度，水的沸点为 212 度，两者之间等分为 180 等份，每等份为 1 度，用华氏度（℉）来表示。摄氏温标规定在标准大气压下，水的冰点为 0 度，水的沸点为 100 度，两者之间等分为 100 等份，每等份为 1 度，用摄氏度（℃）来表示。目前我国常用的是摄氏温标，这三者之间存在着一定的换算关系。

地面气象观测测定的空气温度是离地 1.5m 高度处的气温。因这一高度的气温既基本脱离了地面温度振幅大、变化剧烈的影响，又是人类活动的一般范围。

四、玻璃液体温度表的测温原理

玻璃液体温度表是目前气象台站中广泛使用的温度表之一，它有一个充满测温液的感应球部，并且有一根一端封闭、粗细均匀的毛细管与之相连。装在感应球中的特定测温液体会随温度改变而体积膨胀，在导致温度升高时，毛细管中的液柱会升高；反之，液柱就会降低。液柱长度变化量与温度变化成正比，因此通过计算可以获取任意液柱高度的对应温度，并用温标标注在刻度标尺上。当温度发生变化时，观测人员通过观察液柱对应的示数就可以测定温度。

五、玻璃液体温度表的分类和原理

气象台站用来测定气温用的温度表主要有以下几种：

1. 普通温度表

普通温度表（见图 10-1）是一种内标式玻璃液体温度表，由感应球部、毛细管、标尺板、外套管组成，能够测定任一时刻温度变化。测温液是构成温度表最重要的部件，常用的有水银和酒精两种。水银因其比热容小、导热系数大、易于提纯、沸点高、内聚力大、易于读数等优点，成为主要的测温液体。酒精则因其熔点低而适合用于制作最低温度表和所测温度低于水银熔点的情况。

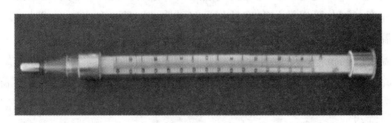

图 10-1　普通温度表

2. 最高温度表

最高温度表（见图 10-2）是用来专门测定一定时间间隔的最高温度的一种仪器，构造与普通温度表基本相同，但在接近球部附近的内管里嵌有一根玻璃针。当温度上升时，球部水银发生膨胀，产生的压力大于狭管处的摩擦力，故水银仍然能够在毛细管管壁和玻璃针尖之间挤过；温度下降时，水银收缩，当水银由毛细管流回球部时，在狭管处的摩擦力超过了水银的内聚力，水银就在此处中断，因此在温度下降时，处在狭管上部的水银柱仍然留在管内，温度表的最高示度就被保留下来。

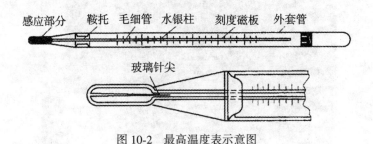

图 10-2　最高温度表示意图

3. 最低温度表

最低温度表（见图 10-3）是用来测量一定时间间隔内最低温度的一种仪器，与其它温度表不同的是它的测温液体是酒精，这是因为酒精的熔点比水银低，更适合测量气温在−36℃以下时空气温度。最低温度表水平放置时，游标停留在某一位置。当温度上升时，酒精膨胀绕过游标而上升，而游标由于其顶端对管壁有足够的摩擦力，使它能维持在原处不动；当温度下降时，酒精柱收缩到与游标顶端相接触，由于酒精液面的表面张力比游标对管壁的摩擦力要大，使游标不致突破酒精往顶而借表面张力将游标带下去。由此可知，游标是只能降低不能升高的。故游标离球部较远一端的示度，即是一定时间间隔内曾经出现过的最低温度。

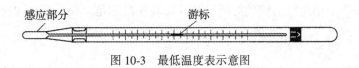

图 10-3　最低温度表示意图

六、百叶箱

百叶箱（见图 10-4）是安装温度、湿度仪器用的防护设备，测定温度时如果不对仪器进行防护的话，太阳对仪器的直接辐射和地面对仪器的反射辐射、强风、雨、雪等恶劣天气状况会严重影响空气温度的测定。百叶箱会尽可能地消除上述影响，并使仪器保持适当的通风，从而更加真实地感应外界空气温度与湿度的变化。

制作百叶箱的材料通常有木质和玻璃钢两种，但基本构造相差无几，箱壁两排叶片与水平面的夹角约为 45°，呈"人"字形，以保证箱体四周的通风性；箱底为中间一块稍高的三块平板，空气可由箱底自由流入流出；箱顶为两层平板，上层稍向后倾斜，两层木板之间同样存在缝隙。百叶窗通体被漆成白色，能进一步反射环境中的辐射。

图 10-4 百叶箱

七、仪器的安装和使用

（一）百叶箱的安装和维护

1. 安装

百叶箱应水平地固定在一个特制的支架上，支架应固定在地面或埋入地下，顶端需要高出地面大约 125cm；要在埋入地下的部分涂上防腐油以防支架腐蚀。如果架子放在多强风的地方，须在四个箱角拉上铁丝纤绳。另外需要注意的是，箱门要朝向正北，避免阳光直射仪器。

2. 维护

百叶箱要保持洁白；内外箱壁每月至少定期擦洗一次。寒冷季节可用干毛刷刷拭干净。清洗百叶箱的时间以晴天上午为宜。在进行箱内清洗之前，应将仪器全部放入备份百叶箱内；清洗完毕，待百叶箱干燥之后，再将仪器放回。

安装自动站传感器的百叶箱不能用水洗，只能用湿布擦拭或毛刷刷拭。百叶箱内的温、湿传感器也不得移出箱外。冬季在巡视观测场时，要小心地用毛刷把百叶箱顶、箱内和壁缝中的雪和雾凇扫除干净。

百叶箱内不得存放多余的物品。在人工观测中，箱内靠近箱门处的顶板上，可安装照明用的电灯（不得超过 25 瓦），读数时打开，观测后随即关上，以免影响温度。也可以用手电筒照明。

（二）干湿球温度表的安装和使用

1. 安装

首先在百叶箱的底板中心，安装一个温度表支架，干、湿球温度表垂直悬挂在支架两侧的环内（两支型号完全一样的温度表），球部向下，干球在东，湿球在西，球部中心距地面1.5m高。然后在湿球温度表球部包扎一条纱布，纱布的下部浸到一个带盖的水杯内。杯口距湿球球部约3cm，杯中盛蒸馏水（只允许用医用蒸馏水），供湿润湿球纱布用（见图10-5）。

图10-5 干湿球温度表的安装

2. 使用

观测时应该按照干球温度表→湿球温度表→最高温度表→最低温度表依次进行。观测过程中应注意读数要精确到0.1℃，必须保持视线与水银柱顶端齐平；读数动作要迅速，注意要复读，避免发生误读。

（三）最高温度表的安装和使用

1. 安装

最高温度安装在温度表支架下横梁的一对弧形钩上，感应部分向东，稍向下倾斜，高出干湿球温度表球部3cm，即离地面1.53m处（见图10-5）。

2. 使用

最高温度表每天20时观测一次，读数记入观测簿相应栏中，观测后进行调整。在观测中发现最高温度表断柱时，应稍微抬起温度表的顶端使其连接在一起。若气温在−36℃以下时，应停止最高温度表的观测。

（四）最低温度表的安装和使用

1. 安装

水平地安装在温度表支架下横梁下面一对弧形钩上，感应部分向东，低于最高温度表1cm，即离地面1.52m处（见图10-5）。

2. 使用

每天在 20 时、14 时观测，读数记入观测簿相应栏中，观测后调整温度表。当观测时发现酒精柱断柱时，最低温度表应作缺测处理，并及时修复或更换温度表。

实验二　降水的观测

一、实验目的

通过观测记录降水这一实验过程，指导学生了解各种雨量器的构造和观测降雨的基本原理，掌握雨量器的安装、使用和维护方法，学会如何观测并记录整理降雨数据。

二、实验准备

需要准备的实验仪器包括雨量器、翻斗式雨量计、虹吸式雨量计和双阀容栅式雨量传感器等几种常见的测量降水仪器。

三、常用降水观测仪器的原理和使用

常用的降水观测仪器主要有雨量器、双翻斗式雨量计、虹吸式雨量计、双阀容栅式雨量传感器等。

（一）雨量器

1. 构造

雨量器是观测降水量的仪器，它由雨量筒和量杯（见图 10-6）组成，其中雨量筒又由承水器、储水瓶和外筒三个部分组成，是用来承接降水物的。量杯为一特制的有刻度的专用量杯，量杯的刻度共有 100 分度，每一分度等于雨量筒内水深 0.1mm。

2. 安装

雨量器安装在观测场内的固定架子上。器口保持水平，距地面高 70cm。冬季积雪较深地区，应备有一个较高的备份架子。当雪深超过 30cm 时，应把仪器移至备份架子上进行观测。

单纯测量降水的站点不宜选择在斜坡或建筑物顶部，应尽量选在避风的地方。不要太靠近障碍物，最好将雨量仪器安在低矮灌木丛间的空旷地方。

3. 使用

每天 8 时和 20 时分别量取前面 12 小时的降雨量，观测液体降水时要换取储水瓶，将水全部导入量杯。观测量杯的读数，读取对应的降水量并记录下来。需要注意的是，降雨量太大时应该分次量取。

冬季降雪时需要将承雨器换成承雪口，并取下储水瓶，直接用外筒接收降水。观测时只需要将已有固体降水的外筒换下，等待降水融化为液体再用量杯量取。

（二）双翻斗式雨量计

1. 构造

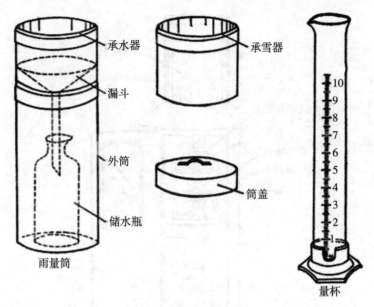

图 10-6　雨量筒和量杯

双翻斗式雨量计（见图 10-7）由感应器与记录器组成，感应器安装在室外，采集降水进行计量，记录器安装在室内，二者用导线连接，用来遥测并连续采集液态降水量。感应器主要由承水器、汇集漏斗、上翻斗（匀强翻斗）、中翻斗（计量翻斗）、下翻斗（计数翻斗）和干簧管等组成。

2. 原理

承水器收集的降水通过漏斗进入上翻斗，当雨水累积到一定量时，由于雨水本身重力作用使上翻斗翻转，雨水进入汇集漏斗。雨水从汇集漏斗的节流管注入计量翻斗时，把不同强度的自然降水，调节为比较均匀的降水强度，以减少由于降水强度不同所造成的测量误差。当计量翻斗承受的降水量为 0.1mm（也有的为 0.5mm 或 1mm 翻斗）时，计量翻斗把雨水倾倒到计数翻斗，使计数翻斗翻转一次。计数翻斗在翻转时，与它相关的磁钢对干簧管扫描一次，干簧管因磁化而瞬间闭合一次。这样，降水量每达到 0.1mm 时，就送出去一个开关信号，通过二芯电缆传输到记录器，进行记录和计数。

3. 安装

先将承水器外筒安装在观测场内，底盘用三个螺钉固定在混凝土底座或支架上，要求安装牢固、器口水平；感应器安在外筒内，注意当上翻斗处于水平位置时，漏斗进水口应对准其中间隔板，计量翻斗与计数翻斗向同一方向倾斜；最后将电缆线与室内仪器连接。

4. 使用

从计数器上读取降水量，读数后按回零按钮，将计数器复位。复位后，计数器的五位 0 数必须在一条直线上。自记记录供整理各时降水量及挑选极值用。遇固态降水，凡随降随化的，仍照常读数和记录。否则，应将承水器口加盖，仪器停止使用，待有液态降水时再恢复记录。

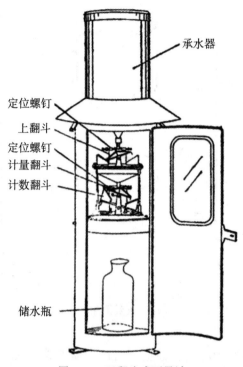

图 10-7 双翻斗式雨量计

（三）虹吸式雨量计

1. 构造

虹吸式雨量计（见图 10-8）是用来连续记录液体降水的自记仪器，它主要由承水器（通常口径为 20cm）、浮子室、自记钟和虹吸管等组成。

2. 原理

有降水时，雨水从承水器经漏斗进入水管引入浮子室。浮子室是一个圆形容器，内装浮子，浮子上固定有直杆与自记笔连接。浮子室外连接虹吸管。降水使浮子上升，带动自记笔在钟筒自记纸上画出记录曲线。当自记笔尖升到自记纸刻度的上端（一般为 10mm）浮子室内的水恰好上升到虹吸管顶端，虹吸管开始迅速排水，使自记笔尖回到刻度"0"线，又重新开始记录。自记曲线的坡度表示降水强度。

3. 安装

仪器安装的地方和要求基本与双翻斗式雨量计相同。虹吸式雨量计内部机件的安装需要先将浮子室安好，使进水管刚好在承水器漏斗的下端；再用螺钉将浮子室固定在座板上；将装好自记纸的钟筒套入钟轴；最后把虹吸管插入浮子室的侧管内，用连接螺帽固定。虹吸管下部放入盛水器。

4. 使用

自记记录供自动气象站雨量缺测时，整理各时降水量及挑选极值用。遇固体降水时，

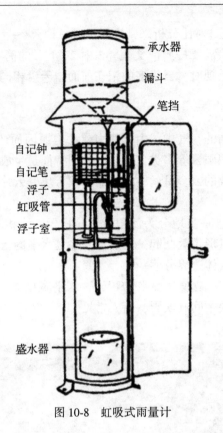

图 10-8　虹吸式雨量计

处理方法同翻斗式雨量计。

实验三　云 的 观 测

一、实验目的

通过对云的观测这一实验内容，指导学生学习云的分类规则，掌握判定云状的方法，并完成云量的估计、测定云高等基本的实验操作内容。

二、实验准备

首先需要观测人员熟悉云的分类和云状判定等基础知识，最好具备一定的对云观测的经验，如需在白天进行观测，需要准备太阳镜以防止阳光对观测造成影响。如需实测云高，则需要准备云幕灯或激光测云仪等测量仪器。

三、云的观测

（一）云状的判定

云状的判定，主要根据天空中云的外形特征、结构、色泽、排列、高度以及伴见的天气现象，参照"云图"，经过对比分析来判定属于哪一种云。

通过观测后判定的云状需要按照前文表 4-3 中 29 类云的简写字母记录在云状记录表中，当天空中有多种云状出现时，云量多的记在前面；云量相同时，记录顺序可以自由选定；无云时，云状栏空白。

1. 积状云

积状云是在不稳定层结的空气中，由于热力或动力原因而产生对流作用所形成的云。积状云下可以分为积云、积雨云等多类，但是其共同特征是生成时云体垂直向上发展，消散时向水平方向扩展。形成的云多呈丝缕结构的团簇云块、云片或云丝。

1）积云

积云（Cu）中可以更进一步地分为淡积云、碎积云、浓积云，它们都是垂直向上发展的、顶部呈圆弧形或圆拱形重叠凸起，而底部几乎是水平的云块。云体边界分明，由气块上升、水汽凝结而成，云体边界分明。

（1）淡积云（Cu hum）是较为扁平的积云，水平宽度大于垂直厚度（见图 10-9）。在阳光下呈白色，厚的云块中间有淡影，晴天常见。

图 10-9　淡积云

（2）碎积云（Fc）是破碎的不规则的积云块，个体不大，形状多变。

（3）浓积云（Cu cong）是浓厚的积云，顶部呈重叠的圆弧形凸起，形似花椰菜；垂直发展旺盛时，个体臃肿、高耸，在阳光下边缘白而明亮（见图 10-10）。

2）积雨云

积雨云（Cb）一般云体浓厚庞大，垂直发展极其旺盛，如同耸立的高山。云顶呈铁砧状或马鬃状，有白色毛丝般光泽的丝缕结构。云底阴暗混乱，常伴随雷暴、降雨等天气。包括：秃积雨云、鬃积雨云。

（1）秃积雨云（Cbcal）是浓积云发展到鬃积雨云的过渡阶段，积雨云上部的芽状部

图 10-10　浓积云

分模糊不清并且是扁平的，外观呈白色，没有清晰的轮廓。看不到纤维状或条纹状部分（见图 10-11）。秃积雨云通常可产生降水；当到达地面时，它以阵雨形式降水。

图 10-11　秃积雨云

（2）鬃积雨云（Cb cap）是积雨云发展的成熟阶段，其上部具有明显纤维状或条纹状结构的圆形部分，通常呈铁砧状、羽毛状或是大量杂乱的毛发状（见图 10-12）。在非常冷的空气团中，纤维结构通常可延伸贯穿整个云中。通常伴有阵雨或是雷暴，经常有风暴，有时伴有冰雹；它经常会产生非常明显的幡状云。

图 10-12　鬃积雨云

2. 层状云

层状云是均匀幕状的云幕，主要有雨层云、高层云、卷层云和卷云。它们的共同特点是水平范围可达数百千米，甚至是数千千米，顶部近乎水平，但是不同的厚度和高度下，云的外形也有很大的差别。

1）卷云

卷云（Ci）是白色细腻的细丝或白色或大部分白色斑点或窄带形式的碎云。这类云具有纤维状（毛发状）外观，或丝质光泽，或两者兼而有之。卷云包括毛卷云、密卷云、伪卷云、钩卷云。

（1）毛卷云（Ci fil）是几乎笔直或者是或多或少不规则弯曲的白色细丝，总是很细小，不会形成钩子或簇绒的形式（见图 10-13）。在大多数情况下，这些细丝彼此不同。

（2）钩卷云（Ci unc）是没有灰色部分的卷云，其形状通常像逗号，最后会以钩子或簇绒的形式停在顶部（见图 10-14）。

（3）密卷云（Ci dens）是块状卷云，非常密集，从朝向太阳的方向观测时呈灰色；它也可能遮住太阳，掩盖它的轮廓甚至挡住太阳。

（4）伪卷云（Ci not）是由鬃积雨云顶部脱离母体而形成，云体大而厚密，有时似砧状。

2）卷层云

卷层云（Cs）透明、白色的、纤维状（头发状）或光滑外观的云巾，全部或部分覆盖天空，经常产生光晕现象。卷层云中包括毛卷层云和薄幕卷层云。

（1）毛卷层云（Cs fil）是纤维状的卷层云云巾，在其中可以观测到条纹。毛卷云可以发展成毛卷层云，或是可能由密卷云发展而来。

图 10-13　毛卷云

图 10-14　钩卷云

（2）薄幕卷层云（Cs nebu）是星云状的卷层云云巾，没有明显的清晰度。有时，云巾很轻，几乎看不见；它也可能相对密集且容易看见（见图 10-15）。

3）高层云

高层云（As）是灰色或蓝色云片或云层，呈现条纹状、纤维状或均匀外观，全部或部分覆盖天空，并且有非常薄的部分，至少可以透过地面玻璃模糊地看见太阳。高层云不会呈现光晕现象。一般可以分为两类，透光高层云和蔽光高层云。

（1）透光高层云（As tra）大部分都是半透明的，足以显示太阳或月亮的位置，呈现一种类似于毛玻璃的效果，地面物体没有影子。

（2）蔽光高层云（As tra）云层较厚，且厚度变化较大。大部分都是不透明，足以完

图 10-15　薄幕卷层云

全遮住太阳或月亮。

4）雨层云

雨层云（Ns）是灰色的云层，通常是黑色的，其外观或呈现扩散状，或多或少地连续降下雨或雪。云层始终非常厚，可以遮挡住太阳。

3. 波状云

波状云是指形状像波浪起伏的云层，主要成因是逆温层上下有风的切变形成的波动。波状云一般可以分为卷积云、高积云、层积云和层云，它们的共同特征是云分裂成孤立的扁球状或块状，呈行或列规则排列。

1）卷积云

卷积云（Cc）是较薄，并且是白色的云块、云薄片或云层，没有阴影，由颗粒、波纹形式的小型元素组成，合并或独立，或多或少规则排列；由这些细小的云块组成的云片或云层，看起来像轻风吹过水面的小波纹（见图 10-16）。

2）高积云

高积云（Ac）通常呈白色或灰色，或是两种颜色兼有的云块、云薄片或云层，通常带有阴影，由薄片、圆形块、卷等组成，有时部分是纤维状或漫射的（见图 10-17）。

3）层积云

层积云（Sc）是团块、薄片或条形云组成的云群或云层。云块个体都相当大，常成行、成群或波状排列。云层有时满布全天，有时分布稀疏，常呈灰色、灰白色，常有若干部分比较阴暗。

图 10-16　卷积云

（a）透光高积云

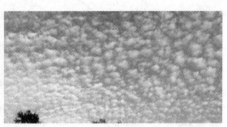

（b）絮状高积云

图 10-17　高积云

4）层云

层云（St）一般为灰色云层，具有相当均匀的底部，可能会产生毛毛雨、雪或米雪。当通过云看到太阳时，它的轮廓清晰可辨。层云通常不会产生光晕现象。有时，层云也以粗糙的片状形式出现。

总的来说，云的外形多种多样，云状的判定比较复杂，可对各种云的外形基本特征进行归纳总结。

（二）云量的测定

云量是指云遮蔽天空视野的成数，云量观测包括总云量、低云量，其中总云量是指观测时天空被所有的云遮蔽的总成数，低云量是指天空被低云族的云所遮蔽的成数。云量是用成数来表示的，每10%为一成，最大为十成。最终的云量以分数形式记载，总云量为分子，低云量为分母。

目前的云量观测方法主要靠目力估计，若全天空无云，则总云量记为0；天空完全被云遮蔽，记为10。目测估计得到的云量与云体实际面积存在差别，因此在气象观测中将通过这种方法记录下来的云量称为视云量。视云量与云底高度、观测者的位置有关，云高越低则在视野中的面积越大，因此需要注意，云量的多少并不能完全表示云体实际面积的大小。

对于云量的观测主要有以下几种方法：

1. 补贴法

天空中云的分布在多数情况下是分散和不规则的。为了便于估计云量，观测时以主要云区为基础，将其余零散的云加以聚合、补贴在一起，以得到较为集中的云区，并以此估计其占整个天空的成数。

2. 等分法

等分法是用手臂的夹角来划分的。在图 10-18 中，空心圆代表头顶，两条实线代表两臂，图中 A、B 分别表示两臂夹角为 180° 和 90°，通过头顶，人眼所看到手臂夹角部分的天空，为全天的 1/2 和 1/4。

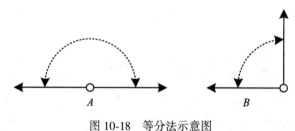

图 10-18　等分法示意图

3. 球带法

根据几何原理，如将天空半球按其高度均匀地分为 10 个水平的球带，则此 10 个球带的面积都是相等的，都是整个天空的 1/10。

（三）云高的测定

云高指的是云底距离测站的垂直距离，记录结果为整数，并且在数值前添加云状的记录。云高的观测主要有实测云高和估测云高两种方法。

1) 实测云高

实测云高的方法主要是使用云幕球、激光测云仪、云幕灯三种测定云高的仪器来实现。

（1）云幕球测云高：

使用云幕球测定云高需要将已知升速的氢气球，从地面释放并观测其从施放到进入云底，将气球开始模糊的时间记为气球入云时间。用气球入云时间（t）和气球升速（v），根据公式 $H = vt$（高度=速度×时间）计算出云层的高度。

（2）激光测云仪测云高：

由于激光可以在空气中传播得很远而不发生衰减，具有高亮度和高度的方向性、单色性等特性，因此可以使用激光来实现云高的测定。利用激光测云仪测定云高主要通过发射的激光束射向云层被反射回来，并被接收望远镜接收的时间差来测定。首先通过记录发出时间（t_0）和返回时间（t_1），通过公式 $S = \frac{1}{2}c(t_1 - t_0)$ 计算出所测的距离，然后测量激光测云仪与地面的夹角（α），由图 10-19 可以看出 $h = S\sin\alpha$，由此可以计算出云底高度（h）。

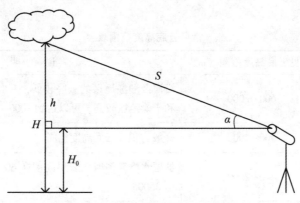

图 10-19　激光测云仪测云高原理

（3）云幕灯测云高：

云幕灯通过发出的强光源来测定云高。通电后云幕灯会发出平行光线垂直照射云底，形成一个明显的光点；在观测点放置一个仰角器观测云幕灯照射云底形成光点的仰角。利用仰角、云幕灯与观测点间的水平距离使用三角关系即可计算出云层的高度（见图 10-20）。

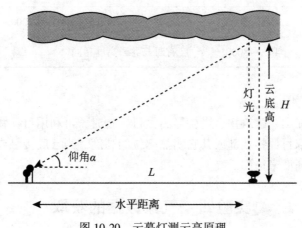

图 10-20　云幕灯测云高原理

2）估测云高

除了使用观测仪器测定云层高度测量外，还可以使用目测云高和利用目标物估测云高。这两种方法的缺点是不够精确，但是比实测云高的方法简单实用。

（1）目测云高：

目测云高是目前气象站普遍采用的一种简便估测云高的方法。简单来说，该方法就是通过人眼辨别云的种类，并根据已有的知识判断该云的大概高度。常见的几类云底高度的范围见表10-1。通过统计各种云的平均高度和可能出现的高度，不断累积经验来提高目测云高的精确度。

表 10-1　　　　　　　　　　　　　　　常见云底高度范围表

云族	云属	常见云底高度范围（m）	说　明
低云	积云	600～2000	沿海及潮湿地区的云底较低，有时在600m以下；沙漠和干燥地区较高，可以达到3000m左右
	积雨云	600～2000	一般与积云云底高度相同
	层积云	600～2500	低层水汽充沛时，云层高度在600m以下，个别地区高达3500m
	层云	50～800	低层云层湿度越大，云底越低
	雨层云	600～2000	雨层云一般由高层云转变而来，云底一般较高
中云	高层云	2500～4500	高层云由卷层云转变而来，云底可高达6000m
	高积云	2500～4500	夏季南方地区可高达8000m
高云	卷云	4500～10000	夏季南方地区可高达17000m；冬季北方和西部高原可低至2000m以下
	卷层云	4500～8000	冬季北方和西部高原可低至2000m以下
	卷积云	4500～8000	有时与卷云高度相同

（2）利用目标物估测云高：

当测站附近存在山、建筑物、塔桥等高大目标物时，可利用目标物的已知高度估计云高。该方法首先获取目标物顶部或其它明显部位的高度，当云底接触或遮蔽目标物的一部分时，可根据已知高度来估测云高。

实验四　气象数据的获取

一、实验目的

理解气象数据的定义，了解气象数据和气象要素包括哪些，以及气象数据的来源，能够下载气象站点数据和降水数据，并通过每个台站每日的降水量来计算年平均降水量。

二、背景知识

(一) 气象数据的分类和特点

气象数据作为区域气候特征描述的重要基础资料，是开展天气预报、气候预测和科学研究的关键基础要素。开展长期气象观测，对于提升气象预报准确度和区域防灾减灾能力、认知与应对气候变化等意义深远。气象数据是由各种气象要素的统计数据组成的，气象要素是表明一定地点和特定时刻天气状况的大气变量或现象。世界各地的气象台站所观测记载的主要气象要素有气温、气压、风速、云、降水、湿度和日照等。各气象要素的观测记录按不同方式的统计结果称为气候统计量，通常使用的有均值、总量、频率、极值、变率等。

气象数据可分为气候资料和天气资料。天气资料和气候资料的主要区别是：天气资料随着时间的推移转化为气候资料；气候资料是长时间序列的资料，而天气资料是短时间内的资料。

(1) 气候资料通常指的是用常规气象仪器和专业气象器材所观测到各种原始资料的集合以及加工、整理、整编所形成的各种资料。但随着现代气候的发展，气候研究内容不断扩大和深化，气候资料的概念和内涵得以进一步延伸，泛指整个气候系统的有关原始资料的集合和加工产品。如中国地面国际交换点气候资料日值数据集，数据集为中国 194 个基本、基准地面气象观测站及自动站 1951—2018 年的日值数据集，包括日平均气压、平均气温、平均水汽压、平均相对湿度、平均风速、蒸发、日照和降水量等 8 个要素的日值资料。

(2) 天气资料是为天气分析和预报服务的一种实时性很强的气象资料。如中国地面气象站逐小时观测资料，为中国基本、基准地面气象观测站及自动站近 7 日内的日值数据集，包括气温、气压、相对湿度、水汽压、风、降水量等要素的小时观测值。

(二) 气象观测数据的来源

为了取得宝贵的气象资料，全世界各国都建立了各类气象观测站。气象观测站根据其应用场景不同，可以分为：地面气象观测站、高空气象观测站、卫星气象观测站。

不同站点承担的观测任务不同。例如，地面气象观测站观测靠近地面的大气层的气象要素和自由大气中的一些现象；高空气象观测站能够测量近地面到 30km 甚至更高的自由大气的物理、化学特性；卫星气象观测站安装在卫星上测量诸如温度、湿度、云和辐射等气象要素以及各种天气现象。

目前，我国已建成世界上规模最大、覆盖最全的综合气象观测系统，包括 2400 多个自动化的国家级地面气象观测站、近 6 万个区域自动气象观测站和 8 颗风云系列气象卫星，乡镇覆盖率达到 96%，组成了严密的气象灾害监测网，初步建成了生态、环境、农业、海洋、交通、旅游等专业气象监测网。此外，中国国家气象信息中心（National Meteorological Information Center，NMIC）承担着数据传输和分发的枢纽作用，不仅接收各省的地面、高空、雷达数据、卫星数据、中国模式系统输出结果的数据以及其它国家的观测数据和模式数据，还将各种观测数据和模式数据通过地面网络或通信卫星收发系统传送给 31 个省市区气象台和其它国家。

1. 国际气象组织和国际气象数据交换

由于天气、气候和水循环等气象要素不分国界，全球范围内的国际合作对于气象和水文学的发展至关重要。世界气象组织（World Meteorological Organization，WMO）为这种国际合作提供了框架。WMO 起源于 1873 年成立的国际气象组织（International Meteorological Organization，IMO），WMO 自成立以来，促进了成员国气象和水文部门之间的合作。它建立了合作网络，进行气象、水文和其它地球物理的观测；建立提供气象服务和进行观测的各种中心，进一步推广气象的应用；促进建立和维持可迅速交换气象情报及有关资料的系统；促进气象观测数据的标准化，并保证观测结果与统计资料的统一发布；促进了各成员国实时或接近实时地自由和无限制地交换数据和信息，产品和服务，共同保护环境。

2. 国家气象科学数据中心

国家气象科学数据中心（http：//data.cma.cn/data）提供了地面气象、高空气象、卫星探测以及天气雷达探测等资料的下载。

地面气象资料主要包括中国地面气象站逐小时观测资料、中国地面国际交换站气候资料（日值、月值、年值）、中国地面气候资料数据集（日值、月值、年值）（1981—2010年）、全球地面气象站定时观测资料（日值、月值、年值）；高空气象资料主要包括中国高空气象站定时值观测资料、全球高空气象站定时值资料、中国高空气候标准值数据集（日值、月值、年值）；卫星探测资料包括中国风云静止气象卫星资料、中国风云极轨气象卫星资料等。

此外，国家气象科学数据中心还包含了不同种类的气象站点的资料下载，如全球地面气象站观测资料台站、中国地面国际交换站观测资料台站、中国地面气象站基本气象要素观测资料台站、中国高空气象站观测资料台站等。

三、实验过程

（一）气象站点的获取和处理

不同气象站点观测的气象要素不同。中国地面气候资料国际交换站主要观测降水量、蒸发、气压、风速、气温、湿度、日照、风向、水汽压等气象要素。在国家气象科学数据中心网站上（http：//data.cma.cn/）下载中国地面国际交换站气候资料日值数据集（V3.0），文件夹下面的"documents"目录下存放数据集台站信息文件，共包含 206 个台站。如图 10-21 所示，包括了台站的区站号、站名、所在省份、经纬度、海拔高度和变动情况等。

在获取台站信息后，往往要对其进行处理，以便后续在地理信息系统软件中可视化，在地图上查看台站的位置。如图 10-22 所示，经纬度的形式表示为"3948N"、"11628E"，将其进行标准化，在 Excel 中新增两列数据，分别为经度和纬度，采用 39.48°、116.28°的格式。根据规则，中国全部位于北半球东半球。利用查找替换功能，将 N、E 替换为

	A 区站号	B 站名	C 省份	D 纬度	E 经度	F 海拔高度	G 开始年月_结束年月	H 台站变动情况及资料尚缺年月
1	区站号	站名	省份	纬度	经度	海拔高度	开始年月_结束年月	台站变动情况及资料尚缺年月
2	54511	北 京	北京	3948N	11628E	313	195101----200712	
3	54527	天 津	天津	3905N	11704E	25	195401----200712	
4	53698	石家庄	河北	3802N	11425E	810	195501----200712	
5	54405	怀 来	河北	4024N	11530E	5368	195401----200712	
6	54423	承 德	河北	4059N	11757E	3859	195101----200712	
7	54539	乐 亭	河北	3926N	11853E	105	195701----200712	1988年1月改基准站
8	54616	沧 州	河北	3820N	11650E	96	195401----200712	1996年1月由54618代替,缺199601-200612
9	54618	泊 头	河北	3805N	11633E	132	199601----200712	1996年1月代替54616
10	53487	大 同	山西	4006N	11320E	10672	195501----200712	1994年1月改基准站
11	53673	原 平	山西	3844N	11243E	8282	195401----200712	
12	53772	太 原	山西	3747N	11233E	7783	195101----200712	1987年1月改基准站
13	53863	介 休	山西	3702N	11155E	7439	195401----200712	
14	53959	运 城	山西	3502N	11101E	3760	195601----200712	
15	50434	图里河	内蒙古	5029N	12141E	7326	195701----200712	1992年1月改基准站
16	50527	海拉尔	内蒙古	4913N	11945E	6102	195101----200712	
17	50632	博克图	内蒙古	4846N	12155E	7397	195101----200712	1992年1月改基准站
18	50727	阿尔山	内蒙古	4710N	11957E	10274	195206----200712	
19	50915	东乌珠穆沁旗	内蒙古	4531N	11658E	8387	195511----200712	
20	52495	巴彦毛道	内蒙古	4010N	10448E	13239	195704----200712	1993年1月改基准站
21	53068	二连浩特	内蒙古	4339N	11158E	9647	195510----200712	
22	53192	阿巴嘎旗	内蒙古	4401N	11457E	11261	195206----200712	1992年1月改基准站
23	53276	朱日和	内蒙古	4224N	11254E	11508	195205----200712	1987年1月改基准站
24	53336	乌拉特中旗	内蒙古	4134N	10831E	12880	195401----200712	1988年1月改基准站
25	53352	达尔罕联合旗	内蒙古	4142N	11026E	13766	195312----200712	
26	53391	化 德	内蒙古	4154N	11400E	14827	195212----200712	
27	53463	呼和浩特	内蒙古	4049N	11141E	10630	195102----200712	
28	53502	吉兰泰	内蒙古	3947N	10545E	10318	195501----200712	
29	53529	鄂托克旗	内蒙古	3906N	10759E	13803	195410----200712	
30	54012	西乌珠穆沁旗	内蒙古	4435N	11736E	10006	195411----200712	

‹ ▶ | Sheet1 | Sheet2 | Sheet3 | ⊕

图 10-21　中国地面国际交换站台站表

A 区站号	B 站名	C 省份	D 纬度	E 经度	F 海拔高度	G 开始年月_结束年月	H 台站变动情况及资料尚缺年月	I Y	J X
区站号	站名	省份	纬度	经度	海拔高度	开始年月_结束年月	台站变动情况及资料尚缺年月	Y	X
54511	北 京	北京	3948N	11628E	313	195101----200712		39.48	116.28
54527	天 津	天津	3905N	11704E	25	195401----200712		39.05	117.04
53698	石家庄	河北	3802N	11425E	810	195501----200712		38.02	114.25
54405	怀 来	河北	4024N	11530E	5368	195401----200712		40.24	115.3
54423	承 德	河北	4059N	11757E	3859	195101----200712		40.59	117.57
54539	乐 亭	河北	3926N	11853E	105	195701----200712	1988年1月改基准站	39.26	118.53
54616	沧 州	河北	3820N	11650E	96	195401----200712	1996年1月由54618代替,缺199601-200612	38.2	116.5
54618	泊 头	河北	3805N	11633E	132	199601----200712	1996年1月代替54616	38.05	116.33
53487	大 同	山西	4006N	11320E	10672	195501----200712	1994年1月改基准站	40.06	113.2
53673	原 平	山西	3844N	11243E	8282	195401----200712		38.44	112.43
53772	太 原	山西	3747N	11233E	7783	195101----200712	1987年1月改基准站	37.47	112.33
53863	介 休	山西	3702N	11155E	7439	195401----200712		37.02	111.55
53959	运 城	山西	3502N	11101E	3760	195601----200712		35.02	111.01
50434	图里河	内蒙古	5029N	12141E	7326	195701----200712	1992年1月改基准站	50.29	121.41
50527	海拉尔	内蒙古	4913N	11945E	6102	195101----200712		49.13	119.45
50632	博克图	内蒙古	4846N	12155E	7397	195101----200712	1992年1月改基准站	48.46	121.55
50727	阿尔山	内蒙古	4710N	11957E	10274	195206----200712		47.1	119.57
50915	东乌珠穆沁旗	内蒙古	4531N	11658E	8387	195511----200712		45.31	116.58
52495	巴彦毛道	内蒙古	4010N	10448E	13239	195704----200712	1993年1月改基准站	40.1	104.48
53068	二连浩特	内蒙古	4339N	11158E	9647	195510----200712		43.39	111.58
53192	阿巴嘎旗	内蒙古	4401N	11457E	11261	195206----200712	1992年1月改基准站	44.01	114.57
53276	朱日和	内蒙古	4224N	11254E	11508	195205----200712	1987年1月改基准站	42.24	112.54
53336	乌拉特中旗	内蒙古	4134N	10831E	12880	195401----200712	1988年1月改基准站	41.34	108.31
53352	达尔罕联合旗	内蒙古	4142N	11026E	13766	195312----200712		41.42	110.26
53391	化 德	内蒙古	4154N	11400E	14827	195212----200712		41.54	114
53463	呼和浩特	内蒙古	4049N	11141E	10630	195102----200712		40.49	111.41
53502	吉兰泰	内蒙古	3947N	10545E	10318	195501----200712		39.47	105.45
53529	鄂托克旗	内蒙古	3906N	10759E	13803	195410----200712		39.06	107.59
54012	西乌珠穆沁旗	内蒙古	4435N	11736E	10006	195411----200712		44.35	117.36

图 10-22　经纬度格式标准化的中国地面国际交换站台站表

空，并复制，将其除以一百，粘贴为数值，最终用小数形式表示经纬度。

（二）国家气象科学数据中心的数据下载和处理

1. 数据的基本信息

以中国地面国际交换站气候资料日值数据集（V3.0）为例，在国家气象科学数据中心（http：//data.cma.cn/）上面检索关键字，可以看到数据的起始时间和终止时间等信息，也可以查看元数据，以及数据集的相关文档说明，包括数据说明文档、元数据说明文档、格式说明文档、台站说明文档。数据集为中国 194 个基本、基准地面气象观测站及自动站 1951—2018 年的日值数据集，包括日平均气压、平均气温、平均水汽压、平均相对湿度、平均风速、蒸发、日照和降水量等 8 个要素的日值资料。

数据说明文档中包括对数据集的介绍，如数据集的名称和唯一代码，中国地面国际交换站气候资料日值数据集代码为 SURF_CLI_CHN_MUL_DAY_CE，还包括数据集的来源、内容说明、各气象要素的特征值说明、数据存储信息、时间属性、空间属性、数据的处理方法、质量状况、制作单位等。

元数据说明文档包括对气象数据集元数据的描述，包括数据来源、数据质量状况、数据处理过程等。

格式说明文档包括各个气象要素文件中信息介绍，表 10-2 为降水量要素文件的信息，包括区站号、经纬度、观测场海拔高度、年月日、20—次日 8 时的降水量、每日 8—20 时的降水量、每日累计降水量以及各字段的单位等。

表 10-2　　　　　　　　　　　　　　　　降水量要素格式说明

序号	中文名	数据类型	单位
1	区站号	Number（5）	
2	纬度	Number（5）	（度、分）
3	经度	Number（6）	（度、分）
4	观测场海拔高度	Number（7）	0.1 米
5	年	Number（5）	年
6	月	Number（3）	月
7	日	Number（3）	日
8	20—次日 8 时降水量	Number（7）	0.1mm
9	8—20 时降水量	Number（7）	0.1mm
10	20—次日 20 时累计降水量	Number（7）	0.1mm
11	20—次日 8 时降水量质量控制码	Number（2）	
12	8—20 时累计降水量质量控制码	Number（2）	
13	20—次日 20 时降水量质量控制码	Number（2）	

台站说明文档包括对数据集的台站信息的说明，图 10-23 为中国地面国际交换站的一些台站信息。

中国地面气候资料国际交换站数据集台站信息

区站号	站名	纬度	经度	拔海高度	开始年月	结束年月	台站变动情况及资料尚缺年月
北 京							
54511	北 京	3948N	11628E	00313	195101	200712	
天 津							
54527	天 津	3905N	11704E	00025	195401	200712	
河 北							
54405	怀 来	4024N	11530E	05368	195401	200712	
54423	承 德	4059N	11757E	03859	195101	200712	
54539	乐 亭	3926N	11853E	00105	195701	200712	1988年1月改基准站
54616	沧 州	3820N	11650E	00096	195401	200712	1996年1月由54618代替,缺199601—200612
54618	泊 头	3805N	11633E	00132	199601	200712	1996年1月代替54616
山 西							
53487	大 同	4006N	11320E	10672	195501	200712	1994年1月改基准站
53673	原 平	3844N	11243E	08282	195401	200712	
53772	太 原	3747N	11233E	07783	195101	200712	1987年1月改基准站
53863	介 休	3702N	11155E	07439	195401	200712	
53959	运 城	3502N	11101E	03760	195601	200712	

图 10-23　中国地面气候资料国际交换站数据集台站信息

2. 数据检索和下载

进行数据检索，中国地面国际交换站气候资料日值数据集（V3.0）数据是按年-月的格式存放的，每年每月的所有站点的每一项气象要素都放在一个文本文件中。选择日期为 2011 年 1—12 月，选择降水量要素，得到筛选后的数据，加入数据框后，共下载得到 12 个文本文件，如图 10-24 所示。降水要素的文件命名格式由数据集代码（SURF_CLI_CHN _MUL_DAY_CES）、要素代码（PRE）、项目代码（13011）、年份标识（YYYY）和月份标识（MM）组成的。其中，SURF 表示地面气象资料，CLI 表示地面气候资料，CHN 表示中国，MUL 表示多要素，DAY 表示日值数据，CES 表示交换站。以 3 月为例，共包含 5146 条数据，降水量数值的单位为 0.1mm。

3. 数据预处理

将得到的 12 个文本文件复制粘贴到 Excel，整合到一个 Excel 文件，共有 66430 条数据。本实验只需要 20—20 时累计降水量这一列，通过所有台站每日的降水量计算每个台站的年降水量。查看数据说明文档，特征值为 32700 表示降水为"微量"，通过【数据】→【筛选】，找出特征值为 32700 的数据，通过【开始】→【查找与选择】→【替换】功能将所有数据用 0 值代替，如图 10-25 所示。

整理数据：将降水量数据的单位由 0.1mm 转化为 1mm，即将降水量数值乘以 0.1，

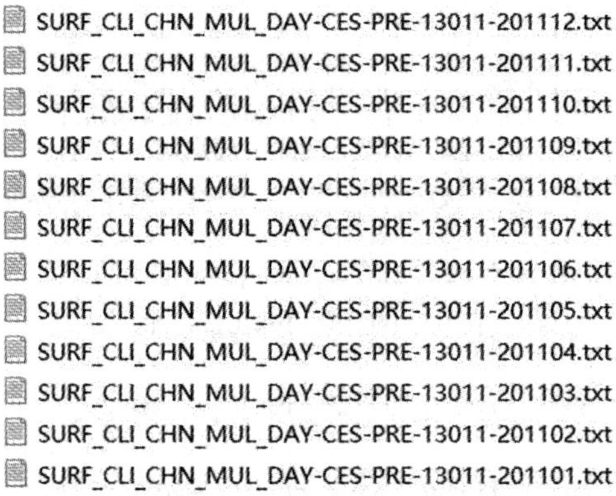
SURF_CLI_CHN_MUL_DAY-CES-PRE-13011-201112.txt
SURF_CLI_CHN_MUL_DAY-CES-PRE-13011-201111.txt
SURF_CLI_CHN_MUL_DAY-CES-PRE-13011-201110.txt
SURF_CLI_CHN_MUL_DAY-CES-PRE-13011-201109.txt
SURF_CLI_CHN_MUL_DAY-CES-PRE-13011-201108.txt
SURF_CLI_CHN_MUL_DAY-CES-PRE-13011-201107.txt
SURF_CLI_CHN_MUL_DAY-CES-PRE-13011-201106.txt
SURF_CLI_CHN_MUL_DAY-CES-PRE-13011-201105.txt
SURF_CLI_CHN_MUL_DAY-CES-PRE-13011-201104.txt
SURF_CLI_CHN_MUL_DAY-CES-PRE-13011-201103.txt
SURF_CLI_CHN_MUL_DAY-CES-PRE-13011-201102.txt
SURF_CLI_CHN_MUL_DAY-CES-PRE-13011-201101.txt

图 10-24 2011 年中国地面国际交换站降水量要素日值

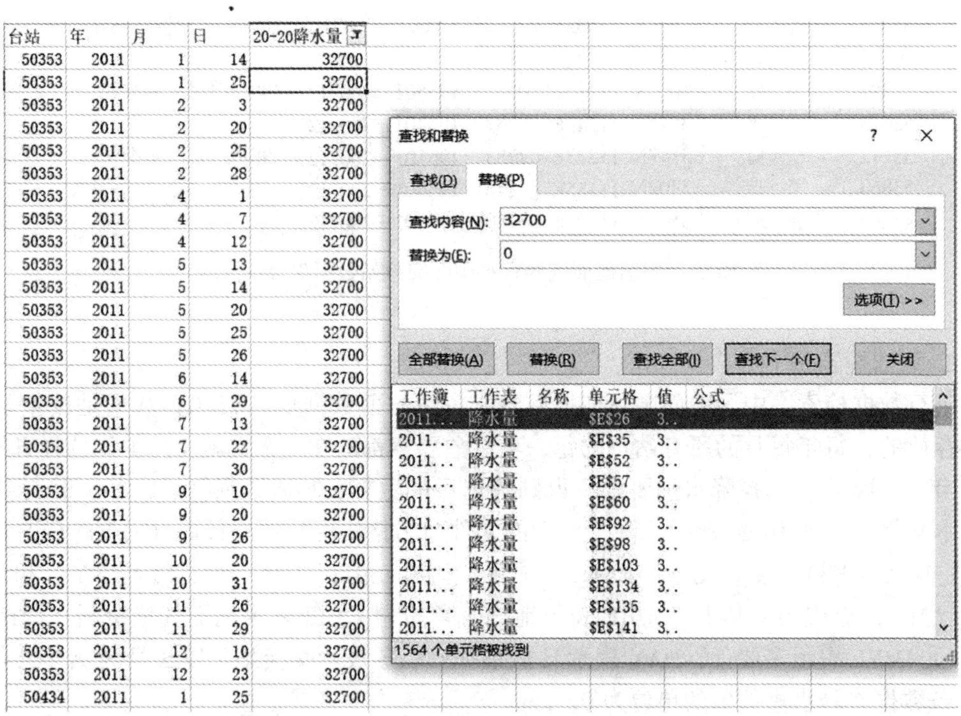
台站
年
月
日
20-20降水量
查找和替换
查找(D)
替换(P)
查找内容(N): 32700
替换为(E): 0
选项(T) >>
全部替换(A)
替换(R)
查找全部(I)
查找下一个(F)
关闭
工作簿 工作表 名称 单元格 值 公式
1564 个单元格被找到

图 10-25 替换特征值为 0

则为 1mm 的降水量。再进行汇总统计，统计每个站点的年降水量，年降水量的定义为一年降水量的总和。使用 Ctrl 键+A 键选中所有数据，点击【插入】→【数据透视表】，插入一个新的数据透视表，在数据透视表中，行设置为“台站”、列设置为“月”、值设置为“20—20 降水量”，这样就统计出了每个气象站点的年降水量数值，如图 10-26 所示为部分站点的 2011 年降水量数值，将结果另存为。

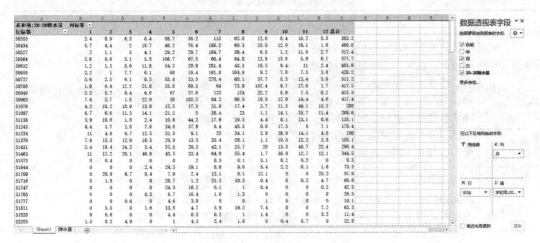

图 10-26　2011 年年降水量数值

实验五　长江流域年降水量空间分布制图

一、实验目的

了解什么是空间插值，并熟练掌握 ArcGIS 软件，通过对中国国际地面交换站各个站点的年降水量进行空间插值，得到覆盖整个中国区域的年降水量的空间分布图，并裁剪得到长江流域的年降水量，利用 ArcGIS 软件制作地图，包含地图的基本要素等。

二、背景知识

（一）空间插值

上一节介绍过，一般情况下采集到的气象数据都是以气象站点的形式存在的，气象数据只在这些气象站点上才有较为准确的数值，其它点上都没有数值。然而，在实际应用中却很可能需要用到某些未采样点的值，这个时候就需要通过气象站点的数值来推算未采样点值，这样的过程也就是栅格插值过程。插值结果将生成一个连续的表面，在这个连续表面上可以得到每一点的值。

空间降水插值一直是个难题，影响降水的因素很多，如经度、纬度、高程、坡度、坡向、离水体的距离等，建立一个通用的降水插值模型几乎是不可能的。空间降水插值方法有很多，优缺点和适用性各不同。总体上，降水的空间插值方法有三类：整体插值法（趋势面法和多元回归法等）、局部插值法（泰森多边形法、反距离加权法、克里金插值法和样条法）和混合插值法（整体插值法和局部插值法的综合）。表 10-3 比较了各种降水插值的优缺点。

表 10-3   不同插值降水量方法的优缺点

方法		简　介	优　点	缺　点
整体插值法	趋势面法	多项式回归的基本思想是用多项式表示的线或面,按最小二乘原理对数据点进行拟合,线或面多项式的选择取决于数据是一维还是二维或三维。多项式回归通过分析降水和气象站点的空间位置以及变量之间的线型和非线型关系,构造不同维度的趋势面,建立不同的函数关系	极易理解,计算简便,多数空间数据都可以用低次多项式来模拟	在空间降水模拟方面的精度不高
	多元回归法	多元回归法主要是用数学表达式来描述相关变量之间关系的一种插值方法。可以利用气象站点的地理坐标和高程数据,结合其它的影响因子如坡向、坡度等,建立回归模型	估算的降水量不依赖于估算点周围区域的气象站点的密集程度,可以直接根据地形参数求出降水量。因此,地形相似的区域站点可以满足要求,即使两者相距比较远	
局部插值法	泰森多边形法	最简单的局部插值法是泰森多边形法,是一种近似估计法。该方法假定所需要估算的降水数据与最邻近它的已知站点的降水数据相同	这种方法比较适用于站点密集的地区,并且该地区的地形应该大致相同	泰森多边形对于逐渐变化的控件变量(如温度,降水)的插值不太合适。同时,该方法忽略了高程的影响,对于高程变化较大的区域,用泰森多边形插值所得的插值数据的误差很大
	反距离加权法	反距离加权法估算降水量是根据距离衰减规律,对样本点的空间距离进行加权,当权重等于 1 时,是线性距离衰减插值,当权重>1时,是非线性距离衰减插值	可以通过权重调整空间插值等值线的结构	没有考虑地形因素(高程)对降水的影响
	克里金插值法	是一种空间分布数据求最优,线性,无偏内插的估计	不仅考虑了各已知数据点的空间相关性,而且在给出待估计点的数值的同时,还能给出表示估计精度的方差	普通克里金插值法不能考虑地形因素(高程等)的影响,而泛克里金法,协同克里金法能将高程因素考虑进去,取得的插值效果也较好
	样条法	通过两个样本点之间的曲线变形达到最佳拟合的插值效果	该方法相对比较稳健,并且不依赖潜在的统计模型	不能提供误差估计,要求研究区域是规则的

（二）反距离权重插值（IDW）

反距离权重插值（Inverse distance weighted，IDW）是一种常用而简便的空间插值方法，它以插值点与样本点间的距离为权重进行加权平均，离插值点越近的样本点赋予的权重越大。

平面上分布一系列离散点，其坐标和值为 X_i，Y_i，$Z_i(i = 1, 2, \cdots, n)$，可以根据周围离散点的数值，通过距离加权值求 Z 点的数值，则公式如下：

$$z = \left[\sum_{i=1}^{n} \frac{z_i}{d_i^2} \right] \bigg/ \left[\sum_{i=1}^{n} \frac{1}{d_i^2} \right] \tag{5-1}$$

式中，$d_i^2 = (X - X_i)^2 + (Y - Y_i)^2$，IDW 通过对邻近区域的每个采样点值平均运算获得内插单元值。IDW 是一个均分过程，这一方法要求离散点均匀分布，并且密集程度足以满足在分析中反映局部表面变化。

注意：

（1）Z 值字段表示存放每个点的高度值或量级值的字段。如果输入点要素包含 Z 值，则该字段可以是数值型字段或者 Shape 字段。

（2）幂（可选）为距离的指数。用于控制内插值周围点的显著性。幂值越高，远数据点的影响会越小。它可以是任何大于 0 的实数，但使用从 0.5 到 3 的值可以获得最合理的结果。默认值为 2。

（3）搜索半径（可选）定义要用来对输出栅格中各像元值进行插值的输入点。共有两个选项：变量和固定。"变量"是默认设置。

1. 变量

使用可变搜索半径来查找用于插值的指定数量的输入采样点。

点数：指定要用于执行插值的最邻近输入采样点数量的整数值。默认值为 12 个点。

最大距离：使用地图单位指定距离，以此限制对最邻近输入采样点的搜索。默认值是范围的对角线长度。

2. 固定

使用指定的固定距离，对利用此距离范围内的所有输入点进行插值。

距离：指定用作半径的距离，在该半径范围内的输入采样点将用于执行插值。半径值使用地图单位来表示。默认半径是输出栅格像元大小的 5 倍。

最小点数：定义用于插值的最小点数的整数。默认值为 0。如果在指定距离内没有找到所需点数，则将增加搜索距离，直至找到指定的最小点数。搜索半径需要增加时就会增加，直到最小点数在该半径范围内，或者半径的范围越过输出栅格的下部（南）和/或上部（北）范围为止。NoData 会分配给不满足以上条件的所有位置。

（三）样条函数插值（SPLINE）

样条函数插值采用两种不同的计算方法，Regularized 和 Tension。如果选择 Regularized，它将生成一个平滑、渐变的表面，得出的插值结果很可能会超出样本点的取值范围。如果选择 Tension，它会根据要生成的现象的特征生成一个比较坚硬的表面，得出结果的插值更接近限制在样本点的取值范围内。

同时，在计算过程中，除了需要选择不同的计算方法，还需要在每种方法中设定一个合权重（weight）。选择 Regularized 时，它决定了表面最小曲率三次导的权重。权重越高表面越光滑。可能用到的典型值有：0、0.001、0.01、1 和 5。选择 Tension 时，它决定了 Tension 的权重。权重越高，表面越粗糙。可能用到的典型值有：0、1、5 和 10。

注意：

（1）Z 值字段存放每个点的高度值或量级值的字段。如果输入点要素包含 z 值，则该字段可以是数值型字段或者 Shape 字段。

（2）权重（可选）表示影响表面插值特征的参数。使用 Regularized 选项时，它定义曲率最小化表达式中表面的三阶导数的权重。如果使用 Tension 选项，它将定义张力的权重。默认权重为 0.1。

（3）样条函数类型（可选）要使用的样条函数法类型：Regularized——产生平滑的表面和平滑的一阶导数；Tension——根据建模现象的特征调整插值的硬度。

（4）点数（可选）用于局部近似的每个区域的点数，默认值为 12。

（四）克里金（Kriging）插值

Z 值字段存放每个点的高度值或量级值的字段。如果输入点要素包含 Z 值，则该字段可以是数值型字段或者 Shape 字段。

半变异函数属性设定要使用半变异函数模型，有两种克里金插值方法：普通克里金法和泛克里金法。

（1）普通克里金法可使用下列半变异函数模型：

球面——球面半变异函数模型。这是默认设置。

圆——圆半变异函数模型。

指数——指数半变异函数模型。

高斯——高斯（或正态分布）半变异函数模型。

Linear——采用基台的线性半变异函数模型。

（2）泛克里金法可使用下列半变异函数模型：

与一次漂移函数成线性关系——采用一次漂移函数的泛克里金法；

与二次漂移函数成线性关系——采用二次漂移函数的泛克里金法。

高级参数对话框中有一些选项可供使用。这些参数是：

步长大小——默认值为输出栅格的像元大小；

主要范围——表示距离，超出此距离即认定为不相关；

偏基台值——块金和基台之间的差值；

块金——表示在因过小而无法检测到的空间尺度下的误差和变差。块金效应被视为在原点处的不连续。

（五）自然邻域法（Natural Neighborhood）插值

自然邻域法插值工具也是使用附近点的值和距离预估每个像元的表面值，该插值也称为"区域占用（area-stealing）"插值。与反距离权插值法不同的是，使用泰森多边形进行空间划分，每个插值点的计算以和其邻接的相邻多边形的点及由插值点形成的新的泰森多边形与原始多边形的重叠区域所占比重作为插值权重。

该插值方法具有局部性，仅使用查询点周围的样本子集，根据输入数据的结构（泰森多边形）进行局部调整，无需用户指定搜索半径、样本个数等信息。该插值方法不会推断趋势且不会生成输入样本尚未表示的山峰、凹地、山脊或山谷。该表面将通过输入样本且在除输入样本位置之外的其它所有位置均是平滑的。

（六）趋势面法（Trend）插值

趋势面法插值可通过全局多项式插值法将由数学函数（多项式）定义的平滑表面与输入采样点进行拟合。趋势表面会逐渐变化，并捕捉数据中的粗尺度模式。使用趋势插值法可获得表示感兴趣区域表面渐进趋势的平滑表面。

此种插值法适用于以下情况：

（1）感兴趣区域的表面在各位置间出现渐变时，可将该表面与采样点拟合，例如污染扩散情况；

（2）检查或排除长期趋势或全局趋势的影响。

在趋势面法插值中，将通过可描述物理过程的低阶多项式创建渐变表面，如污染情况和风向。但使用的多项式越复杂，为其赋予物理意义就越困难。此外，计算得出的表面对异常值（极高值和极低值）非常敏感，尤其是在表面的边缘处。

趋势面插值法共有两种基本类型，即线性和逻辑型。

线性趋势面插值法用于创建浮点型栅格。它将通过多项式回归将最小二乘表面与各输入点进行拟合。使用线性选项可控制用于拟合表面的多项式阶数。要理解趋势面法的线性选项，考虑一阶多项式。一阶多项式趋势面插值法将对平面与一组输入点进行最小二乘拟合。利用趋势面插值法可创建平滑表面。生成的表面几乎不能穿过各原始数据点，因为对整个表面执行的是最佳拟合。如果所用多项式的阶数高于一阶，插值器所生成栅格的最大值和最小值可能会超过输入要素数据输入文件中的最小值和最大值。

逻辑型趋势面插值法：可生成趋势面的逻辑型选项适用于预测空间中给定的一组位置(x, y)处某种现象存在与否（以概率的形式）。x值是仅会产生两种可能结果的分类随机变量，如濒临灭绝的物种存在与否。生成的两种z值可分别编码为1和0。逻辑型选项可根据值为0和1的各像元值创建连续的概率格网。可使用最大可能性估计直接计算出非线性概率表面模型，而无需先将该模型转换成线性形式。

（七）ArcGIS软件

ArcGIS软件为用户提供一个可伸缩的，全面的GIS平台，支撑对各种气象数据的显示、处理、分析，能够为海量气象数据管理与共享、气象数据分析展现、精细化气象预测预报等各应用领域提供基础科技支撑和决策支持。

ArcGIS栅格分析模块中，通过栅格插值运算生成表面包括：反距离权重插值、样条函数插值、克里金插值、自然邻域插值以及趋势面插值。

同样地，ArcGIS 软件可以对得到的降水量空间分布图进行整饰，添加地图的基本要素，并导出地图。

三、实验过程

（一）省级行政区矢量数据的获取和处理

从中国科学院资源环境科学与数据中心网站（https：//www. resdc. cn）下载中国省级行政区数据，在数据集目录下找到中国行政区划数据，包括了 2015 年中国省级行政边界数据、2015 年中国地市行政边界数据、2015 年中国县级行政边界数据等，数据均公开免费下载。

下载 2015 年中国省级行政区边界矢量，在 ArcMap 中加载图层并查看数据源，投影坐标系为 Krasovsky_1940_Albers，地理坐标系为 GCS_Krasovsky_1940。在 ArcMap 中对图层进行投影转换，选择【Data Management Tools】→【投影和变换】→【要素】→【投影】工具，设置投影坐标系为 WGS_1984_UTM_Zone_49N，地理坐标系为 GCS_WGS_1984，保存图层，如图 10-27 所示。

图 10-27　对中国省级行政区数据投影

（二）气象站点数据的空间化

为将各个气象站点显示到中国地图上，首先加载中国省级行政区区划数据，此时数据框的坐标系和投影与中国省级行政区区划图层一致，查看数据框坐标系，如图 10-28 所示，地理坐标系为 GCS_WGS_1984，投影坐标系为 WGS_1984_UTM_Zone_49N。

ArcMap 可以打开 . xls 格式的 Excel 文件，在 ArcMap 中打开气象站点数据，右击表

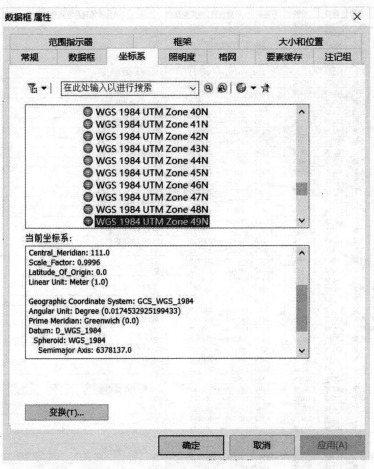

图 10-28　数据框坐标系

格，选择【打开属性表】，如图 10-29 所示。

　　气象站点数据没有 Object-ID，即唯一值标识符，因此无法选择或查询图层中的要素，要先将其导出为要素类，右键单击表格，选择【数据】→【导出数据】，导出所有记录，保存类型为 dBASE，添加到地图中。

　　选择【显示 XY 数据】，指定 X 字段为纬度，Y 字段为经度，坐标系为默认数据框的坐标系，如图 10-30 所示。

　　对加载的站点，保存文件为 shapefile 格式，导出所有要素点，命名为 station. shp，添加到地图中。

　　将气象站点数据与中国省级行政区划数据显示到同一图层上，根据气象站点的经纬度得到其地理坐标。首先定义气象站点数据的地理坐标系，通过选择【Data Management Tools】→【投影和变换】→【定义投影】，设置地理坐标系为 WGS 1984，使其有正确的空间参考，如图 10-31 所示。

　　定义地理坐标系后，还要定义气象站点的投影坐标系，通过【Data Management

区站号	站名	省份	纬度	经度	海拔高	开始年月_结束年月	台站变动情况及资料尚缺年月	Y	X
54511	北 京	北京	3948N	11628E	313	195101---200712	〈空〉	39.48	116.28
54527	天 津	天津	3905N	11704E	25	195401---200712	〈空〉	39.05	117.04
53698	石家庄	河北	3802N	11425E	810	195501---200712	〈空〉	38.02	114.25
54405	怀 来	河北	4024N	11530E	5368	195401---200712	〈空〉	40.24	115.3
54423	承 德	河北	4059N	11757E	3859	195101---200712	〈空〉	40.59	117.57
54539	乐 亭	河北	3926N	11853E	105	195701---200712	1988年1月改基准站	39.26	118.53
54616	沧 州	河北	3804N	11650E	96	195101---200712	1996年1月由54618代替,缺199601-200612	38.2	116.5
54618	泊 头	河北	3805N	11633E	132	199601---200712	1996年1月代替54616	38.05	116.33
53487	大 同	山西	4006N	11320E	10672	195501---200712	1994年1月改基准站	40.06	113.2
53673	原 平	山西	3844N	11243E	8282	195401---200712	〈空〉	38.44	112.43
53772	太 原	山西	3747N	11233E	7783	195101---200712	1987年1月改基准站	37.47	112.33
53863	介 休	山西	3702N	11155E	7439	195401---200712	〈空〉	37.02	111.55
53959	运 城	山西	3502N	11101E	3760	195601---200712	〈空〉	35.02	111.01
50434	图里河	内蒙	5029N	12141E	7326	195201---200712	1992年1月改基准站	50.29	121.41
50527	海拉尔	内蒙	4913N	11945E	6102	195101---200712	〈空〉	49.13	119.45
50632	博克图	内蒙	4846N	12155E	7397	195101---200712	1992年1月改基准站	48.46	121.55
50727	阿尔山	内蒙	4710N	11957E	10274	195201---200712	〈空〉	47.1	119.57
50915	东乌珠穆	内蒙	4531N	11658E	8387	195511---200712	〈空〉	45.31	116.58
52495	巴彦毛道	内蒙	4010N	10448E	13239	195704---200712	1993年1月改基准站	40.1	104.48
53068	二连浩特	内蒙	4339N	11158E	9647	195510---200712	〈空〉	43.39	111.58
53192	阿巴嘎旗	内蒙	4401N	11457E	11261	195206---200712	1992年1月改基准站	44.01	114.57
53276	朱日和	内蒙	4224N	11254E	11508	195205---200712	1987年1月改基准站	42.24	112.54
53336	乌拉特中	内蒙	4134N	10831E	12880	195401---200712	1988年1月改基准站	41.34	108.31
53352	达尔罕联	内蒙	4142N	11026E	13766	195312---200712	〈空〉	41.42	110.26
53391	化 德	内蒙	4154N	11400E	14827	195212---200712	〈空〉	41.54	114
53463	呼和浩特	内蒙	4049N	11141E	10630	195102---200712	〈空〉	40.49	111.41
53502	吉兰泰	内蒙	3947N	10545E	10318	195401---200712	〈空〉	39.47	105.45
53529	鄂托克旗	内蒙	3906N	10759E	13803	195410---200712	〈空〉	39.06	107.59
54012	西乌珠穆	内蒙	4435N	11736E	10006	195411---200712	〈空〉	44.35	117.36
54026	扎鲁特旗	内蒙	4434N	12054E	2650	195205---200712	〈空〉	44.34	120.54
54027	巴林左旗	内蒙	4359N	11924E	4844	195301---200712	1987年1月改基准站	43.59	119.24
54102	锡林浩特	内蒙	4357N	11604E	9895	195206---200712	〈空〉	43.57	116.04
54115	林 西	内蒙	4336N	11804E	7990	195205---200712	〈空〉	43.36	118.04
54135	通 辽	内蒙	4336N	12216E	1785	195101---200712	〈空〉	43.36	122.16
54208	多 伦	内蒙	4211N	11628E	12454	195206---200712	1991年1月改基准站	42.11	116.28
54218	赤 峰	内蒙	4216N	11856E	5680	195101---200712	〈空〉	42.16	118.56
54236	彰 武	辽宁	4225N	12232E	794	195207---200712	〈空〉	42.25	122.32
54324	朝 阳	辽宁	4133N	12027E	1699	195205---200712	1992年1月改基准站	41.33	120.27
54337	锦 州	辽宁	4108N	12107E	659	195101---200712	〈空〉	41.08	121.07
54342	沈 阳	辽宁	4144N	12331E	490	195101---200712	〈空〉	41.44	123.31
54346	本 溪	辽宁	4119N	12347E	1852	195505---200712	〈空〉	41.19	123.47
54471	营 口	辽宁	4039N	12210E	38	195101---200712	〈空〉	40.39	122.1
54497	丹 东	辽宁	4003N	12420E	138	195101---200712	〈空〉	40.03	124.2
54662	大 连	辽宁	3854N	12138E	915	195101---200712	1993年1月改基准站	38.54	121.38
50949	前郭尔罗	吉林	4505N	12452E	1359	195210---200712	〈空〉	45.05	124.52
54157	四 平	吉林	4311N	12420E	1642	195101---200712	〈空〉	43.11	124.2
54161	长 春	吉林	4354N	12513E	2368	195101---200712	1987年1月改基准站	43.54	125.13
54292	延 吉	吉林	4252N	12930E	2573	195301---200712	〈空〉	42.52	129.3

图 10-29　气象站点属性表

Tools】→【投影和变换】→【要素】→【投影】，设置投影坐标系为 WGS_1984_UTM_Zone_49N，如图 10-32 所示。

此时，气象站点数据与省级行政区划数据显示在同一图层。

（三）降水观测数据与站点数据的关联

在 ArcMap 中加载实验四中得到的中国 2011 年年平均降水量，年降水量数据没有 Object-ID，右键单击表格，选择【数据】→【导出数据】，导出所有记录，保存类型为 dBASE，添加到地图中，打开属性表。加载气象站点矢量文件，打开属性表，如图 10-33 所示为年降水量和气象站点的属性表，可以看到两张表中的共同字段为"区站号"。

要得到每一个站点的降水量，就要将两个表关联起来，可以看到两张表中的共同字段为"区站号"，将其作为连接字段，利用【Data Management Tools】→【连接】→【连接

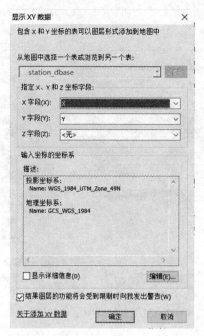

图 10-30　根据经纬度显示气象站点

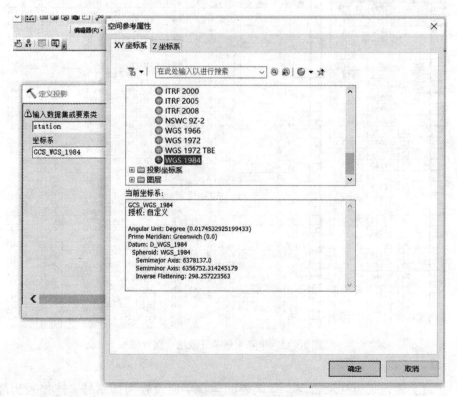

图 10-31　对气象站点图层定义地理坐标系

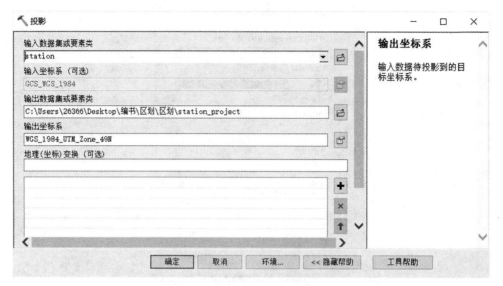

图 10-32　对气象站点图层定义投影坐标系

降水量		
OID	区站号	降水量
0	50353	383.2
1	50434	468.6
2	50527	317.4
3	50564	377.7
4	50632	461.9
5	50658	428.2
6	50727	511.2
7	50788	417.5
8	50949	415.3
9	50963	417.4
10	51076	208
11	51087	208.6
12	51156	135.1
13	51243	178.4
14	51334	186
15	51379	185.1
16	51431	298.4
17	51463	344.5
18	51573	9.3
19	51644	73.3
20	51709	97.8
21	51716	66.6
22	51747	42.5
23	51765	26.5
24	51777	10.1
25	51811	65.3
26	51828	11.4
27	52203	22.8

station								
FID	Shape *	区站号	站名	省份	海拔高	开始年月	Y	X
49	点	50353	呼　玛	黑龙	1774	195401---200712	51.43	126.39
13	点	50434	图里河	内蒙	7326	195701---200712	50.29	121.41
14	点	50527	海拉尔	内蒙	6102	195101---200712	49.13	119.45
50	点	50557	嫩江	黑龙	2422	195101---200712	49.1	125.14
51	点	50564	孙　吴	黑龙	2345	195401---200712	49.26	127.21
15	点	50632	博克图	内蒙	7397	195101---200712	48.46	121.55
52	点	50658	克　山	黑龙	2346	195101---200712	48.03	125.53
16	点	50727	阿尔山	内蒙	10274	195206---200712	47.1	119.57
53	点	50745	齐齐哈尔	黑龙	1459	195101---200712	47.23	123.55
54	点	50756	海　伦	黑龙	2392	195207---200712	47.26	126.58
55	点	50788	富锦	黑龙	664	195208---200712	47.14	131.59
56	点	50854	安　达	黑龙	1493	195207---200712	46.23	125.19
17	点	50915	东乌珠穆	内蒙	8387	195511---200712	45.31	116.58
44	点	50949	前郭尔罗	吉林	1359	195210---200712	45.05	124.52
57	点	50953	哈尔滨	黑龙	1423	195101---200712	45.45	126.46
58	点	50963	通　河	黑龙	1086	195208---200712	45.58	128.44
59	点	50968	尚　志	黑龙	1897	195208---200712	45.13	127.58
60	点	50978	鸡　西	黑龙	2383	195101---200712	45.17	130.57
197	点	51076	阿勒泰	新疆	7353	195401---200712	47.44	88.05
188	点	51087	富　蕴	新疆	8075	196106---200712	46.59	89.31
189	点	51156	和布克赛	新疆	12916	195307---200712	46.47	85.43
190	点	51243	克拉玛依	新疆	4495	195612---200712	45.37	84.51
191	点	51334	精　河	新疆	3201	195301---200712	44.37	82.54
192	点	51379	奇　台	新疆	7935	195104---200712	44.01	89.34
193	点	51431	伊　宁	新疆	6625	195101---200712	43.57	81.2
194	点	51463	乌鲁木齐	新疆	9350	195101---200712	43.47	87.39
195	点	51573	吐鲁番	新疆	345	195107---200712	42.56	89.12
196	点	51644	库　车	新疆	10819	195101---200712	41.43	83.04
197	点	51709	喀　什	新疆	12897	195101---200712	39.28	75.59
198	点	51716	巴　楚	新疆	11165	195303---200712	39.48	78.34
199	点	51747	塔　中	新疆	10993	199901---200712	39	83.4
200	点	51765	铁干里克	新疆	8460	195701---200712	40.38	87.42
201	点	51777	若　羌	新疆	8893	195305---200712	39.02	88.1
202	点	51811	莎　车	新疆	12312	195307---200712	38.26	77.16
203	点	51828	和　田	新疆	13745	195302---200712	37.08	79.56
204	点	51848	安德河	新疆	12628	196010---199812	37.56	83.39
205	点	52203	哈　密	新疆	7372	195101---200712	42.49	93.31

图 10-33　年降水量、气象站点属性表

字段】工具，输入表为气象站点，输入表的连接字段设置为区站号，连接表为降水量，输出的连接字段为区站号，最终连接的字段为降水量，如图 10-34 所示。

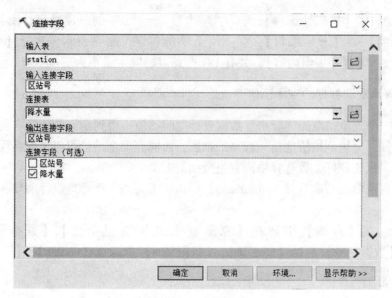

图 10-34　连接字段

图 10-35 为连接字段后的气象站点数据，可以看到，有 25 个气象站点的降水量数值为 0，这是因为这些气象站点被废弃了，没有数据，将这些空值的气象站点删除，可避免对后续空间插值操作的影响。

	FID	Shape *	区站号	站名	省份	海拔高	开始年月	Y	X	降水量
►	6	点	54616	沧　州	河北	96	195401---200712	38.2	116.5	0
	17	点	50915	东乌珠穆	内蒙	8387	195511---200712	45.31	116.58	0
	22	点	53336	乌拉特中	内蒙	12880	195401---200712	41.34	108.31	0
	31	点	54102	锡林浩特	内蒙	9895	195206---200712	43.57	116.04	0
	48	点	54374	临　江	吉林	3327	195301---200712	41.48	126.55	0
	50	点	50557	嫩　江	黑龙	2422	195101---200712	49.1	125.14	0
	53	点	50745	齐齐哈尔	黑龙	1459	195101---200712	47.23	123.55	0
	54	点	50756	海　伦	黑龙	2392	195207---200712	47.26	126.58	0
	56	点	50854	安　达	黑龙	1493	195207---200712	46.23	125.19	0
	57	点	50953	哈尔滨	黑龙	1423	195101---200712	45.45	126.46	0
	59	点	50968	尚　志	黑龙	1897	195208---200712	45.13	127.58	0
	60	点	50978	鸡　西	黑龙	2383	195101---200712	45.17	130.57	0
	61	点	54094	牡丹江	黑龙	2414	195208---200712	44.34	129.36	0
	62	点	54096	绥芬河	黑龙	4967	195208---200712	44.23	131.09	0
	64	点	59367	龙　华	上海	26	195101---200712	31.1	121.26	0
	72	点	58659	温　州	浙江	283	195101---200106	28.02	120.39	0
	92	点	54906	荷　泽	山东	497	195401---200712	35.15	115.26	0
	112	点	59316	汕　头	广东	29	195101---200712	23.24	116.41	0
	131	点	56294	成　都	四川	5061	195101---200312	30.4	104.01	0
	138	点	57515	重　庆	重庆	3511	195101---198612	29.31	106.29	0
	157	点	57036	西　安	陕西	3975	195101---200712	34.18	108.56	0
	166	点	52989	兰　州	甘肃	15172	195101---200712	36.03	103.53	0
	170	点	57006	天　水	甘肃	11417	195101---200712	34.35	105.45	0
	179	点	52957	同　德	青海	32894	195402---200712	35.16	100.39	0
	204	点	51848	安德河	新疆	12628	196010---199812	37.56	83.39	0
	195	点	51573	吐鲁番	新疆	345	195107---200712	42.56	89.12	9.3
	201	点	51777	若　羌	新疆	8883	195303---200712	39.02	88.1	10.1
	203	点	51828	和　田	新疆	13745	195302---200712	37.08	79.56	11.4
	205	点	52203	哈　密	新疆	7372	195101---200712	42.49	93.31	22.8
	200	点	51765	铁干里克	新疆	8460	195701---200712	40.38	87.42	26.5
	175	点	52818	格尔木	青海	28076	195504---200712	36.25	94.54	31.3
	172	点	52602	冷　湖	青海	27700	195609---200712	38.45	93.2	35.4
	160	点	52418	敦　煌	甘肃	11390	195101---200712	40.09	94.41	38.3
	199	点	51747	塔　中	新疆	10993	199901---200712	39	83.4	42.5
	161	点	52436	玉门镇	甘肃	15260	195101---200712	40.16	97.02	47.1
	173	点	52713	大柴旦	青海	31732	195605---200712	37.51	95.22	65.1

图 10-35　删除废弃的气象站点

在属性表中,【按属性选择】选择"降水量"="0"的气象站点,使其高亮显示,选择【编辑器】→【开始编辑】,在图层上单击右键,删除要素,选择【编辑器】→【停止编辑】→【保存编辑内容】,共有 181 个站点的降水量不为空。

(四) 降水观测数据的空间插值

利用 181 个气象站点的年降水量数据进行空间插值,得到全国的年降水量分布。通过背景知识可知,克里金插值能达到较高的精度,协同克里金插值可以考虑高程的因素,取得的插值效果也比较好,故选择协同克里金插值方法。

在工具栏空白处右击打开 Geostatistical Analyst 工具条,选择地统计向导,每一步的设置如下:

第一步:在【方法】中选择【克里金法/协同克里金法】,【数据集】中选择【station】,【数据字段】选择【降水量】,【数据集 2】中选择【station】,【数据字段】选择【海拔高度】(图 10-36)。

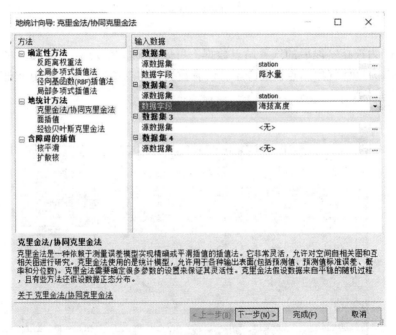

图 10-36　协同克里金法步骤 1

第二步:由经验知我国的降水由东南往西北会递减,【协同克里金法类型】选择【普通克里金】,数据集#1 选择【趋势的移除阶数】为【一次】,以此来剔除降水分布的趋势分布(图 10-37)。

第三步:得到年降水量分布的趋势(一次趋势面)(图 10-38)。

第四步:设置【步长数】为【24】(图 10-39)。

第五步:设置【扇区类型】为【4 个扇区】(图 10-40)。

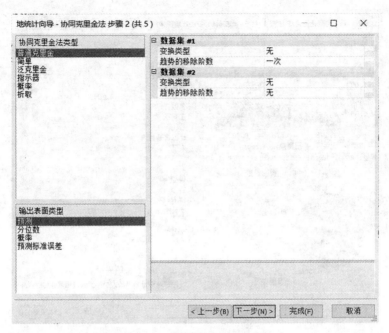

图 10-37 协同克里金法步骤 2

图 10-38 协同克里金法步骤 3

第六步：交叉验证，由验证结果可以看出，插值误差为 0.988（mm），均方根误差为 171.0511，平均标准误差为 184.5949，两者比较接近。标准均方根误差为 0.9297766，点击完成插值（图 10-41）。

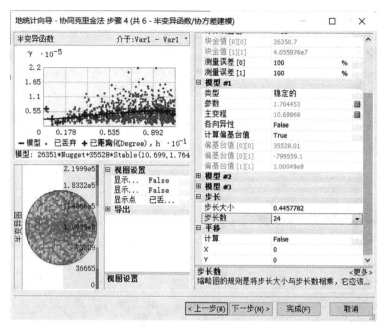

图 10-39　协同克里金法步骤 4

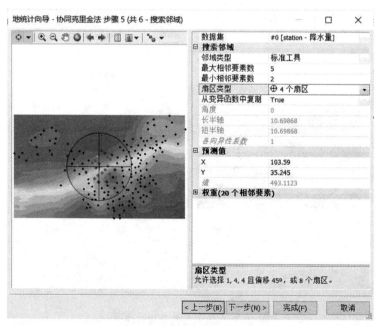

图 10-40　协同克里金法步骤 5

　　第七步：设置范围，插值所覆盖的范围默认只包含气象点的最小外包矩形，要把它扩展到整个中国区域。双击插值产生的图层在【图层属性】对话框中切换到【范围】选项

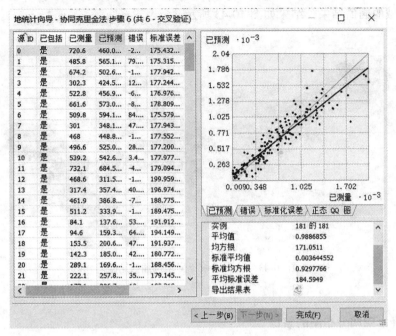

图 10-41　协同克里金法步骤 6

卡，选择【将范围设置为】→【矩形范围 province_project】，得到协同克里金插值效果。

第八步：裁剪至长江流域范围，右键单击图层，选择【数据】→【导出至栅格】，导出至 ArcGIS 默认的地理数据库中，输出像元大小为 10000，如图 10-42 所示。

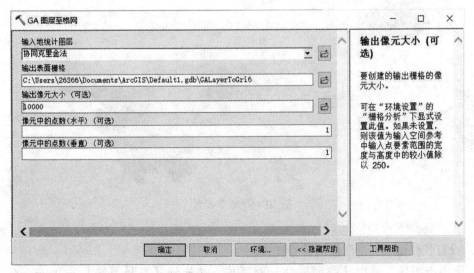

图 10-42　导出插值结果至栅格

并通过【Spatial Analyst】→【提取】→【按掩膜提取】，根据长江流域的矢量图层，提取长江流域的插值结果，结果如图 10-43 所示。

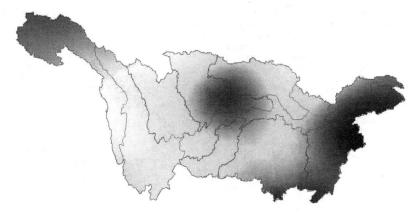

图 10-43 长江流域年降水量插值结果

（五）降水空间分布图的整饰

1. 纸张设置

点击【视图】，从【数据视图】切换到【布局视图】，右键单击图层，在【页面和打印设置】中，将纸张调成横向，纸张大小为 A4。适当调整数据框的大小和位置（上面留出写标题的空间），将地图比例尺改为 1∶12000000（见图 10-44）。

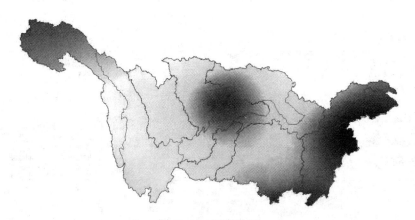

图 10-44 纸张设置

2. 设置长江流域矢量图层的符号样式

右键单击图层，弹出【图层属性】对话框，切换到【符号系统】选项卡，在【类别】→【唯一值】下双击符号，设置填充颜色为无，轮廓颜色设置为 50% 灰度，轮廓宽度为 0.50（见图 10-45）。

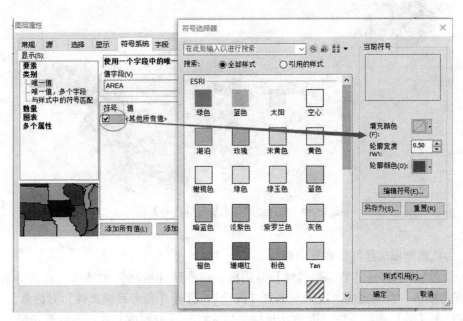

图 10-45　修改符号样式

切换到【标注】选项卡，选择【标注字段】为【wname】，字体为宋体 10，勾选【标注此图层中的要素】，右键单击图层选择【标注要素】（见图 10-46、图 10-47）。

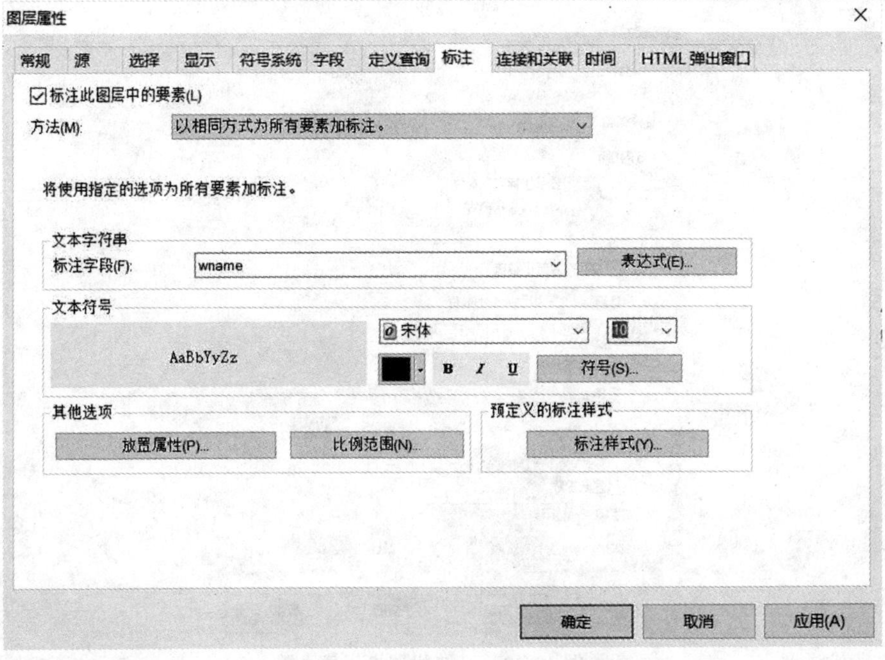

图 10-46　为长江流域图层标注要素

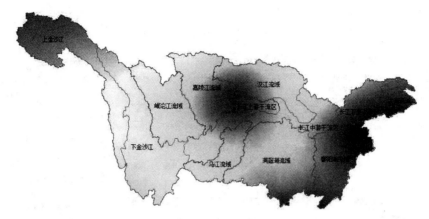

图 10-47 长江流域降水量（标注要素后）

3. 为数据框添加经纬线和北回归线

添加经纬线：打开【数据框属性】对话框，切换到【格网】选项卡，点击【新建格网】，保持默认一直到完成。接下来点击【属性】，打开【参考系统属性】对话框。

（1）在【轴】选项卡中，取消【长轴主刻度】和【分刻度】中所有的复选框；

（2）在【内部标注】选项卡中，取消【显示内部格网标注】复选框；

（3）在【标注】选项卡中，设置符号的字体为【Times new Roman】，字体大小为 8 号，偏移为"−2"磅。点击【其它属性】，打开【格网标注属性】对话框，取消【显示坐标方向标注】复选框，取消【显示零分钟】和【显示零秒】复选框，如图 10-48 所示。

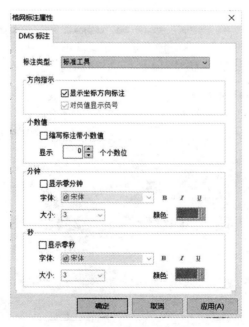

图 10-48 经纬线属性设置

（4）在【线】选项卡中，点击符号，设置经纬线的符号样式为 Moorea Blue（RGB 0，169，230），线宽 0.2；点击【确定】，效果如图 10-49 所示。

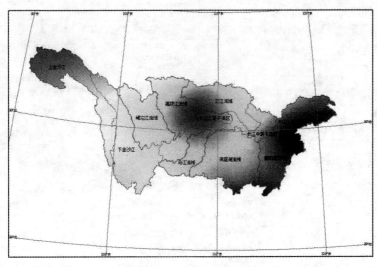

图 10-49 添加经纬线

（5）添加北回归线：打开【数据框属性】对话框，切换到【格网】选项卡，点击【新建格网】，保持默认一直到完成。接下来，点击【属性】，打开【参考系统属性】对话框。

在【线】选项卡中设置线型为虚线，颜色为 40%灰度；

在【标注】选项卡中取消所有复选框；

在【间隔】选项卡中进行设置，如图 10-50 所示。

图 10-50 设置经纬线间隔

点击【插入】→【文本】，插入"北回归线"4个字，如图 10-51 所示进行设置。

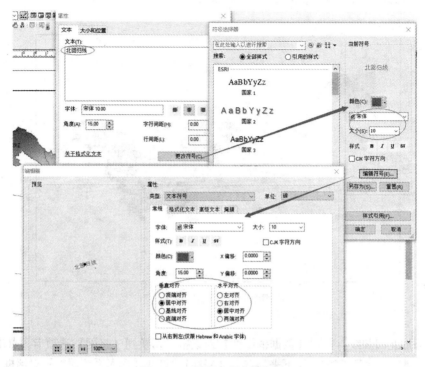

图 10-51 设置北回归线属性

效果如图 10-52 所示。

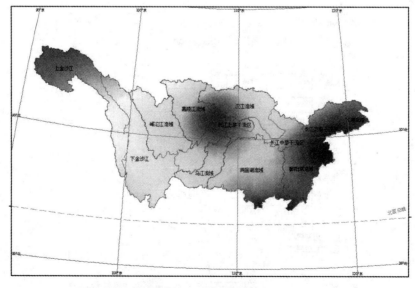

图 10-52 添加北回归线

4. 降水量分级设色

从插值结果可以看出，年降水量在180～1305mm的范围内，按照每100mm分一级的等距分级法进行分级。双击降水量图层，打开【图层属性】对话框，切换到【符号系统】选项卡，选择分类方法，类别为13，点击【分类】，选择【手动】，在【中断值】中手动输入100～1400，如图10-53所示。

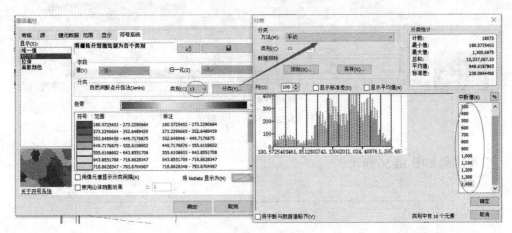

图 10-53　手动分类

右键单击【色带】范围，选择【标注格式】；弹出【数值格式】对话框，切换至【数值】选项卡，选择小数位数为0，如图10-54所示。

图 10-54　修改标注数值格式

为方便后续插入图例，显示更加直观，修改标注的数值，如图10-55所示。

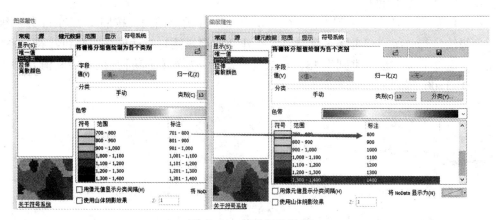

图 10-55　修改标注数值

分类结果如图 10-56 所示。

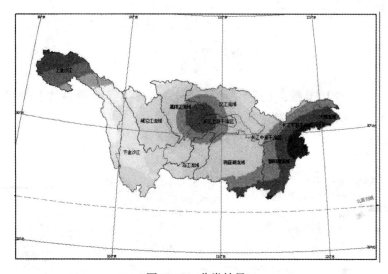

图 10-56　分类结果

5. 生成等降水量线

通过【Spatial Analyst】→【表面分析】→【等值线】，设置【等值线间距】为 100，生成等降水量线。通过【Cartography Tools】→【注记】→【等值线注记】添加等值线注记。

双击等降水量线，在【图层属性】对话框中切换到【符号系统】选项卡，设置等降水量线的颜色为蓝色，大小为 0.5。

双击等降水量线，在【图层属性】对话框中切换到【标注】选项卡，【标注字段】为【contour】，设置标注的字体和颜色，点击【放置属性】，在【位置】中设置标注方式为【在线上】，设置【每个要素放置一个标注】，效果如图 10-57 所示。

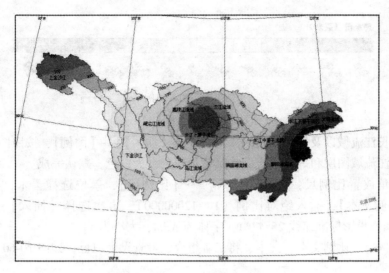

图 10-57　插入等降水量线

6. 添加指北针、图例、比例尺、标题

将降水量图层名称改为【降水量（毫米）】。左下角放置图例，选择【插入】→【图例】，按照图例向导，图例项选为降水量图层，默认完成，右键单击图例，弹出【图例属性】对话框，切换到【项目】选项卡，选择图例样式为【具有标题、标注和描述的水平条形图】，可以预览图例。点击【属性】，弹出【图例项】，切换到【常规】选项卡，选择【显示图层名称】【显示标注】，如图 10-58 所示。

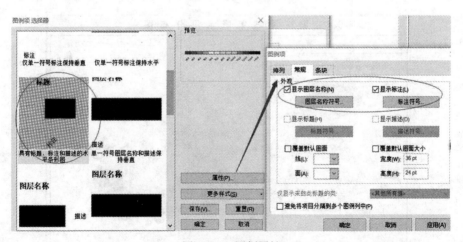

图 10-58　图例属性

右键单击图例，选择【转换为图形】，右键单击【属性】，背景颜色设为白色，如图 10-59 所示。

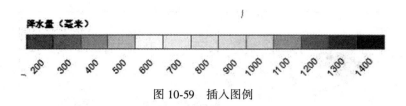

图 10-59　插入图例

再插入长江流域以及等降水线的图例，选择【插入】→【图例】，按照图例向导，图例项选为长江流域图层和等降水线，将其背景颜色设为白色，默认完成。

在左上角放置比例尺，选择【插入】→【比例尺】，单位选择千米；再选择【插入】→【比例文本】，插入绝对比例（1：12000000），再次选择【插入】→【文本】，（等面积割圆锥投影标准纬线 25°47′），字体为 Arial，大小为 11。

选中比例尺、比例文本、文本、将三者组合，背景设为白色，如图 10-60 所示。

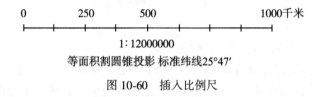

图 10-60　插入比例尺

插入指北针，并在数据框上方添加标题，选择【插入】→【标题】，名称为"长江流域年降水量分布图"，字体大小为 24，字体为宋体，加黑，效果如图 10-61 所示。

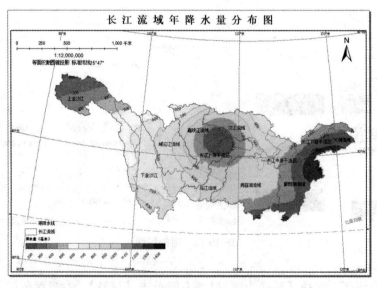

图 10-61　长江流域年降水量分布图

（六）地图的导出

选择【文件】→【导出地图】，将图片导出成 JPG 格式，设置分辨率为 300dpi，最终的结果如图 10-62 所示。

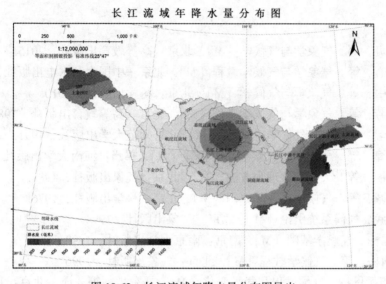

图 10-62　长江流域年降水量分布图导出

参 考 文 献

1. 周淑贞，等. 气象学与气候学 ［M］. 北京：高等教育出版社，2015.

2. 葛朝霞，等. 气象学与气候学教程 ［M］. 北京：中国水利水电出版社，2011.

3. 姜世中，等. 气象学与气候学 ［M］. 北京：科学出版社，2010.

4. 卜永芳，等. 气象学与气候学基础 ［M］. 北京：高等教育出版社，1987.

5. 张菀莹. 气象学与气候学 ［M］. 北京：北京师范大学出版社，1991.

6. 李克煌，等. 气象学与气候学简明教程 ［M］. 郑州：河南大学出版社，1994.

7. 朱乾根，等. 天气学原理和方法 ［M］. 北京：气象出版社，1981.

8. 张家诚，等. 气候变迁及其原因 ［M］. 北京：科学出版社，1976.

9. 王绍武. 气候系统引论 ［M］. 北京：气象出版社，1994.

10. 高国栋. 气候学基础 ［M］. 南京：南京大学出版社，1990.

11. 高国栋，等. 气候学教程 ［M］. 北京：气象出版社，1996.

12. E. 布赖恩特. 气候过程和气候变化 ［M］. 刘东生，等，译. 北京：科学出版社，2004.

13. 周淑贞，等. 城市气候学 ［M］. 北京：气象出版社，1994.

14. 伍光和，等. 自然地理学 ［M］. 北京：高等教育出版社，2008.

15. 伍永秋，等. 自然地理学 ［M］. 北京：北京师范大学出版社，2012.

16. 杨达源. 自然地理学 ［M］. 北京：科学出版社，2012.

17. 马建华，等. 现代自然地理学 ［M］. 北京：北京师范大学出版社，2002.

18. 展龙. 中国古代气象智慧及其书写 ［N］. 光明日报，2020-9-28.

19. 中国气象局气候变化中心. 中国气候变化蓝皮书 2021 ［M］. 北京：科学出版社，2021.

20. 汤国安，等. ArcGIS 地理信息系统空间分析实验教程 ［M］. 北京：科学出版社，2012.

21. 何永健，等. GIS 气象数据的管理与表达方法 ［J］. 南京信息工程大学学报（自然科学版），2011，3（03）：232-237.

22. 刘咏，等. 基于 GIS 的气象环境系统数据处理与方案设计 ［R］// 中国气象学会. 第 32 届中国气象学会年会 S14 第五届气象服务发展论坛——气象服务与信息化，2015：2.